电子与信息作战丛书

深空探测天文测距与测速自主导航方法

刘 劲 著

科学出版社
北 京

内 容 简 介

本书阐述深空探测天文测距与测速自主导航的基本原理与应用方法，主要内容包括深空探测天文自主导航的基本原理及研究进展、实时高精度的 X 射线脉冲星到达时间与周期估计方法、脉冲星导航中的滤波及可观性分析、太阳多普勒差分测速导航中的误差源分析、太阳到达时间差分测距导航中的时间色散分析、天文组合导航及其滤波器技术等。

本书可供高等院校自动化、电子信息工程、航空航天等专业高年级本科生和研究生学习，也可作为航天领域工程技术人员的参考书。

图书在版编目（CIP）数据

深空探测天文测距与测速自主导航方法 / 刘劲著. —北京：科学出版社，2023.1

(电子与信息作战丛书)

ISBN 978-7-03-074774-7

Ⅰ. ①深…　Ⅱ. ①刘…　Ⅲ. ①空间探测器-天文导航-研究　Ⅳ. ①V249.32

中国国家版本馆 CIP 数据核字（2023）第 018205 号

责任编辑：魏英杰 / 责任校对：崔向琳
责任印制：吴兆东 / 封面设计：陈　敬

科学出版社出版
北京东黄城根北街 16 号
邮政编码：100717
http://www.sciencep.com
北京中石油彩色印刷有限责任公司 印刷
科学出版社发行　各地新华书店经销

*

2023 年 1 月第　一　版　开本：720 × 1000　B5
2023 年 1 月第一次印刷　印张：14
字数：280 000

定价：120.00 元

（如有印装质量问题，我社负责调换）

第 1 章 概　论

本章阐述面向深空探测任务的天文测距和测速导航的基本原理，其中天文测距导航包括传统的脉冲星导航和新兴的太阳到达时间差分(time difference of arrival，TDOA)测距导航。同时，简要介绍这三种天文导航方式的研究进展，并总结其特点。

1.1 天文导航概述

深空探测技术是衡量一个国家综合国力和科技发展水平的重要标志。进入 21 世纪以来，美国、俄罗斯、日本等航天大国都将目光聚焦至深空宇宙，提出各自新的深空探测计划，并多次开展深空探测实验。我国已将探月工程列入《国家中长期科学和技术发展规划纲要(2006—2020 年)》中的十六个重大专项之一，并多次成功发射嫦娥探月卫星。2007 年 10 月“嫦娥一号”成功探月，2020 年 12 月“嫦娥五号”月球采样返回。探月工程成为中国航天事业的第三个里程碑事件。

我国于 2020 年 7 月发射“天问一号”火星探测器(图 1-1)，并于 2021 年 2 月被火星成功捕获。其搭载的“祝融号”火星车(图 1-2)于 5 月 15 日成功登陆火星，标志着我国成为继美国之后，第二个成功在地外星体上着陆的国家。

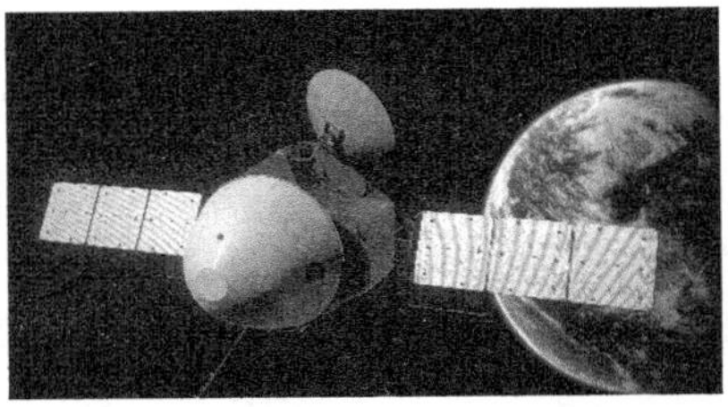

图 1-1 “天问一号”火星探测器

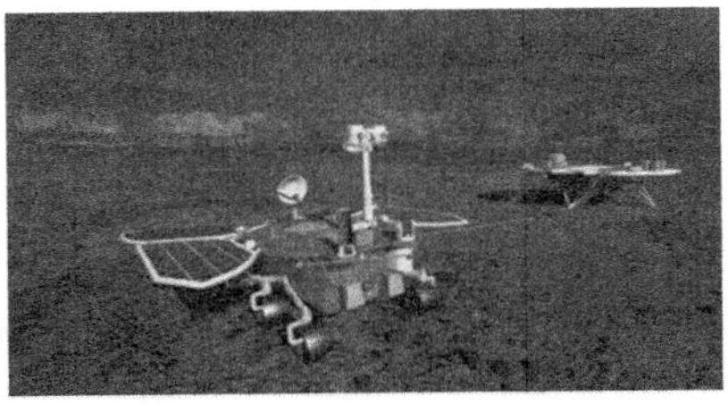

图 1-2 “祝融号”火星车

在深空探测领域，导航信息对任务的成败至关重要。究其原因，只有根据导航信息，制导才能确定深空探测器如何到达目标天体[1]。目前，深空探测器的导航主要依赖地面站。受深空探测器与地球之间距离的限制，这种导航方式无法提供实时、高精度、稳定的导航信息。天文导航系统通过测量天体，并解算获得导航信息，可在不依赖地面站的情况下为深空探测器提供高精度、实时、稳定的导航信息，因此备受关注。

目前，虽然我国已经成功攻克了一系列深空探测技术难题，但是深空探测自主导航仍是一个技术瓶颈。深空探测自主导航轨道可分为发射段、转移段、捕获段。其中，捕获段最为关键[2](捕获段以进入目标天体引力球为起始，以形成环目标天体轨道为终止，其中火星作用球半径约为 50×10^4km)。究其原因，捕获段器上操作多，通信时延长，并且机会仅有一次。1990 年后发射的深空探测器共失败 7 次，其中与捕获段直接相关的就有 4 次[2]。鉴于捕获段的重要性，美国和欧洲航天局(European Space Agency，ESA)都将捕获段自主导航作为研究重点[3,4]。

捕获段自主导航精度直接决定深空探测任务的成败[3-6]。在这一阶段，与深空探测器的绝对位置相比，深空探测器与目标天体之间的相对位置更为重要。究其原因，制导是根据深空探测器与目标天体之间的相对位置关系来控制飞行的[6]。在绝对位置转化为相对位置的过程中，目标天体的星历误差会严重影响转化结果。

深空探测器天文导航测量包括测角、测距和测速等三种测量方式。

测角导航是最传统的天文导航方式。其测量值是星光方向与近天体(如地球)方向间的夹角，即星光角距[7]。结合轨道动力学模型，通过卡尔曼滤波可以获得深空探测器的位置和速度。美国已将测角导航技术成功应用于深空 1 号、火星勘测轨道器、深度撞击任务等。同时，ESA 也在积极研究捕获段自主导航技术，并实现了地面验证。国内测角导航方面的研究起步较晚，但发展迅速。北京航空航天大学、北京理工大学、哈尔滨工业大学、国防科技大学、中国航天科技集团有限公司均开展了相关研究工作。在深空探测捕获段，利用三颗及以上恒星可确定深空探测器相对于目标天体的方位信息。但是，该方式无法直接提供深空探测器相对于目标天体的位置、速度信息。这一缺陷使其在捕获段精度受限。

传统的测距导航即 X 射线脉冲星导航[8]简称脉冲星导航。导航系统利用 X 射线敏感器收集 X 射线脉冲星的辐射信号，并处理这些信号获得脉冲星到达时间(time of arrival，TOA)。根据多颗脉冲星 TOA，可获得深空探测器的位置矢量。在太空中，深空探测器都能接收到脉冲星辐射信号，该导航方式适合整个太空。但是，它的定位精度依赖 X 射线敏感器的有效接收面积和观测时间。受器载资源的限制，X 射线敏感器的有效接收面积有限，因此该导航方式提供的自主导航信息精度和实时性受到限制。目前，该技术处于试验验证阶段。2016 年，我国已成功利用天宫二号和 X 射线脉冲星试验卫星开展了验证[9,10]。

新型的测距导航是太阳 TDOA 测距导航[11]。考虑行星的反射光来自太阳，可通过比较太阳直射光和行星反射光，获得两个太阳强度波形的 TDOA，并利用该 TDOA 实现定位。该方法能提供深空探测器相对于目标天体的距离这一重要信息。目前，我们仅提出太阳 TDOA 测距导航的基本理论框架，相关理论工作均未开展，如测量值的获取、测量模型的建立、组合导航系统的设计、导航系统的优化等。

测速导航方法采用光谱摄制仪测量太阳光谱的频移[12]。根据多普勒频移，可获得相对于太阳的多普勒速度。这种导航仪适用于太阳系。近年来，有学者提出利用恒星作为测速导航的光源。这样，测速导航便可适用于整个太空。通过积分速度，可获得深空探测器位置，但是不可避免地存在速度误差。这将会导致位置误差的累积，且无法消除。因此，测速导航只能作为辅助导航方式。目前，太阳多普勒测速导航处于理论研究阶段，我国也开展了相关的研究。

综上，测角导航技术最为成熟。天文测距导航和测速导航处于理论研究阶段和试验验证阶段。本书的研究工作正是基于国家重大战略需求，以火星探测为例，重点研究天文测距与测速导航及其组合导航，为实现实时高精度的深空探测自主导航奠定理论基础，并提供技术支持。预计，研究成果将在深空探测领域具有广阔的应用前景。

1.2　脉冲星导航

脉冲星导航是新兴的自主导航方式，可在太空内提供长时间、高精度的定位信息。目前，该技术已成为深空探测自主导航领域研究的前沿和热点。近年来，我国在深入开展探月工程的同时，也开始实施以火星探测为代表的深空探测任务。我国虽已攻克一系列深空探测技术难关，但自主导航技术仍是瓶颈。鉴于其巨大潜力，中国航天科技集团有限公司第五研究院[13]、西安电子科技大学等科研院所和高校已对其开展了研究。

X 射线脉冲星是一种高速自转的磁中子星，能够不断对外辐射稳定的、可预见的、唯一的 X 射线信号[14]。器载 X 射线敏感器接收脉冲信号，对其按脉冲星固有周期累积并处理即可获得到达深空探测器的时间 t_{SC}。该脉冲到达太阳系质心(solar system barycenter，SSB)时间 t_b 可通过脉冲星计时模型预报得到。时延 t_b-t_{SC} 为脉冲星导航系统的基本观测量[15]。脉冲星导航的基本原理如图 1-3 所示[16]。$\boldsymbol{n}$ 为脉冲星的方位矢量，c 为光速大小，$\boldsymbol{r}_{SC}$ 为深空探测器相对于 SSB 的位置矢量，则 $c(t_b-t_{SC})$反映 $\boldsymbol{r}_{SC}$ 在 $\boldsymbol{n}$ 上的投影。从多颗脉冲星视线方向上可得到多个观测量，再利用导航滤波器即可估计 $\boldsymbol{r}_{SC}$。

受高速飞行的影响，脉冲星累积轮廓畸变，进而导致脉冲星 TOA 偏移。因此，第 2 章重点介绍我们在脉冲星周期和脉冲星 TOA 估计方面的研究成果。此外，卡尔曼滤波也是提升导航性能的有效手段。这是第 3 章的重点研究内容。

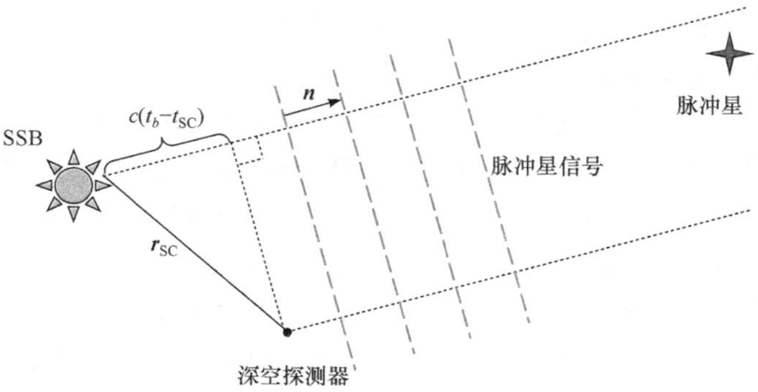

图 1-3 脉冲星导航的基本原理

1.3 太阳到达时间差分测距导航

在捕获段，深空探测器与目标天体之间的相对位置极其重要。在 3 种传统天文导航方式中，仅测角导航能直接提供深空探测器相对于目标天体的方位信息。测速和测距导航无法直接提供相对目标天体的位置信息。因此，若要实现三维定位，导航系统必须能提供深空探测器与目标天体之间的径向位置这一重要信息。

实际上，太阳光辐照度并不稳定，其波形存在大量波峰，特别是当太阳风暴、耀斑、黑子等出现时，可利用太阳光波峰波谷的 TOA 实现导航定位。但是，太阳光辐照度波动无法精确预报，无法为太阳光波峰波谷 TOA 提供参照。因此，深空探测器接收的太阳光波峰波谷 TOA 无法直接作为导航信息。考虑行星的反射光来自太阳，我们提出太阳 TDOA 测量法。该方法，通过比较太阳直射光和行星反射光，获得两个波形的 TDOA，进而实现定位。

虽然太阳光波峰波谷 TDOA 方法涉及太阳光、反射光、波峰和波谷等概念，但是为了简化表达，本书太阳 TDOA 不包含反射光、波谷等。

太阳 TDOA 测量的基本原理如图 1-4 所示。设太阳光子在 t_0 时刻从太阳表面分两路发出，一路经直射路径在 $t_1(t_1>t_0)$时刻到达深空探测器；另一路经火星反射路径，在 $t_2(t_2>t_0)$时刻到达火星，在 $t(t>t_2，t>t_1)$时刻到达深空探测器。深空探测器可获得太阳直射光和行星反射光的 TDOA，即 $t-t_1$。以火星和太阳为焦点，到两个焦点的距离差为 $c(t-t_1)$的点的轨迹构成双曲面。深空探测器恰好处在该双曲面上。若太阳 TDOA 测量能与其他导航方式组合，并利用其他导航系统提供的先验信息，太阳 TDOA 测量法便可确定深空探测器相对于目标天体的径向位置信息。

目前，Ning 等[17, 18]和 Liu 等 [11]在这方面开展了研究工作，仅构造出太阳光波峰 TDOA 自主导航的基本理论框架。相关理论工作均未开展，如测量值的获取、测量模型的建立、组合导航系统的设计、导航系统的优化等。测量值获取方法和

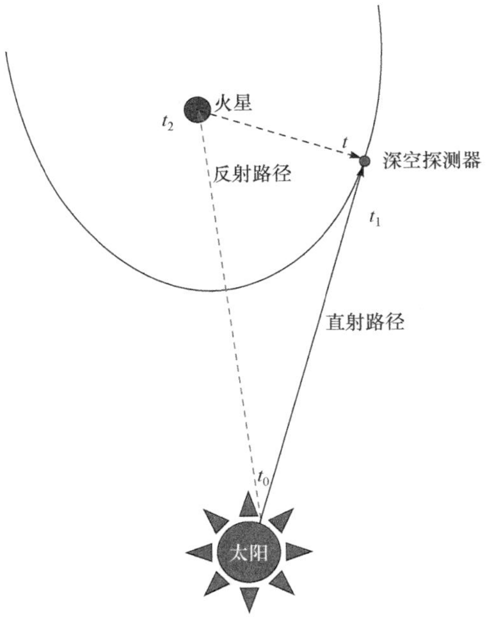

图 1-4　太阳 TDOA 测量的基本原理

测量模型是构建新导航系统的两大理论基石。太阳 TDOA 测距导航仅能确定一个曲面，无法提供三维位置信息，而组合导航可实现多种导航方式的优势互补，是解决这一问题的有效途径。可观度分析方法可以为系统优化提供理论指导。因此，若要实现太阳 TDOA 测距导航定位，必须解决上述基础理论问题。本书第 5 章重点介绍我们在这方面的研究成果。

1.4　太阳多普勒测速导航

太阳多普勒测速导航是一种新兴的自主导航方法。该方法利用光谱摄制仪测量太阳的光谱频移。反演光谱频移即可获得深空探测器相对于太阳的速度信息。作为测角和测距方法的辅助手段，太阳多普勒测速导航能直接提供速度信息，具有重要的科学意义和实用价值。

目前，太阳多普勒测速导航还处于理论研究阶段。鉴于其在深空探测领域具有广阔的应用前景，我国开展了相关研究[12]。

光源和仪器是天文导航的两大基石。在仪器方面，我国已取得重大突破，自主研制的非对称式空间外差光谱摄制仪能基本满足要求[19]。在光源方面，太阳光谱并不稳定。例如，在太阳宁静时期，He II 304Å 谱线稳定性达到 1km/s。这无法满足导航的要求。

针对这一问题，我们提出一种太阳直射光/行星反射光多普勒差分测速导航(简称太阳多普勒差分测速导航)。该方法测量相对于太阳和目标天体的多普勒速度，将二者的差分作为导航测量值。差分可消除共性误差，是解决这类问题的有效途径。太阳多普勒差分测速导航不受太阳不稳定性的影响，具有重要的现实意义。

如图 1-5 所示[20]，设两个太阳光子离开太阳的时刻为 t_0，此刻深空探测器位置为 $\boldsymbol{r}(t_0)$，简写为 $\boldsymbol{r}_0$；一个太阳光子经过直射路径，在 $t_1(t_1>t_0)$时刻被深空探测器捕获，此时深空探测器位置和速度分别为 $\boldsymbol{r}(t_1)$和 $\boldsymbol{v}(t_1)$，简写为 $\boldsymbol{r}_1$ 和 $\boldsymbol{v}_1$；另一个太阳光子经过反射路径，在 $t_2(t_2>t_0)$时刻被火星(其位置为 $\boldsymbol{r}_{\mathrm{M}}$)反射，在 $t(t>t_1)$时刻被深空探测器捕获，此时深空探测器位置为 $\boldsymbol{r}(t)$，简写为 $\boldsymbol{r}$。深空探测器在 t_1 和 t 时刻分别获得太阳直射光和行星反射光。二者的频偏即太阳多普勒差分测速测量值。

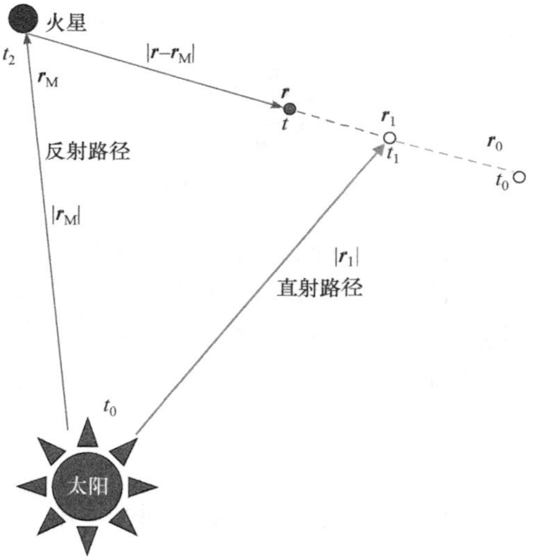

图 1-5 太阳多普勒差分测速导航的基本原理

从以上基本原理可以看出，与传统太阳多普勒测速相比，太阳多普勒差分测速导航可以不受光源不稳定性的影响，提供相对于目标天体的速度这一重要信息，具有重要的理论意义和实用价值。

综上，对于国内开展的太阳多普勒测速导航研究，太阳光不稳定是其中一大难题。我们所提的太阳多普勒差分测速导航正是解决这类问题的有效途径。前期，我们仅构建了太阳多普勒差分测速测量的基本理论框架，并未涉及误差源和测量值获取方法。因此，要实现太阳多普勒差分测速导航，必须突破这些技术难点。

目前，深空探测捕获段的太阳多普勒差分测速导航仍是一个空白。本书第 4 章重点介绍我们在这方面的研究成果。

1.5 小 结

本章介绍面向深空探测任务的天文导航方式，包括测角、测距和测速导航。测角导航技术最为成熟。天文测距导航和测速导航处于理论研究阶段和试验验证阶段。因此，本书的研究重点是天文测距与测速导航及其组合导航。

参考文献

[1] Steiner T J. A unified vision and inertial navigation system for planetary hoppers. Cambridge: Massachusetts Institute of Technology, 2012.

[2] 方宝东，吴美平，张伟. 火星引力捕获动力学与动态误差分析. 力学学报，2015，47(1): 13-23.

[3] O'Neil W J, Cazaux C. The Mars sample return project. Acta Astronautica, 2000, 47(2-9): 453-465.

[4] Miso T, Hashimoto T, Ninomiya K. Optical guidance for autonomous landing of spacecraft. IEEE Transactions on Aerospace and Electronic Systems, 1999, 35(2): 459-473.

[5] Liever P A, Habchi S D, Burnell S I, et al. Computational fluid dynamics prediction of the Beagle 2 aerodynamic database. Journal of Spacecraft and Rockets, 2003, 40(5): 632-638.

[6] Liechty D S. Aeroheating analysis for the Mars reconnaissance orbiter with comparison to flight data. Journal of Spacecraft and Rockets, 2007, 44(6): 1224-1231.

[7] 房建成，宁晓琳. 深空探测器自主天文导航方法. 西安: 西北工业大学出版社, 2010.

[8] 帅平，李明，陈绍龙. X 射线脉冲星导航系统原理与方法. 北京: 中国宇航出版社, 2009.

[9] 郑世界，葛明玉，韩大炜，等. 基于天宫二号 POLAR 的脉冲星导航实验. 中国科学: 物理学 力学 天文学, 2017, 47(9): 99505.

[10] Huang L W, Shuai P, Zhang X Y, et al. Pulsar-based navigation results: data processing of the X-ray pulsar navigation-I telescope. Journal of Astronomical Telescopes Instruments and Systems, 2019, 5 (1): 18003.

[11] Liu J, Fang J C, Liu G, et al. Solar flare TDOA navigation method using direct and reflected light for Mars exploration. IEEE Transactions on Aerospace and Electronic Systems, 2017, 53(5): 2469-2484.

[12] 张伟，黄庆龙，陈晓.基于天文测角测速组合的小行星探测器自主导航方法.中国科学: 物理学 力学 天文学, 2019, 49 (8) : 84510.

[13] 帅平，陈忠贵，曲广吉. 关于 X 射线脉冲星导航的轨道力学问题. 中国科学: 技术科学, 2009, 39(3): 554-561.

[14] Hewish A, Bell S J, Pilkington J D H. Observation of a rapidly pulsating radio source. Nature, 1968, 217: 709-713.

[15] Sheikh S I. The use of variable celestial X-ray sources for spacecraft navigation. College Park: University of Maryland, 2005.

[16] Sheikh S I, Pines D J, Ray P S, et al. Spacecraft navigation using X-ray pulsars. Journal of Guidance, Control and Dynamics, 2006, 29(1): 49-63.

[17] Ning X L, Gui M Z, Zhang J, et al. Solar oscillation time delay measurement assisted celestial navigation method. Acta Astronautica, 2017, 134: 152-158.

[18] Ning X L, Gui M Z, Fang J C, et al. A novel autonomous celestial navigation method using solar oscillation time delay measurement. IEEE Transactions on Aerospace and Electronic Systems, 2018, 54(3): 1392-1403.

[19] 况银丽, 方亮, 彭翔, 等. 基于多普勒非对称空间外差光谱技术的多普勒测速仿真. 物理学报, 2018, 67(14): 140703.

[20] Liu J, Fang J C, Yang Z H, et al. X-ray pulsar/Doppler difference integrated navigation for deep space exploration with unstable solar spectrum. Aerospace Science and Technology, 2015, 41: 142-150.

第 2 章　脉冲星到达时间与周期估计

2.1 引　　言

脉冲星导航是一种面向深空探测的天文导航[1-3]。脉冲星导航系统按周期折叠脉冲星辐射信号，估计脉冲相位，结合深空探测器位置预估值，提供实时高精度的位置信息。脉冲相位或 TOA 是脉冲星测量值。但是，深空探测器高速飞行和脉冲星周期跃变导致脉冲星累积轮廓发生畸变，使脉冲星 TOA 出现偏移。因此，脉冲星 TOA 估计和周期估计是两个重要课题。鉴于器载计算机能力有限，实时性也是优化目标。

本章将压缩感知(compressive sensing, CS)[4, 5]应用于脉冲星 TOA 和周期估计，给出两种脉冲星 TOA 估计方法(基于观测距(observation range, OR)-CS 的 TOA 估计[6]、基于类 Hadamard-CS(similar Hadamard-compressive sensing，SH-CS)的 TOA 估计[7])和两种脉冲星周期估计方法(基于低频 Fourier-CS 的周期估计[8]、基于经验模态分解(empirical mode decomposition，EMD)-CS 的超快速周期估计[9])，同时提出一种脉冲星位置和速度联合估计方法[10]。

2.2 基于观测距-压缩感知的低流量脉冲星到达时间估计

将 CS 用于估计脉冲星 TOA 是一个新的研究思路。2011 年，Su 等[11]开启了 CS 应用于脉冲星辐射信号处理的先河。随后，基于 CS 的脉冲星 TOA 估计成为研究热点[12-15]。Hadamard 矩阵是这类方法中常用的观测矩阵。究其原因，与随机 0-1 矩阵和随机高斯矩阵相比，当观测矩阵行数较小时，Hadamard 矩阵重建脉冲星轮廓的质量高。

但是，在基于 CS 的脉冲星 TOA 估计中，存在两个问题。

① 传统方法不适用于低流量 X 射线脉冲星，仅适用于高流量的 Crab 脉冲星(B0531+21)。鉴于其他脉冲星的光子流量远低于 X 射线背景辐射流量噪声，低流量脉冲星未选为导航星。为使脉冲星导航具备完全可观性，至少需要三颗脉冲星，即至少采用两颗低流量脉冲星。因此，研究低流量脉冲星 TOA 估计意义重大。

② 观测矩阵行数几百甚至上千，观测矩阵行数多。这导致传统 CS 类方法的计算量大。为了减小计算量，观测矩阵行数必须大幅减小。然而，观测矩阵行数

少意味着脉冲星 TOA 估计的低精度，特别是低流量脉冲星。因此，如何快速、精确地估计低流量脉冲星 TOA 估计是一个值得挑战的课题。

为了实时高精度估计低流量脉冲星 TOA 估计，我们提出 OR-CS。观测矢量的 OR 定义为观测值的变化范围，即观测矢量与冗余字典中每个原子之间内积的变化范围。首先，把 OR 作为标准，选择高效的观测矢量构建观测矩阵。然后，用 OR-CS 估计脉冲星 TOA，从而提高性能。此外，减小冗余字典行列数和脉冲星轮廓间隔数也是提高实时性的有效手段。

2.2.1　基于压缩感知的到达时间估计框架

CS 已经成为信号处理领域中的一个研究热点，是一种有效的信号恢复框架。CS 模型可以表示为

$$\hat{\boldsymbol{a}} = \min \| \boldsymbol{a} \|_0 \ \text{s.t.}\ \boldsymbol{y} = \boldsymbol{\Phi x} = \boldsymbol{\Phi \Psi a} = \boldsymbol{\Theta a} \tag{2-1}$$

其中，$\|\cdot\|_0$ 表示零范数；$\boldsymbol{y}$ 为观测矢量；$\boldsymbol{x}$ 为未知的信号矢量，在基 $\boldsymbol{\Psi}(N \times N)$中，$\boldsymbol{x}$ 可以稀疏地表示为 $\boldsymbol{x}=\boldsymbol{\Psi a}$，如果稀疏系数矢量 $\boldsymbol{a}$ 有 K 个 $(K \ll N)$ 非零元素，$\boldsymbol{x}$ 可被定义为 K 阶稀疏；$\boldsymbol{\Phi}$ 为观测矩阵；$\boldsymbol{\Theta}$ 为感知矩阵，即

$$\boldsymbol{\Theta} = \boldsymbol{\Phi \psi} \tag{2-2}$$

下面介绍基于 CS 的脉冲星 TOA 估计框架。

X 射线脉冲星探测可视为对脉冲星累积轮廓 $\boldsymbol{x}$ 的随机采样。测量矢量 $\boldsymbol{y}$ 表示为

$$\boldsymbol{y} = \boldsymbol{\Phi x} \tag{2-3}$$

其中，$\boldsymbol{\Phi}$ 为观测矩阵，即

$$\boldsymbol{\Phi} = \begin{bmatrix} \boldsymbol{\varphi}_0 \\ \boldsymbol{\varphi}_1 \\ \vdots \\ \boldsymbol{\varphi}_m \\ \vdots \\ \boldsymbol{\varphi}_{M-1} \end{bmatrix} \tag{2-4}$$

其中，$\boldsymbol{\varphi}_m$ 为观测矢量；M 是观测矢量的数量。

测量矢量和观测矢量是不同的概念。观测矢量表示观测矩阵中的一个行矢量。由于观测矩阵影响计算量和信号恢复精度，因此观测矩阵的设计是 CS 的关键。

脉冲星标准轮廓的冗余字典可表示为

$$\boldsymbol{\Psi} = [\boldsymbol{\Psi}_0 \ \boldsymbol{\Psi} \cdots \boldsymbol{\Psi}_n \cdots \boldsymbol{\Psi}_{N-1}] \tag{2-5}$$

其中，n=0,1,⋯, N 为脉冲星轮廓的数量；$\boldsymbol{\Psi}_n$ 为冗余字典中第 n 个列矢量，第 i 个元素为

$$\Psi_n(i)=\boldsymbol{s}[\operatorname{mod}(i-n,N)] \tag{2-6}$$

其中，$\boldsymbol{s}$ 是脉冲星标准轮廓，i=0,1,⋯,N−1；mod()表示取模。

$\boldsymbol{x}$ 可由冗余字典中的一个原子表示，因此脉冲星轮廓是一阶稀疏的。

2.2.2 观测距

观测矢量的获得和信号的恢复是 CS 的关键步骤。观测矩阵在这两个步骤中起到至关重要的作用。因此，观测矩阵的设计对于 CS 具有重大的意义。

传统 CS 选取 Hadamard 矩阵中的部分行矢量构建观测矩阵。事实上，CS 性能与观测矩阵有关。本节分析 Hadamard 矩阵中的每一个行矢量，并根据分析结果选择少量的行矢量构建有效的观测矩阵。

由于脉冲星轮廓是一阶稀疏的，稀疏系数矢量的元素仅一个非零。非零元素的位置至关重要，但是其幅值却无关紧要。原因有二，一是稀疏系数矢量中唯一非零元素的位置决定脉冲相位，是至关重要的；二是幅值与脉冲星辐射信号强度有关，而非脉冲相位。这可以通过脉冲星 TOA 估计方法中的匹配式来说明这一点。匹配式可表示为

$$n_\tau=\arg\max_n[\boldsymbol{y}\cdot(\boldsymbol{\Phi}\boldsymbol{\psi}_n)]=\arg\max_n[(\boldsymbol{\Phi}\boldsymbol{x})\cdot(\boldsymbol{\Phi}\boldsymbol{\psi}_n)]=\arg\max_n[\lambda(\boldsymbol{\Phi}\boldsymbol{x})\cdot(\boldsymbol{\Phi}\boldsymbol{\psi}_n)] \tag{2-7}$$

其中，$\lambda>0$ 为脉冲星辐射信号的幅值；n_τ 为匹配式中最大元素的索引值。

可以看出，脉冲星辐射信号的幅值不影响匹配结果。

在 CS 中，稀疏系数矢量 $\boldsymbol{a}$ 可以由观测矢量 $\boldsymbol{y}$ 估计，即

$$\boldsymbol{y}=\boldsymbol{\Theta}\boldsymbol{a} \tag{2-8}$$

其中，$\|\boldsymbol{a}\|_0=1$。

算法的目的是估计脉冲星 TOA，因此 $\boldsymbol{a}$ 中非零元素的位置是至关重要的。如式(2-7)所示，脉冲星辐射信号的幅值不重要。为了便于分析，将稀疏系数矢量能量归一化，可得

$$\|\boldsymbol{a}\|_0=\|\boldsymbol{a}\|_1=1 \tag{2-9}$$

下面分析观测矢量区分不同原子的能力，以及抗噪能力。

1. 观测矢量区分不同原子的能力

在 CS 中，稀疏系数矢量可以由观测矢量估计。设 $\boldsymbol{y}(m)$ 是 $\boldsymbol{y}$ 中第 m 个元素，其表达式为

$$\boldsymbol{y}(m)=\boldsymbol{\varphi}_m\boldsymbol{\Psi}\boldsymbol{a}_g=\boldsymbol{\varphi}_m\boldsymbol{\Psi}_{kg} \tag{2-10}$$

其中，$\|\boldsymbol{a}_g\|_0=\|\boldsymbol{a}_g\|_1=1$。

这表明，$\boldsymbol{a}_g$ 中只有一个非零元素，并且这个元素等于 1。设 $\boldsymbol{a}_g(g=0,1,\cdots,G-1)$ 中的第 k_g 个元素非零，$\boldsymbol{y}(m)$为第 m 个观测矢量和第 k_g 个原子的内积，即 $\boldsymbol{y}(m)$与冗余字典中的第 k_g 个原子相对应。当 G>1 时，$\boldsymbol{y}(m)$ 与多个原子相对应，即通过 $\boldsymbol{y}(m)$，不能区分这些原子。G 是与相同观测值对应的原子数。原子数越大，观测矢量 $\boldsymbol{\varphi}_m$ 区分原子的能力越弱。

因为矩阵 $\boldsymbol{\Theta}$ 的第 m 个观测矢量可以由 $\boldsymbol{\varphi}_m\boldsymbol{\Psi}$ 表示，$\boldsymbol{y}(m)$等于矩阵 $\boldsymbol{\Theta}$ 中的第 (m,kg) 个元素，所以在矩阵 $\boldsymbol{\Theta}$ 中的第 m 个观测矢量中，有 G 个元素与 $\boldsymbol{y}(m)$相等。

图 2-1 所示为观测矢量与原子之间的内积。行矢量内积的变化范围各不相同。定义变化范围为 OR，OR 越大，与同一数值对应的原子数越小，观测矢量区分不同原子的能力越强。

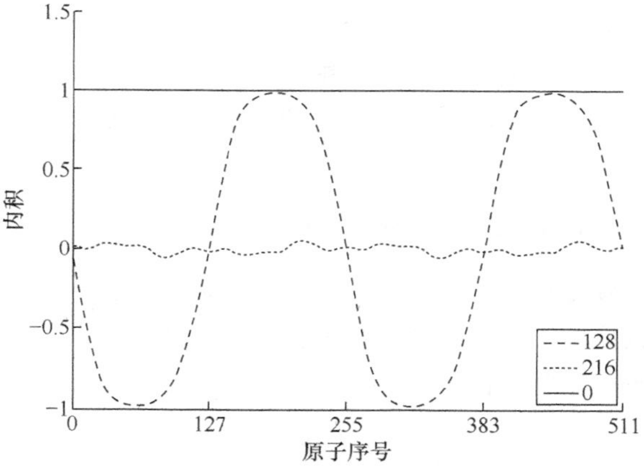

图 2-1　观测矢量与原子之间的内积

通过以上分析结果可知，OR 可以作为观测矢量分辨能力的判断依据。

2. 噪声对观测值的影响

设 $\boldsymbol{\delta}$ 是方差为 σ^2 的噪声矢量，则信号矢量 $\boldsymbol{x}$ 可表示为

$$\boldsymbol{x}=\boldsymbol{\Psi}\boldsymbol{a}+\boldsymbol{\delta} \tag{2-11}$$

相应地，观测矢量 $\boldsymbol{y}$ 可表示为

$$\boldsymbol{y}=\boldsymbol{\Phi}\boldsymbol{x}=\boldsymbol{\Phi}(\boldsymbol{\Psi}\boldsymbol{a}+\boldsymbol{\delta}) \tag{2-12}$$

由噪声引起的观测误差 $\Delta\boldsymbol{y}$ 可表示为

$$\Delta\boldsymbol{y}=\boldsymbol{\Phi}\boldsymbol{\delta} \tag{2-13}$$

设 $\Delta\boldsymbol{y}(m)$ 为 $\Delta\boldsymbol{y}$ 中的第 m 个元素，$\Delta\boldsymbol{y}(m)$ 的数学期望值可表示为

$$E(\Delta\boldsymbol{y}(m)) = E(\boldsymbol{\varphi}_m\boldsymbol{\delta}) = 0 \tag{2-14}$$

究其原因，在 Hadamard 矩阵中，1/2 元素等于 1，另外 1/2 元素等于−1。由此可以得出观测矢量的数学期望值为

$$E(\boldsymbol{\varphi}_m) = 0 \tag{2-15}$$

$\Delta\boldsymbol{y}(m)$ 的方差可表示为

$$D(\Delta\boldsymbol{y}(m)) = D(\boldsymbol{\varphi}_m\boldsymbol{\delta}) = \sum_{i=0}^{N-1} D(\boldsymbol{\delta}(i)) = N\sigma^2 \tag{2-16}$$

其中，D 为方差。

以上分析结果表明，当选用 Hadamard 矩阵作为观测矩阵时，噪声对观测值的影响与选择的观测矢量无关。

通过以上分析，可以得出两个结论，即观测矢量的观测能力由 OR 决定；噪声对不同观测矢量的影响是相同的。通过以上两点可得出如下结论，观测矢量的分辨能力仅由 OR 决定，可以根据 OR 选择观测矢量。

$\boldsymbol{\varphi}_m$ 的 OR 的表达式为

$$E_m = \max(\boldsymbol{\varphi}_m\boldsymbol{\Psi}) - \min(\boldsymbol{\varphi}_m\boldsymbol{\Psi}) \tag{2-17}$$

其中，E_m 为 $\boldsymbol{\varphi}_m$ 的 OR，即 $\boldsymbol{\varphi}_m\boldsymbol{\Psi}$ 中最大元素与最小元素之差。

小 OR 意味着，当噪声存在时，对应的观测矢量不能区分冗余字典中的原子。

2.2.3　算法框架与流程

本节将 OR-CS 应用于脉冲星 TOA 估计。首先，将脉冲星累积轮廓的相位调整为 0，并使间隔数为特定整数值。然后，研究基于 OR-CS 的脉冲星 TOA 估计方法。最后，给出计算复杂度。

Hadamard 矩阵($N\times N$)的行列数仅为特定值，其中 N、$N/12$、$N/20$ 是 2 的幂。然而，脉冲星轮廓的间隔数不是这些特定值。为了采用部分 Hadamard 矩阵，可以减小间隔数，并删除某些无脉冲星辐射信号的间隔。此外，还可以将相位调整为 0，并减小冗余字典行列数。脉冲星轮廓的预处理步骤如下。

步骤 1：预估脉冲峰值的位置。

脉冲星导航系统可提供脉冲星 TOA 预估值，其精度低。根据预估值，可以确定脉冲峰值的位置。对于单峰，设脉冲峰值的预估位置是 $\hat{I}$；对于双峰，设 $\hat{I}$ 表示主峰值的位置，$\hat{I}+D$ 表示副峰的位置，其中 D 是脉冲星标准轮廓主峰与副峰之间的距离。

步骤 2：确定脉冲星轮廓的连续间隔。

设脉冲星标准轮廓的脉冲相位是 0，对于单峰，设脉冲峰值的位置是 J；对于双峰，设 J 表示主峰的位置，$\boldsymbol{x}(N\times 1)$是脉冲星轮廓，将脉冲星累积轮廓移到 $\hat{n}=\hat{I}-J$ 处，可以得到转移后的脉冲星累积轮廓，即

$$\overline{\boldsymbol{x}}(i)=\boldsymbol{x}(\mathrm{mod}(i+\hat{n},N)) \tag{2-18}$$

设 $\hat{I}$ 的误差属于区间$[-Q, Q]$，$Q<N$，$\overline{\boldsymbol{x}}$ 的相位属于区间$[-Q, Q]$，可以确定连续间隔。新的 X 射线脉冲星单峰轮廓可以表示为

$$\boldsymbol{x}_{\mathrm{s}}=\overline{\boldsymbol{x}}(J-N_{\mathrm{s}}/2:J+N_{\mathrm{s}}/2) \tag{2-19}$$

其中，$N_{\mathrm{s}}(N_{\mathrm{s}}<N)$为短脉冲星轮廓的间隔数。

为了不降低信号能量，N_{s} 比脉冲宽度长，N_{s}、$N_{\mathrm{s}}/12$ 或 $N_{\mathrm{s}}/20$ 是 2 的幂。

新的 X 射线脉冲星双峰轮廓可表示为

$$\boldsymbol{x}_{\mathrm{s}}=[\overline{\boldsymbol{x}}(J-N_{\mathrm{s}}/4:J+N_{\mathrm{s}}/4)\quad \overline{\boldsymbol{x}}(J+D-N_{\mathrm{s}}/4:J+D+N_{\mathrm{s}}/4)] \tag{2-20}$$

其中，$N_{\mathrm{s}}/2$ 长于主峰宽度。

可以看出，脉冲峰值所在间隔是连续的，并且脉冲能量不会泄漏。

脉冲星累积轮廓的预处理有两个作用，一是缩短脉冲星轮廓，二是降低噪声水平。究其原因，部分包含噪声而无 X 射线脉冲星信号的间隔被去除了。

基于 OR-CS 的脉冲星 TOA 估计的流程图如图 2-2 所示。某些模块由器载计算机实现，其他在地面处理。考虑器载计算机计算能力有限，这一措施可以减小器载计算机的计算量。相关的分析在后续章节阐明。

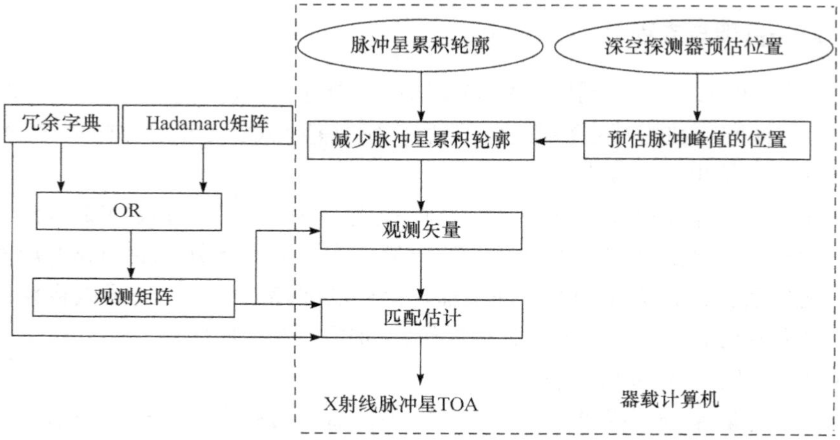

图 2-2 基于 OR-CS 的脉冲星 TOA 估计的流程图

综上所述，基于 OR-CS 的脉冲星 TOA 估计方法的流程如下。

步骤 1：脉冲星轮廓的预处理。

步骤 2：脉冲星标准轮廓冗余字典的构建。

预处理以后，脉冲星轮廓的间隔数减少，且 $\boldsymbol{x}_s$ 的相位属于区间[−Q, Q]。为了减少冗余字典的行列数，脉冲星标准轮廓的短冗余字典 $\boldsymbol{\Psi}_s$ ($N_s \times (2Q+1)$)可表示为

$$\boldsymbol{\Psi}_s = \begin{bmatrix} \boldsymbol{\Psi}^s_{N_s-Q} & \cdots & \boldsymbol{\Psi}^s_{N_s-1} & \boldsymbol{\Psi}^s_0 & \boldsymbol{\Psi}^s_1 & \boldsymbol{\Psi}^s_2 & \cdots & \boldsymbol{\Psi}^s_Q \end{bmatrix} \tag{2-21}$$

其中，$\boldsymbol{\Psi}^s_n$ 为冗余字典中的第 n 个矢量，第 i 个元素为

$$\boldsymbol{\Psi}^s_n(i) = s_s(\mathrm{mod}(i-n, N_s)), \quad i = 0,1,\cdots,N_s-1 \tag{2-22}$$

其中，$\boldsymbol{s}_s$ 为短脉冲星标准轮廓，对于单峰和双峰，其表达式可由式(2-23)和式(2-24)给出，即

$$\boldsymbol{s}_s = \boldsymbol{s}(J - N_s/2 : J + N_s/2) \tag{2-23}$$

$$\boldsymbol{s}_s = \begin{bmatrix} \boldsymbol{s}(J - N_s/4 : J + N_s/4) & \boldsymbol{s}(J + D - N_s/4 : J + D + N_s/4) \end{bmatrix} \tag{2-24}$$

步骤 3：观测矩阵的设计。

为了使 CS 便于硬件实现，观测矩阵的元素应是 1 或−1。Hadamard 矩阵是一个正交矩阵，它的元素属于集合{1，−1}。我们可以从 Hadamard 矩阵中选择观测矢量构造观测矩阵。设 $\boldsymbol{H}$ 是 L 阶 Hadamard 矩阵，即

$$\boldsymbol{H} = \begin{bmatrix} \boldsymbol{h}_0 \\ \boldsymbol{h}_1 \\ \boldsymbol{h}_2 \\ \vdots \\ \boldsymbol{h}_l \\ \vdots \\ \boldsymbol{h}_{L-1} \end{bmatrix}, \quad l = 0,1,\cdots,L_s-1 \tag{2-25}$$

其中，$\boldsymbol{h}_l(1 \times N_s)$为观测矢量，变化范围为 E_l，是观测矢量与冗余字典中每个原子之间内积的变化范围，E_l 的表达式为

$$E_l = \max(\boldsymbol{h}_l \boldsymbol{\Psi}_s) - \min(\boldsymbol{h}_l \boldsymbol{\Psi}_s) \tag{2-26}$$

如果 $\boldsymbol{h}_l \boldsymbol{\Psi}_s$ 的变化范围小，根据观测值不能区分冗余字典中不同的原子。在强噪声条件下，$\boldsymbol{h}_l$ 对信号恢复无作用；反之，OR 越大，$\boldsymbol{h}_l$ 对信号恢复的作用越大，即抗噪声性能越强。

根据 OR，可以从 Hadamard 矩阵中选择观测矢量，即选取 M_s 个大 OR 的观测矢量去构建基于 OR 的观测矩阵。设基于 OR 的观测矩阵是 $\boldsymbol{\Phi}_s(M_s \times N_s)$，$M_s$ 是行数，通常 M_s 越大，精度越高，计算量越大。

步骤 4：观测矢量的获取。

利用基于 OR 的观测矩阵和新的脉冲星轮廓，可以获得如下观测矢量，即

$$\boldsymbol{y}_{\mathrm{s}}=\boldsymbol{\Phi}_{\mathrm{s}}\boldsymbol{x}_{\mathrm{s}} \tag{2-27}$$

其中，$\boldsymbol{y}_{\mathrm{s}}(M_{\mathrm{s}}\times 1)$为观测矢量；$\boldsymbol{x}_{\mathrm{s}}(1\times N_{\mathrm{s}})$为短脉冲星累积轮廓，与短脉冲星标准轮廓的获取方式类似。

步骤 5：匹配和脉冲星 TOA 估计。

$\boldsymbol{y}_{\mathrm{s}}$和$\boldsymbol{\Psi}_n^{\mathrm{s}}$之间的相关性可表示为$\boldsymbol{\Phi}_{\mathrm{s}}\boldsymbol{\Psi}_n^{\mathrm{s}}\boldsymbol{y}_{\mathrm{s}}$，$n_\tau$可表示为

$$n_\tau=\arg\max_n(\boldsymbol{\Phi}_{\mathrm{s}}\boldsymbol{\Psi}_n^{\mathrm{s}}\boldsymbol{y}_{\mathrm{s}}) \tag{2-28}$$

其中，$n=-Q,-Q+1,\cdots,Q-1,Q$；$\boldsymbol{\Psi}_{n_\tau}^{\mathrm{s}}$为与$\boldsymbol{y}_{\mathrm{s}}$匹配的原子。

通过式(2-18)，脉冲星累积轮廓的初始相位为$\hat{n}$。因此，脉冲星 TOA 估计$\tilde{\tau}$被$\hat{n}$补偿，可表示为

$$\tilde{\tau}=(n_\tau-\hat{n})p/N \tag{2-29}$$

其中，p为脉冲星周期。

下面分析计算复杂度。事实上，OR-CS 可以分为两部分。一部分必须在器载计算机上运行，另一部分可以在地面完成。鉴于器载计算机计算能力有限，OR-CS 的目标是减少器载计算机的计算量。因此，这里仅研究器载计算机上的计算过程。

器载计算机处理脉冲星辐射数据的模块包括脉冲峰值的预估、脉冲星累积轮廓的缩短、观测矢量的获取、脉冲星 TOA 的估计匹配。

① 脉冲峰值的预估和脉冲星累积轮廓的缩短。这两个模块包括式(2-18)～式(2-20)。鉴于二者的主要运算是赋值，它们计算量小。式(2-18)需要N次乘法和加法运算(multiplications and accumulations computation, MAC)。式(2-19)或式(2-20)计算量为N_{s}MAC，即这两个模块计算量为$(N+N_{\mathrm{s}})$MAC。

② 观测矢量的获取。此模块仅存在一个矩阵乘法，且计算量为$M_{\mathrm{s}}\times(2N_{\mathrm{s}}-1)\approx 2M_{\mathrm{s}}N_{\mathrm{s}}$MAC。因此，这个模块计算量为$2M_{\mathrm{s}}N_{\mathrm{s}}$MAC。

③ 脉冲星 TOA 的估计匹配。此模块包括式(2-28)和式(2-29)。与式(2-28)相比，式(2-29)的计算量可忽略。$\boldsymbol{\Phi}_{\mathrm{s}}\boldsymbol{\Psi}_n^{\mathrm{s}}\boldsymbol{y}_{\mathrm{s}}$所需计算量为$M_{\mathrm{s}}(2N_{\mathrm{s}}-1)+2M_{\mathrm{s}}-1\approx 2M_{\mathrm{s}}N_{\mathrm{s}}$ MAC。究其原因，式(2-28)计算量为$2M_{\mathrm{s}}N_{\mathrm{s}}(2Q+1)\approx 4QM_{\mathrm{s}}N_{\mathrm{s}}$MAC。因此，这一模块计算量为$4QM_{\mathrm{s}}N_{\mathrm{s}}$MAC。

OR-CS 的计算量是上述四个模块之和，约为$(N+N_{\mathrm{s}})+4QM_{\mathrm{s}}N_{\mathrm{s}}\approx 4QM_{\mathrm{s}}N_{\mathrm{s}}$MAC。

同理，传统 CS 计算量为$4MN^2$MAC。由于$N_{\mathrm{s}}<N$，$Q<N$，$M_{\mathrm{s}}<M$，OR-CS 的计算量远小于传统方法。设M、N、Q、M_{s}、N_{s}分别为 500、1557、100、10、512，传统 CS 和 OR-CS 分别需要1.557×10^9MAC 和2.048×10^6MAC，即 OR-CS 的复杂

度比传统方法小约三个数量级。

2.2.4　仿真实验及结果分析

为了验证基于 OR-CS 的脉冲星 TOA 估计方法的可行性和有效性，与传统基于 CS 的脉冲星 TOA 估计方法作比较。在传统 CS 中，选择 Hadamard 矩阵的多行矢量构建观测矩阵。

选取脉冲星(pulsar，PSR) B1937+21，其周期是 1.557ms。X 射线敏感器的时间分辨率是 1μs。PSR B1937+21 的脉冲星轮廓如图 2-3 所示。PSR B1937+21 的光子流量是 4.99×10^{-5}ph/cm^2/s。X 射线背景辐射流量噪声为 0.005ph/cm^2/s。

从 Hadamard 矩阵(512×512)中选择数行构建观测矩阵。观测矩阵行列数是 $M_s\times N_s$，其中 M_s 和 N_s 分别为 10 和 512。冗余字典行列数是$(2Q+1)\times M_s$，其中 Q 为 100。X 射线敏感器有效接收面积为 1m^2，观测时间为 1000s，稀疏度为 1。仿真平台是主频为 2.2GHz、内存为 4GB 的戴尔 Vostro15 笔记本。

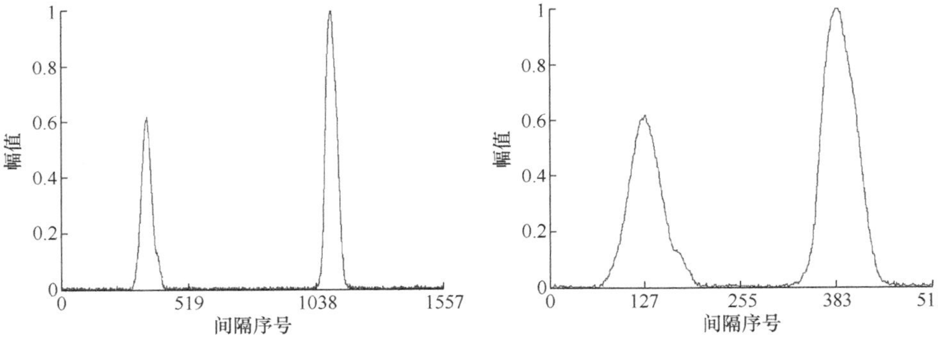

(a) 标准轮廓　　(b) 短轮廓

图 2-3　PSR B1937+21 的脉冲星轮廓

首先，从 Hadamard 矩阵中选择数行设计观测矩阵。然后，研究观测矢量与冗余字典中每个原子之间的相关性。图 2-1 给出第 0 行、第 128 行、第 216 行与每个原子之间的内积。内积等于观测值。可以看出，第 0 行的观测值无变化，第 216 行的观测值变化小，第 128 行的观测值变化大。这表明，第 0 行不能区分不同的原子，第 128 行的分辨能力比第 216 行的强，特别是在强噪声背景下。究其原因，与同一观测值对应的原子数越小，对应观测矢量的分辨能力越强。

第 0 行、第 128 行、第 216 行的 OR 分别为 0、1.9644、0.1091。因此，观测矢量的 OR 越大，观测矢量的分辨能力越强。OR 可以作为观测矢量分辨能力的判断依据。

下面研究观测矩阵行数对脉冲星 TOA 估计性能的影响。

PSR B1937+21 的 OR 如图 2-4 所示。图 2-4(a)中观测矢量的行号是 Hadamard

矩阵的行号。在图 2-4(b)中，行号表示为 OR 降序排列后的行号。可以看出，大多数观测矢量对应的 OR 小。这表明，大多数观测矢量对于区分不同的原子是无用的。因此，利用具有大 OR 的观测矢量，可以构建高性能的观测矩阵。

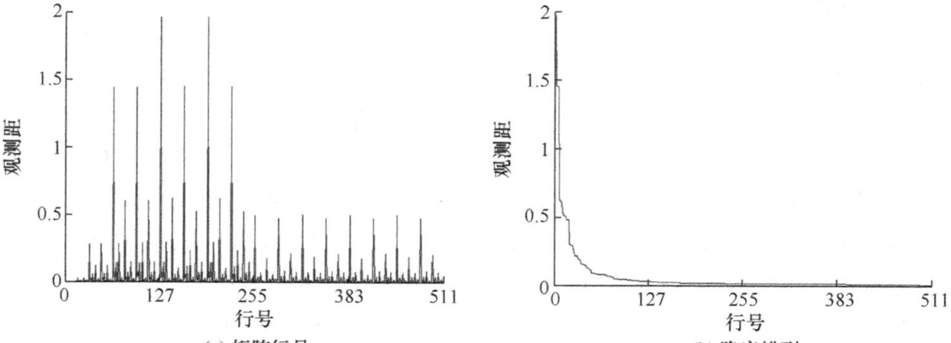

(a) 矩阵行号　(b) 降序排列

图 2-4　PSR B1937+21 的 OR

观测行数对脉冲星 TOA 估计的影响(PSR B1937+21)如图 2-5 所示。从图 2-5(a)可以看出，当观测矢量的数量小于 10 时，估计误差就会随着观测矩阵行数的增加而减小。当观测矢量的数量大于 10 时，估计误差几乎保持不变。为了减少计算量，选 10 作为 OR-CS 中观测矢量的数量。图 2-5(b)中的拐点是 200。结果表明，基于 OR 的观测矩阵行列数远小于传统观测矩阵行列数。

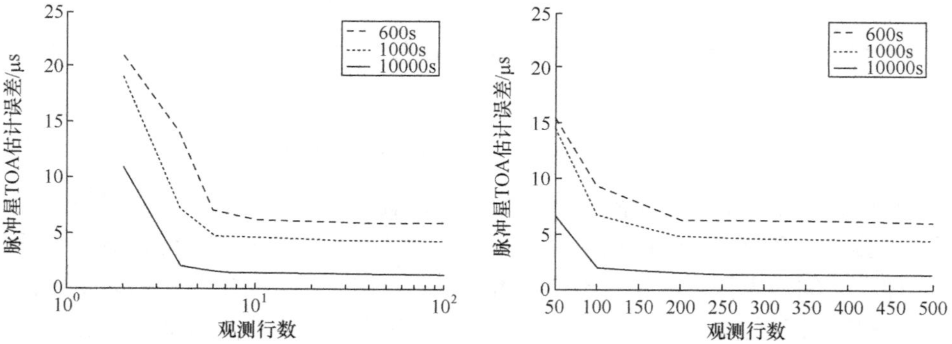

(a) OR-CS性能　(b) 传统CS性能

图 2-5　观测行数对脉冲星 TOA 估计的影响(PSR B1937+21)

如表 2-1 所示，当观测矩阵行数是 100 时，OR-CS 的精度优于传统 CS。100 行观测矢量的 OR-CS 超过 500 行观测矢量的传统 CS。究其原因，观测中不可避免地会引入噪声。当 OR 小时，噪声的能量高于脉冲星辐射信号的能量，具有小 OR 的观测矢量会导致脉冲星累积轮廓信噪比的下降。

表 2-1　脉冲星 TOA 估计精度

观测时间/s	OR-CS/μs		传统 CS/μs	
	10 行	100 行	100 行	500 行
600	6.236	5.914	9.258	6.015
1000	4.698	4.333	6.642	4.483
10000	1.510	1.349	1.896	1.397

从图 2-5 和表 2-1 可以看出，精度随着观测时间的提高而提高。因此，观测时间的延长有利于脉冲星 TOA 估计性能的提高。

如图 2-6 所示，随着噪声水平的增加，脉冲星 TOA 估计的精度下降，特别是当观测时间短时。此外，在同一噪声水平下，具有长观测时间的脉冲星 TOA 估计性能优于传统估计方法。因此，当噪声水平高时，可以通过延长观测时间来维持脉冲星 TOA 估计的精度。

采用三颗脉冲星，即 PSR B0531+21、B1937+21、B1821-24。PSR B0531+21 的辐射流量高于 X 射线背景辐射流量噪声，B1937+21 和 B1821-24 的辐射流量远远低于 X 射线背景辐射流量噪声。传统基于 CS 的脉冲星 TOA 估计方法只研究 PSR B0531+21，而忽视低流量脉冲星。

为体现普适性，下面用 PSR B1821-24 开展脉冲星 TOA 估计的性能研究。PSR B1821-24 的流量是 1.93×10^{-4}ph/cm^2/s，它的间隔数减小到 512。

图 2-7 所示为 PSR B1821-24 的 OR。从图 2-7 可以看出，具有大 OR 的观测矢量的数量也小。比较 PSR B1937+21 和 PSR B1821-24，二者中大 OR 的行号是不同的。因此，对于不同的脉冲星，必须重新设计观测矩阵。

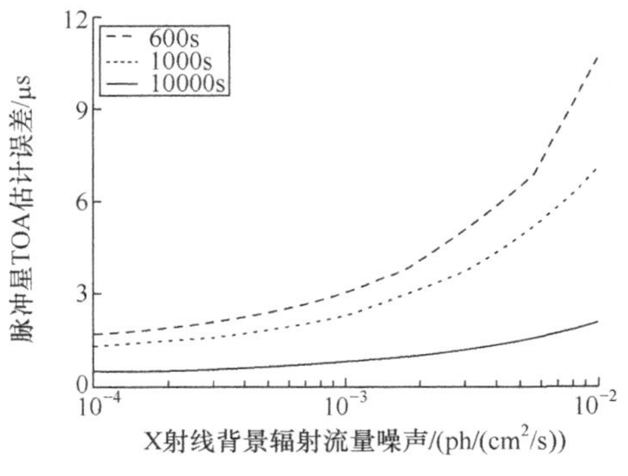

图 2-6　X 射线背景辐射流量噪声

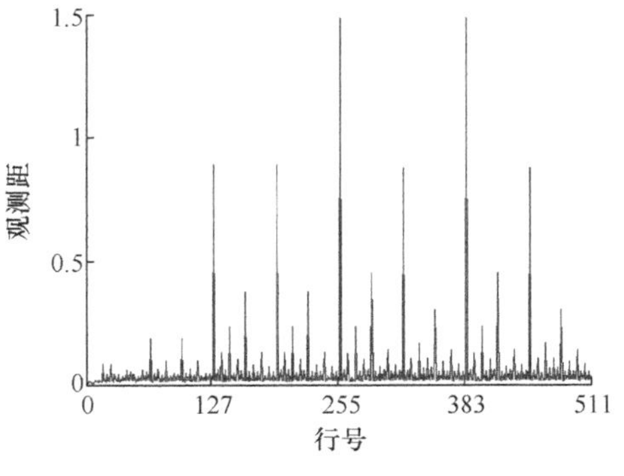

图 2-7　PSR B1821-24 的 OR

图 2-8 所示为观测行数对脉冲星 TOA 估计的影响。可以看出，观测行数达到 10 即可。图 2-8 中的仿真结果类似于图 2-5。以上结果表明，OR-CS 仅需 Hadamard

矩阵中几个行矢量作为观测矢量去构建观测矩阵。因此，对于 PSR B1821-24，基于 OR 的观测矩阵行列数也小。

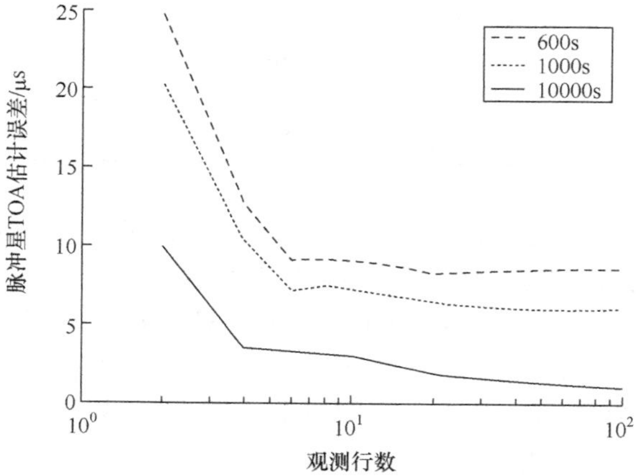

图 2-8 观测行数对脉冲星 TOA 估计的影响(PSR B1821-24)

可以得出如下结论，脉冲星 TOA 估计中的观测矩阵行列数小，并且对于不同的 X 射线脉冲星，观测矩阵不同。

研究基于 OR-CS 的脉冲星 TOA 估计方法的计算时间。观测矩阵行列数是 $M_s \times 512$，其中 M_s 是观测矢量的数量。观测矢量的数量正比于观测矩阵行列数，因此本节研究观测矢量数量与计算时间之间的关系。表 2-2 所示为计算时间。该方法的计算时间随着观测矢量数量的增加而增加。当观测矢量数量是 10 时，计算时间小于 1ms。因此，减少观测矢量数量是有意义的。从图 2-8 可以看出，对于 OR-CS，10 个观测矢量即可满足要求，即当观测矢量数量为 10 时，OR-CS 的精度和计算时间是令人满意的。从表 2-1 和表 2-2 可以看出，在计算时间和精度方面，具有 10 个观测矢量的 OR-CS 性能优于具有 100 个观测矢量的传统 CS。

表 2-2 计算时间

观测矢量的数量	计算时间/ms
2	0.719
6	0.786
10	0.841
20	1.039
40	1.358
100	2.572
512	15.847

我们提出观测矢量 OR 的概念。OR 越大，观测矢量在强噪声下区分不同原

子的能力越强。使用 OR 作为判断标准，可以选择几个有效的具有大 OR 的观测矢量来构建基于 OR 的观测矩阵，其行数小。

基于 OR 的观测矩阵有利于 OR-CS 在冗余字典中快速选择最匹配的原子。脉冲星 TOA 可以通过最匹配的原子计算得到。基于 OR 的观测矩阵具有抗噪能力，并且行数小，这些特性使它具有较高的精度和小计算量。

综上所述，基于 OR-CS 的脉冲星 TOA 估计方法在计算量小的情况下具有较高的精度。因此，该方法适用于器载计算机，并且可以满足脉冲星导航系统的要求。

2.3　基于类 Hadamard-压缩感知的脉冲星到达时间估计

脉冲星 TOA 估计方法可分为频域和时域两大类。总体而言，频域方法易受噪声干扰，而时域方法相对稳定。但是，脉冲星辐射信号的原始数据量大，进而导致计算量大。这是二者都要面对的问题。作为一种时域方法，新兴的 CS 能够以极低的采样率处理稀疏信号，将 CS 应用于脉冲星 TOA 估计已经成为一个研究热点。在这些方法中，观测矩阵常选用标准 Hadamard 矩阵。究其原因，在标准 Hadamard 矩阵中，任意两行矢量正交；元素值只能是+1 或−1，乘法运算只需改变符号，便于硬件实现。但是，标准 Hadamard 矩阵存在以下不足，一是提取脉冲星累积轮廓低频特征的能力不强，观测矩阵行数多，这增大了计算量。在深空探测器上，器载计算机的处理能力较弱，会导致 CS 无法在轨计算。二是标准 Hadamard 矩阵的行数 N 是一个特定整数值，即 N、$N/12$、$N/20$ 只能是 2 的幂。在实际工程中，脉冲星轮廓间隔数不是特定整数值。这会导致在 CS 获取观测值的过程中，存在观测矩阵列数与脉冲星轮廓间隔数不相等这一问题。

针对标准 Hadamard 矩阵的不足，在确保标准 Hadamard 矩阵基本特性的前提下，研究新的观测矩阵，即类 Hadamard 矩阵。顾名思义，该矩阵的正交性与 Hadamard 矩阵的正交性基本类似，但矩阵行数不再受限，可为任意正整数。此外，可设定观测矩阵的矢量频率，有效提取脉冲星辐射信号低频特征。此时，即使采样率低，也能获得较高的脉冲星 TOA 估计精度。在此基础上，我们提出 SH-CS，并将其应用于脉冲星 TOA 估计。其核心是类 Hadamard 观测矩阵的构造。

2.3.1　类 Hadamard 观测矩阵设计

在脉冲星 TOA 估计中，标准 Hadamard 矩阵是一种常用的观测矩阵。本节构造类 Hadamard 矩阵代替标准 Hadamard 矩阵。相对于标准 Hadamard 矩阵，类 Hadamard 矩阵既能保留近似正交、零数学期望值等性质，又可以使其行数为任意正整数。更为关键的是，类 Hadamard 矩阵能够有效提取脉冲星累积轮廓的低频特征，在超低采样率实现高精度脉冲星 TOA 估计。

类 Hadamard 矩阵 $\mathcal{H}(M \times N)$ 的表达式为

$$\mathcal{H}(j,i) = \left(\operatorname{sign}\left(\sin\left(2\pi \frac{ij}{N} + \boldsymbol{r}(j) \right) \right) \right)^{\mathrm{T}}, \quad i = 1,2,\cdots,N; \; j = 1,2,\cdots,M \tag{2-30}$$

从式(2-30)可以看出，类 Hadamard 矩阵是由符号函数 sign 和正弦函数 sin 结合而成的。sign 可以确保矩阵元素为+1 或−1，易于存储与硬件实现。观测矩阵每行的初始相位 $\boldsymbol{r}(j)(1 \times M)$服从区间为$(0, 2\pi)$的均匀分布。

标准 Hadamard 矩阵具有两个性质：其一，每一行矢量的元素值之和为零；其二，任意两行矢量互相关系数为零。下面证明类 Hadamard 矩阵具有标准 Hadamard 矩阵类似的性质。

性质 1：对于类 Hadamard 矩阵中的每一个行矢量，其元素之和的数学期望值为零。

证明：

$$E\left(\frac{1}{N} \sum_{i=1}^{N} \mathcal{H}(j,i) \right) = E\left(\frac{1}{N} \sum_{i=1}^{N} \operatorname{sign}\left(\sin\left(2\pi \frac{ij}{N} + \boldsymbol{r}(j) \right) \right) \right) = 0 \tag{2-31}$$

其中，$\sin\left(2\pi \frac{ij}{N} + \boldsymbol{r}(j) \right)$，表示第 j 个周期的元素。

显然，在一个脉冲星周期内，式(2-32)成立，即

$$\sum_{i=1}^{N} \operatorname{sign}\left(\sin\left(2\pi \frac{ij}{N} + \boldsymbol{r}(j) \right) \right) = 0 \tag{2-32}$$

此时，式(2-31)成立。

通过式(2-30)可以生成一个任意列数的类 Hadamard 矩阵。例如，构造一个行列数为 522 × 33400 的类 Hadamard 矩阵。类 Hadamard 矩阵每行元素之和的数学期望值如图 2-9 所示。可以看出，每行元素之和的数学期望值小，几乎为零。

性质 2：在类 Hadamard 矩阵中，任意两行矢量之间的互相关系数的数学期望值为零。

证明：第 j_1 行和第 j_2 行矢量互相关系数的数学期望值为

$$\begin{aligned} & E\left(\frac{1}{N} \sum_{i=1}^{N} \mathcal{H}(j_1,i) \mathcal{H}(j_2,i) \right) \\ & = E\left(-\frac{1}{2N} \sum_{i=1}^{N} \operatorname{sign}\left\{ \cos\left[2\pi \frac{i(j_1+j_2)}{N} + \boldsymbol{r}(j_1+j_2) \right] - \cos\left[2\pi \frac{i(j_1-j_2)}{N} + \boldsymbol{r}(j_1-j_2) \right] \right\} \right) \\ & = 0 \end{aligned} \tag{2-33}$$

2.4　无尝试性历元折叠的脉冲星周期估计

脉冲星导航的基本流程是深空探测器观测并收集脉冲星辐射信号。该过程持续时间称为观测时间，通常为数百或数千秒。在观测时间内，这些脉冲星信号被折叠到一个固有的脉冲星周期。该折叠过程被定义为历元折叠(epoch folding，EF)。在 EF 后，可以获得脉冲星累积轮廓。将脉冲星累积轮廓与脉冲星标准轮廓进行比较，深空探测器可以获得二者相位差，并将该相位差转换为脉冲星 TOA。脉冲星 TOA 作为导航观测值，导航滤波器可为深空探测器提供位置和速度信息。

高精度的脉冲星周期是获得脉冲星累积轮廓的前提。受高速飞行的影响，脉冲星周期不可避免地会出现误差。此外，即使周期误差非常小，也会产生脉冲星累积轮廓畸变，这会导致脉冲星 TOA 精度下降。因此，周期估计方法对于脉冲星导航系统至关重要。此外，鉴于航天计算机处理能力的局限性，脉冲星周期估计方法的计算量必须小。因此，如何实时高精度地估计脉冲星周期对于脉冲星导航系统至关重要。

人们研究了脉冲星信号的周期估计方法。χ^2 周期估计方法已在罗西 X 射线时变探测器(Rossi X-ray timing explorer，RXTE)中应用，χ^2 周期估计方法是一种传统且有效的脉冲星周期估计方法。在这种方法中，脉冲星信号以不同的周期 T_q 折叠，$q=1,2,\cdots,Q$，其中 Q 是尝试性脉冲星周期的数量，即脉冲星信号被折叠 Q 次。χ^2 用于评估脉冲星累积轮廓畸变度。从理论上讲，对应于最大 χ^2 的周期(即最小的畸变度)等于固有脉冲星周期。随后，脉冲星周期估计成为一个研究热点[16-22]。

传统尝试性 EF 的基本思路是按不同周期折叠脉冲星信号，并产生一系列具有不同畸变度的脉冲星累积轮廓。设计指标以评估脉冲星累积轮廓的畸变度。固有周期是对应于最小畸变度的周期。尝试性 EF 导致计算量大。究其原因，将大量的 X 射线脉冲星信号(10^5 数量级以上)按多个周期折叠，即多次运行 EF。对于器载计算机而言，单次 EF 的计算量大，多次 EF 会导致系统崩溃，因此应避免多次 EF。

我们提出基于低频 Fourier-CS 的脉冲星周期快速估计方法。该方法无须尝试性 EF，根据畸变度直接估计脉冲星周期，而不是搜索最小畸变度。

2.4.1　脉冲星轮廓畸变原理及周期估计克拉默-拉奥下界

本节推导脉冲星周期估计误差的克拉默-拉奥下界(Cramer-Rao lower bound，CRLB)。首先，针对周期误差建立脉冲星畸变轮廓模型。然后，基于该模型，得出周期估计误差的 CRLB。最后，分析 CRLB 的几个简单数学性质。

1. 脉冲星轮廓的畸变原理

受周期误差或频率误差的影响，脉冲星累积轮廓会发生畸变。本节针对周期误差或频率误差建立脉冲星畸变轮廓模型。

下面研究畸变形成的基本原理。图 2-15 所示为脉冲星累积轮廓的畸变过程。设脉冲星的估计周期比固有周期长，且 EF 采用估计周期而非固有周期。在图 2-15 中，三个脉冲星标准轮廓按估计周期折叠，脉冲星累积轮廓为三个脉冲星轮廓的叠加。可以看出，三个脉冲星轮廓不能完全重叠，并存在三个脉冲相移，这会导致脉冲星累积轮廓产生畸变。下面从理论上推导畸变模型。

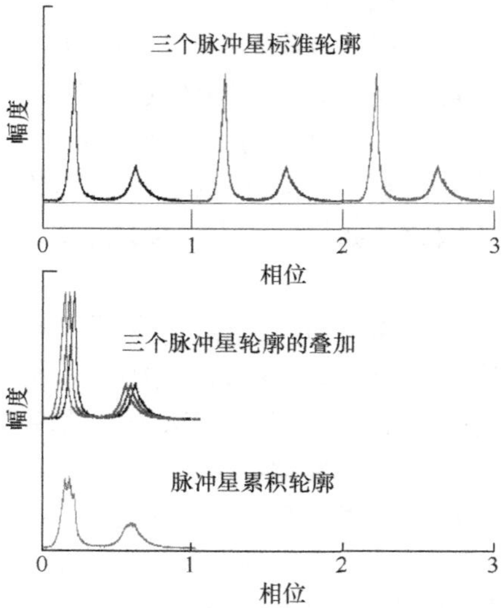

图 2-15　脉冲星累积轮廓的畸变过程

设函数 $h(\varphi)$是脉冲星标准轮廓，并且满足以下条件，即

$$\int_0^1 h(\varphi)\mathrm{d}\varphi = 1 \tag{2-37}$$

其中，φ 为脉冲相位；$h(\varphi)$是周期为 1 的周期函数。

在此条件下，式(2-38)成立，即

$$h(1+\varphi)=h(\varphi) \tag{2-38}$$

设 t 和 f_0 分别是时间和初始的固有频率。脉冲相位、时间变量、频率之间的关系式可表示为

$$\varphi = f_0 t \tag{2-39}$$

设 X 射线脉冲星的观测区间为$[0, T_{\text{obs}}]$，脉冲星周期为 $T_0=1/f_0$，在一个观测区间内，脉冲数为 $K = T_{\text{obs}} / T_0$；脉冲星 TOA 为 $t \in [0, T_{\text{obs}}]$，可视为 k (k=0, 1,⋯, K−1)

个周期与小数部分 $\delta t \in [0, T_0)$ 之和。它们的关系式为

$$t = kT_0 + \delta t \tag{2-40}$$

然而，不可避免地存在频率误差 Δf 。下面分析频率误差对脉冲星累积轮廓的影响。受脉冲星频率误差的影响，第 k 个脉冲星轮廓 $h_k(\tilde{\varphi})$ 可表示为

$$\begin{aligned} h_k(\tilde{\varphi}) &= h(\tilde{f}t) \\ &= h[\tilde{f}(kT_0 + \delta t)] \\ &= h\left[(f_0 + \Delta f)(kT_0 + \delta t)\right] \\ &= h\left[f_0 \delta t + \Delta f(kT_0 + \delta t)\right] \\ &\approx h(\varphi + \Delta\varphi_k) \end{aligned} \tag{2-41}$$

其中，$\tilde{\varphi}$ 和 $\tilde{f} = f_0 + \Delta f$ 为噪声相位和噪声频率；$\Delta\varphi_k = \Delta f k T_0$ 为频率误差引起的脉冲相位误差。

脉冲星累积轮廓 $\tilde{h}(\tilde{\varphi})$ 是所有脉冲星轮廓的均值。其表达式为

$$\begin{aligned} \tilde{h}(\tilde{\varphi}) &= \frac{1}{K}\sum_{k=0}^{K-1} h_k\left[\tilde{f}(kT_0 + \delta t)\right] \\ &\approx \frac{1}{K}\sum_{k=0}^{K-1} h(\varphi + \Delta\varphi_k) \\ &\approx \int_0^{\Delta f \cdot T_{\mathrm{obs}}} g_{\Delta f \cdot T_{\mathrm{obs}}}(\Delta\varphi) h(\varphi + \Delta\varphi) \mathrm{d}\Delta\varphi \end{aligned} \tag{2-42}$$

门函数 $g_{\Delta f \cdot T_{\mathrm{obs}}}(\Delta\varphi)$ 可表示为

$$g_{\Delta f \cdot T_{\mathrm{obs}}}(\Delta\varphi) = \begin{cases} \dfrac{1}{\Delta f T_{\mathrm{obs}}}, & \min(0, \Delta f T_{\mathrm{obs}}) \leqslant \Delta\varphi \leqslant \max(0, \Delta f T_{\mathrm{obs}}) \\ 0, & \text{其他} \end{cases} \tag{2-43}$$

将脉冲相位误差的均值定义为脉冲星轮廓畸变相位 φ_{d}，即

$$\varphi_{\mathrm{d}} = \frac{1}{K}\sum_{k=0}^{K-1}\varphi_k = \frac{1}{K}\sum_{k=0}^{K-1}(\Delta f k T_0) = \frac{\Delta f T_{\mathrm{obs}}}{2} \tag{2-44}$$

用 φ_{d} 替代 $\Delta f T_{\mathrm{obs}}/2$，式(2-42)和式(2-43)可表示为

$$\tilde{h}(\tilde{\varphi}) = \int_0^{\Delta f T_{\mathrm{obs}}} g_{\Delta f T_{\mathrm{obs}}}(\Delta\varphi) h(\varphi + \Delta\varphi) \mathrm{d}\Delta\varphi = \int_0^{2\varphi_{\mathrm{d}}} g_{2\varphi_{\mathrm{d}}}(\Delta\varphi) h(\varphi + \Delta\varphi) \mathrm{d}\Delta\varphi \tag{2-45}$$

$$g_{2\varphi_{\mathrm{d}}}(\Delta\varphi) = \begin{cases} \dfrac{1}{2\varphi_{\mathrm{d}}}, & \min(0, 2\varphi_{\mathrm{d}}) \leqslant \Delta\varphi \leqslant \max(0, 2\varphi_{\mathrm{d}}) \\ 0, & \text{其他} \end{cases} \tag{2-46}$$

式(2-45)为脉冲星畸变轮廓模型。由此可知，脉冲星累积轮廓出现畸变和相位偏移。

图 2-16 所示为不同畸变度下的脉冲星累积轮廓。脉冲星轮廓畸变相位影响脉冲星轮廓的累积并使相位偏移。此外，相移量随畸变度增大。

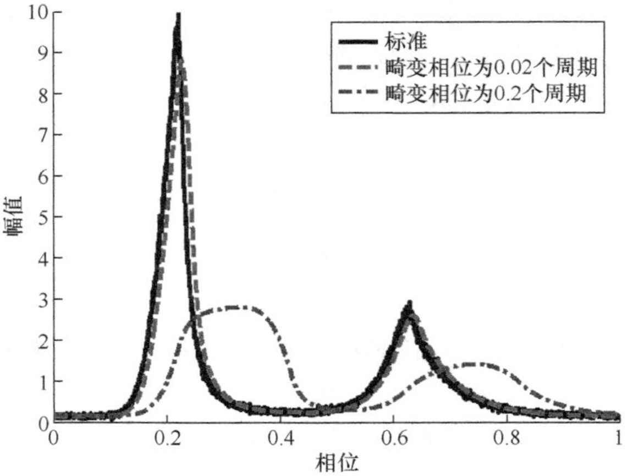

图 2-16　不同畸变度下的脉冲星累积轮廓

最后，研究频率误差的符号和幅值对脉冲星累积轮廓的影响。门函数可以视为低通滤波器。设 $\mathrm{Sign}(\Delta f)$ 和 $|\Delta f|$ 表示 Δf 的符号和幅值，随着 $|\Delta f|$ 的增加，脉冲星累积轮廓变得光滑。符号对脉冲星累积轮廓的影响由定理 1 给出。

定理 1　设 $\tilde{\varphi}_+$ 和 $\tilde{\varphi}_-$ 是 $+|\Delta f|$ 和 $-|\Delta f|$ 引起的噪声相位。脉冲星累积轮廓之间的唯一区别是相位 $\tilde{h}(\tilde{\varphi}_+)$ 和 $\tilde{h}(\tilde{\varphi}_-)$ 。

证明：脉冲星累积轮廓 $\tilde{h}(\tilde{\varphi}_+)$ 和 $\tilde{h}(\tilde{\varphi}_-)$ 可表示为

$$\tilde{h}(\tilde{\varphi}_+)=\int_0^{|\Delta f|T_{\text{obs}}} g_{(|\Delta f|T_{\text{obs}})}(\Delta\varphi)h(\varphi+\Delta\varphi)\mathrm{d}\Delta\varphi \tag{2-47}$$

$$\begin{aligned}\tilde{h}(\tilde{\varphi}_-)&=\int_0^{-|\Delta f|T_{\text{obs}}} g_{(-|\Delta f|T_{\text{obs}})}(\Delta\varphi)h(\varphi+\Delta\varphi)\mathrm{d}\Delta\varphi\\&=\int_0^{-|\Delta f|T_{\text{obs}}} g_{(-|\Delta f|T_{\text{obs}})}(\Delta\varphi)h(\varphi+\Delta\varphi)\mathrm{d}\Delta\varphi\\&=\int_0^{|\Delta f|T_{\text{obs}}} g_{|\Delta f|T_{\text{obs}}}(\Delta\varphi)h(\varphi+|\Delta f|T_{\text{obs}}+\Delta\varphi)\mathrm{d}\Delta\varphi\\&=\tilde{h}(\tilde{\varphi}_++|\Delta f|T_{\text{obs}})\\&=\tilde{h}(\tilde{\varphi}_++2|\varphi_{\mathrm{d}}|)\end{aligned} \tag{2-48}$$

由式(2-48)可知，脉冲星累积轮廓 $\tilde{h}(\tilde{\varphi}_+)$ 和 $\tilde{h}(\tilde{\varphi}_-)$ 的唯一区别是相位相差 $2|\varphi_{\mathrm{d}}|$ 。因此，频率偏差的符号与相位有关，而与畸变度无关。图 2-17 所示为脉冲星畸变轮廓相位的符号。两个脉冲星畸变轮廓的相位的幅值相同，符号相反。

两个脉冲星累积轮廓拥有相同的波形，二者唯一的区别是相位。

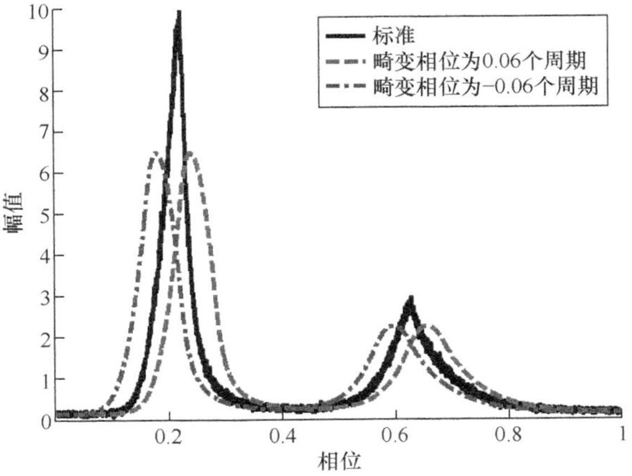

图 2-17 脉冲星畸变轮廓相位的符号

2. 周期估计的克拉默-拉奥下界

CRLB 是未知量的无偏估计方差下限。其方差 $\tilde{f}$ 均满足

$$\mathrm{var}(\tilde{f}) = \mathrm{var}(\Delta f) \geqslant I^{-1}(\Delta f) \tag{2-49}$$

其中，$I(\Delta f)$ 为费舍尔信息；$I^{-1}(\Delta f)$ 下限称为脉冲星频率估计误差的 CRLB。

设 X 射线敏感器的有效接收面积、脉冲星光子流量和 X 射线背景辐射流量噪声分别为 A、λ_s 和 λ_b，脉冲星轮廓函数可表示为

$$\lambda(\tilde{\varphi}) = (\lambda_s \tilde{h}(\tilde{\varphi}) + \lambda_b) T_{\mathrm{obs}} A \tag{2-50}$$

当脉冲星信号满足泊松分布时，频率误差的费舍尔信息为

$$I(\Delta f) = \int_0^1 \frac{\lambda_s^2 T_{\mathrm{obs}} A (\tilde{h}'(\tilde{\varphi}))^2}{\lambda_s \tilde{h}(\tilde{\varphi}) + \lambda_b} \mathrm{d}\varphi \tag{2-51}$$

其中

$$\begin{aligned} \tilde{h}'(\tilde{\varphi}) &= \frac{\partial}{\partial \Delta f} \tilde{h}(\tilde{\varphi}) \\ &= \frac{\partial}{\partial \Delta f} \int_0^{\Delta f T_{\mathrm{obs}}} g_{2\varphi_d}(\Delta\varphi) h(\varphi + \Delta\varphi) \mathrm{d}\Delta\varphi \\ &= \left(g_{2\varphi_d}(2\varphi_d) h(\varphi + 2\varphi_d) - g_{2p_d}(0) h(\varphi) \right) T_{\mathrm{obs}} \\ &= \frac{T_{\mathrm{obs}}}{2\varphi_d} (h(\varphi + 2\varphi_d) - h(\varphi)) \end{aligned} \tag{2-52}$$

式(2-49)可表示为

$$
\begin{aligned}
\operatorname{var}(\tilde{f}) &\geqslant I^{-1}(\Delta f) \\
&= \left\{ \int_0^1 \frac{\lambda_s^2 T_{\text{obs}} A}{\lambda_s h(\varphi)+\lambda_b} \left[\frac{\partial}{\partial \Delta f} \int_0^{\Delta f T_{\text{obs}}} g_{2\varphi_d}(\Delta\varphi) h(\varphi+\Delta\varphi) \mathrm{d}\Delta\varphi \right]^2 \mathrm{d}\varphi \right\}^{-1} \\
&= \left\{ \int_0^1 \frac{\lambda_s^2 T_{\text{obs}}^3 A}{\lambda_s h(\varphi)+\lambda_b} \left[\frac{1}{2\varphi_d} (h(\varphi+2\varphi_d)-h(\varphi)) \right]^2 \mathrm{d}\varphi \right\}^{-1}
\end{aligned}
\tag{2-53}
$$

考虑 $\Delta T = -T_0^2 \Delta f$，估计脉冲星周期的方差满足

$$
\operatorname{var}(\hat{T}) = \operatorname{var}(\Delta T) \geqslant I^{-1}(\Delta T) = T_0^4 \left\{ \int_0^1 \frac{\lambda_s^2 T_{\text{obs}}^3 A}{\lambda_s h(\varphi)+\lambda_b} \left[\frac{1}{2\varphi_d} (h(\varphi+2\varphi_d)-h(\varphi)) \right]^2 \mathrm{d}\varphi \right\}^{-1}
\tag{2-54}
$$

其中，$I^{-1}(\Delta T)$ 为脉冲星周期估计误差的 CRLB。

3. 克拉默-拉奥下界的数学性质

本节分析 CRLB 与 T_{obs}、A、λ_s、λ_b 之间的关系，由式(2-54)可得

$$
I^{-1}(\Delta T) \propto \frac{1}{T_{\text{obs}}^3}
\tag{2-55}
$$

$$
I^{-1}(\Delta T) \propto \frac{1}{A}
\tag{2-56}
$$

从式(2-72)和式(2-73)可以看出，CRLB 与 X 射线敏感器的有效接收面积和观测时间的立方成反比，即二者有利于提高脉冲星周期精度。与面积相比，观测时间更为重要。

由式(2-71)可知，CRLB 随 λ_s 增大，而随 λ_b 减小，因此大 λ_s 和小 λ_b 有利于提高精度。

2.4.2　算法框架与流程

本节研究基于低频 Fourier-CS 的脉冲星周期快速估计方法。其核心思想是，通过检测脉冲星累积轮廓的畸变度而非尝试性 EF 来估计脉冲星周期。在尝试性 EF 中，脉冲星信号按不同周期折叠，并生成一系列具有不同畸变度的脉冲星累积轮廓。与最小畸变度对应的周期即为所求。

基于低频 Fourier-CS 的脉冲星周期快速估计方法流程图如图 2-18 所示。✪和⊗分别表示循环相关和矩阵相乘。该图可分为四个部分，即低频 Fourier 观测矩

阵的设计；畸变轮廓字典的构建；具有频率偏移的脉冲星累积轮廓；基于最大元素的超分辨率稀疏恢复算法。

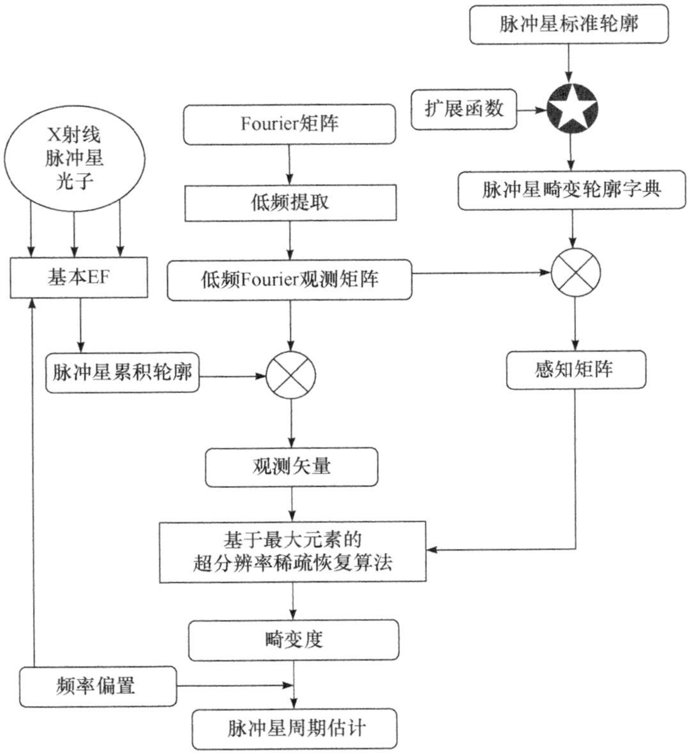

图 2-18　基于低频 Fourier-CS 的脉冲星周期快速估计方法流程图

观测矩阵和字典的构建是预先在地面上完成的；脉冲星轮廓的积累和超分辨率稀疏恢复算法在深空探测器上运行。脉冲星轮廓的累积与脉冲星信号的收集是同步的。在完成收集 X 射线脉冲星光子之后，只有第四个模块可以工作。目标是在收集脉冲星信号后快速获得脉冲星周期。因此，减少第四个模块的计算量是优化目标。

在基于低频 Fourier-CS 的脉冲星周期快速估计方法中，EF 仍然存在。为了将所用 EF 与传统脉冲星周期估计方法中的 EF 区分开，将所用的 EF 定义为基本 EF，将传统 EF 定义为尝试性 EF。它们的算法相同，但含义不同，体现在以下两个方面。

① 基本 EF 的计算量远小于尝试性 EF。基本 EF 在脉冲星周期估计过程中仅操作一次，而尝试性 EF 按不同脉冲星周期多次工作。

② 在脉冲星信号收集之后，基本 EF 不占用计算时间。基本 EF 可以在脉冲星信号收集过程中同步运行，而尝试性 EF 在脉冲星信号收集之后工作。目标是

在收集脉冲星信号后快速获得脉冲星周期。因此，尝试性 EF 严重影响脉冲星周期估计的计算时间，而基本 EF 则没有。

1. 低频 Fourier 观测矩阵的设计

脉冲星累积轮廓的相位未知，因此脉冲星周期估计方法不能受相位的影响。Fourier 系数的幅值与相位无关。由于脉冲星轮廓的能量集中在低频，因此采用低频部分作为观测矩阵，表示 Fourier 变换矩阵($N \times N$)，即

$$\boldsymbol{W}_N = \begin{bmatrix} 1 & 1 & 1 & \cdots & 1 \\ 1 & W_N^1 & W_N^2 & \cdots & W_N^{N-1} \\ 1 & W_N^2 & W_N^4 & \cdots & W_N^{2(N-1)} \\ \vdots & \vdots & \vdots & & \vdots \\ 1 & W_N^{N-1} & W_N^{2(N-1)} & \cdots & W_N^{(N-1)(N-1)} \end{bmatrix} \tag{2-57}$$

其中，$W_N = \mathrm{e}^{-\mathrm{j}2\pi/N}$ 为 Fourier 变换核。

低频 Fourier 观测矩阵由前 L 行和后 $L-1$ 行组成，其表达式为

$$\boldsymbol{\Phi} = \frac{1}{\sqrt{2L-1}} \begin{bmatrix} 1 & 1 & 1 & \cdots & 1 \\ 1 & W_N^1 & W_N^2 & \cdots & W_N^{N-1} \\ 1 & W_N^2 & W_N^4 & \cdots & W_N^{2(N-1)} \\ \vdots & \vdots & \vdots & & \vdots \\ 1 & W_N^{L-1} & W_N^{2(L-1)} & \cdots & W_N^{(L-1)(N-1)} \\ 1 & W_N^{N-L+1} & W_N^{2(N-L+1)} & \cdots & W_N^{(N-L+1)(N-1)} \\ 1 & W_N^{N-L+2} & W_N^{2(N-L+2)} & \cdots & W_N^{(N-L+2)(N-1)} \\ \vdots & \vdots & \vdots & & \vdots \\ 1 & W_N^{N-1} & W_N^{2(N-1)} & \cdots & W_N^{(N-1)(N-1)} \end{bmatrix} \tag{2-58}$$

2. 畸变轮廓字典的构建

对不同的频率偏移，脉冲星累积轮廓的畸变度是不同的。本节构建由不同脉冲星轮廓组成的畸变轮廓字典 $\boldsymbol{\psi}$ ($N \times M$)，即

$$\boldsymbol{\psi} = \left[\boldsymbol{\varphi}_0 \ \boldsymbol{\varphi}_1 \ \boldsymbol{\varphi}_2 \cdots \boldsymbol{\varphi}_m \cdots \boldsymbol{\varphi}_{M-1}\right] \tag{2-59}$$

其中，m 为畸变扩展度，$m=\{0,1,\cdots,M-1\}$；M 为最大畸变扩展度。

由于脉冲星累积轮廓是一阶数稀疏的，因此稀疏度为 1。$\boldsymbol{\varphi}_m$ ($N\times1$)是该字典中的原子，其表达式为

$$\boldsymbol{\varphi}_m = \boldsymbol{G}_m \circledast \overleftrightarrow{\boldsymbol{h}} \tag{2-60}$$

其中，✪表示循环相关；$\overleftrightarrow{\boldsymbol{h}}$ 为反转脉冲星标准轮廓，即

$$\overleftrightarrow{\boldsymbol{h}}(n)=\boldsymbol{h}(N-1-n) \tag{2-61}$$

其中，$\boldsymbol{h}(N\times1)$为脉冲星标准轮廓。

$\boldsymbol{G}_m(N\times1)$为扩展矢量，其表达式为

$$\boldsymbol{G}_m(n)=\begin{cases}\dfrac{1}{m}, & 0\leqslant n\leqslant m-1\\ 0, & m\leqslant n\leqslant N-1\end{cases} \tag{2-62}$$

设与原子 $\boldsymbol{\varphi}_m$ 相应的频偏为 Δf_m，其表达式为

$$\Delta f_m=\frac{m}{NT_{\text{obs}}} \tag{2-63}$$

感知矩阵 $\boldsymbol{\Theta}$ 为观测矩阵和字典的乘积，可表示为

$$\boldsymbol{\Theta}=\boldsymbol{\Phi}\boldsymbol{\Psi} \tag{2-64}$$

3. 具有频率偏移的脉冲星累积轮廓

为利用 X 射线脉冲星信号构造稳定的脉冲星轮廓，EF 是必不可少的。脉冲星周期是 EF 的基本参数。然而，脉冲星周期不可避免地存在误差 ΔT 。因此，EF 利用 $T_0+\Delta T$ 积累脉冲星信号，其中 T_0 是脉冲星固有周期。脉冲星周期误差与频率之间的关系可表示为

$$\Delta f=-\Delta T/T_0^2=-\Delta Tf_0^2 \tag{2-65}$$

仅根据脉冲星的轮廓难以区分 Δf 和 $-\Delta f$ 。为了解决这个问题，引入脉冲星周期偏移，设置偏移量 $T_{\text{offset}}\gg\Delta T$ 。偏移量 $-T_{\text{offset}}+\Delta T$ 和 $-T_{\text{offset}}-\Delta T$ 的符号为负，但二者幅值不等。

基本 EF 采用的脉冲星周期为 $T_0-T_{\text{offset}}+\Delta T$ 。基本 EF 的具体步骤如下。首先，收集所有光子的 TOA t_i，$t_i\in[0,T_{\text{obs}}]$ 。然后，将这些光子 TOA 折叠进一个脉冲星周期[0, $T_0-T_{\text{offset}}+\Delta T$]内，折叠后的光子 TOA t_i^P 可表示为

$$t_i^P=\text{mod}(t_i,T_0-T_{\text{offset}}+\Delta T) \tag{2-66}$$

将一个脉冲星周期分为若干间隔，并统计每个间隔中的光子数，即

$$n=\text{round}[t_i^PN/(T_0-T_{\text{offset}}+\Delta T)] \tag{2-67}$$

其中，round 表示取整。

$$\boldsymbol{x}(n)=\boldsymbol{x}(n)+1 \tag{2-68}$$

最后，归一化这些光子数，可得脉冲星累积轮廓。

4. 基于最大元素的超分辨率稀疏恢复算法

观测矢量可表示为

$$y = \boldsymbol{\Phi x} \tag{2-69}$$

其中，$\boldsymbol{y}$ 为观测矢量。

第 m 个匹配矢量 z_m ，$m=\{0,1,\cdots,M-1\}$ 是观测矢量和感知矢量的乘积，即

$$z_m(k) = \frac{\boldsymbol{y}(k)}{|\boldsymbol{y}|}\frac{\boldsymbol{a}_m(k)}{|\boldsymbol{a}_m|}, \quad k=\{0,1,\cdots,2(L-1)\} \tag{2-70}$$

其中，$\boldsymbol{a}_m$ 为感知矩阵的第 m 列矢量。

设 $\boldsymbol{W}_N^{-1}$ 为 $\boldsymbol{W}_N$ 的逆矩阵，匹配矩阵为 $\boldsymbol{S}$，第 m 列矢量 $\boldsymbol{S}_m$ 可表示为

$$\boldsymbol{S}_m = \begin{bmatrix} \boldsymbol{W}_N^{-1}(0:L-1,0:L-1) & \boldsymbol{W}_N^{-1}(0:L-1,N-L+1:N-1) \\ \boldsymbol{W}_N^{-1}(N-L+1:N-1,0:L-1) & \boldsymbol{W}_N^{-1}(N-L+1:N-1,N-L+1:N-1) \end{bmatrix} \cdot \boldsymbol{z}_m \tag{2-71}$$

$\boldsymbol{S}$ 中最大元素的行号和列号可按式(2-72)计算，即

$$[\tilde{n},\tilde{m}] = \arg\max_{n,m}(\boldsymbol{S}(n,m)) \tag{2-72}$$

其中，$\tilde{n}$ 和 $\tilde{m}$ 为 $\boldsymbol{S}$ 中最大元素预估值的行号和列号。

传统超分辨率稀疏恢复算法利用邻近元素估计。估计的列号 $\hat{m}$ 可表示为

$$\hat{m} = \tilde{m} - \frac{0.5(\boldsymbol{S}(\tilde{n},\tilde{m}+1) - \boldsymbol{S}(\tilde{n},\tilde{m}-1))}{\boldsymbol{S}(\tilde{n},\tilde{m}+1) + \boldsymbol{S}(\tilde{n},\tilde{m}-1) - 2\boldsymbol{S}(\tilde{n},\tilde{m})} \tag{2-73}$$

邻近元素是指邻近最大元素 $\boldsymbol{S}(\tilde{n},\tilde{m})$ 的元素 $\boldsymbol{S}(\tilde{n},\tilde{m}\pm1)$ 。元素 $\boldsymbol{S}(\tilde{n},\tilde{m}\pm1)$ 不是第($m\pm1$)列中的最大值。为了提高性能，使用基于最大元素的超分辨率稀疏恢复算法估计 $\hat{m}$ ，即

$$\hat{m} = \tilde{m} - \frac{0.5(\max(\boldsymbol{S}_{\tilde{m}+1}) - \max(\boldsymbol{S}_{\tilde{m}-1}))}{\max(\boldsymbol{S}_{\tilde{m}+1}) + \max(\boldsymbol{S}_{\tilde{m}-1}) - 2\boldsymbol{S}(\tilde{n},\tilde{m})} \tag{2-74}$$

最大元素是指元素 $\max(\boldsymbol{S}_{\tilde{m}+1})$ 和 $\max(\boldsymbol{S}_{\tilde{m}-1})$ ，二者分别是第($\tilde{m}+1$)和($\tilde{m}-1$)列中的最大元素。

频率估计误差 $\Delta\hat{f}$ 可表示为

$$\Delta\hat{f} = \frac{\hat{m}}{NT_{\text{obs}}} \tag{2-75}$$

相应的脉冲星周期估计误差 $\Delta\hat{T}$ 可表示为

$$\Delta\hat{T} = T_{\text{offset}} - \Delta\hat{f}T_0^2 \tag{2-76}$$

脉冲星周期估计可表示为

$$T_0 - T_{\text{offset}} + \Delta T = T_0 - \Delta\hat{f} T_0^2 = T_0 - T_0^2 \hat{m}/(N T_{\text{obs}}) \tag{2-77}$$

若要得到 $\max(\boldsymbol{S}_m)$，需要计算 M 次式(2-71)。此外，式(2-71)的计算量大。为确保实时性，需减小式(2-71)的计算量。

利用式(2-70)，可得 $\boldsymbol{S}_0$。$\boldsymbol{S}_0$ 中最大元素的行号按式(2-78)计算，即

$$[\tilde{n}_0] = \arg\max_n (\boldsymbol{S}_0) \tag{2-78}$$

$\boldsymbol{\varphi}_0$ 与 $\boldsymbol{\varphi}_m$ 的相位差为$-m/2$，因此 $\boldsymbol{S}_m$ 中最大值元素的行号为 $\tilde{n}_0 - m/2$。$\boldsymbol{S}_m$ 的最大值元素为

$$\max(\boldsymbol{S}_m) = \max\left(\boldsymbol{S}_m\left(\left\lfloor \tilde{n}_0 - \frac{m}{2} \right\rfloor\right), \boldsymbol{S}_m\left(\left\lceil \tilde{n}_0 - \frac{m}{2} \right\rceil\right)\right) \tag{2-79}$$

其中

$$\boldsymbol{S}_m\left(\left\lfloor \tilde{n}_0 - \frac{m}{2} \right\rfloor\right) = \left[\boldsymbol{W}_N^I\left(\left\lfloor \tilde{n}_0 - \frac{m}{2} \right\rfloor, 0:L-1\right), \boldsymbol{W}_N^I\left(\left\lfloor \tilde{n}_0 - \frac{m}{2} \right\rfloor, N-L+1:N-1\right)\right] z_m \tag{2-80}$$

$$\boldsymbol{S}_m\left(\left\lceil \tilde{n}_0 - \frac{m}{2} \right\rceil\right) = \left[\boldsymbol{W}_N^I\left(\left\lceil \tilde{n}_0 - \frac{m}{2} \right\rceil, 0:L-1\right), \boldsymbol{W}_N^I\left(\left\lceil \tilde{n}_0 - \frac{m}{2} \right\rceil, N-L+1:N-1\right)\right] z_m \tag{2-81}$$

与式(2-71)相比，式(2-80)和式(2-81)的计算量降低。因此，为了得到 $\max(\boldsymbol{S}_m)$，只计算 1 次式(2-70)，$M-1$ 次式(2-80)～式(2-81)，即 $\max(\boldsymbol{S}_m)$ 的计算量降低。

列号 $\hat{m}$ 按式(2-82)和式(2-83)估计，即

$$[\tilde{m}] = \arg\max_m (\boldsymbol{S}_m) \tag{2-82}$$

$$\hat{m} = \tilde{m} - \frac{0.5(\max(\boldsymbol{S}_{\tilde{m}+1}) - \max(\boldsymbol{S}_{\tilde{m}-1}))}{\max(\boldsymbol{S}_{\tilde{m}+1}) + \max(\boldsymbol{S}_{\tilde{m}-1}) - 2\boldsymbol{S}(\tilde{n}, \tilde{m})} \tag{2-83}$$

通过式(2-75)～式(2-77)可精确、快速地估计脉冲星周期。

2.4.3　计算复杂度分析

基于低频 Fourier-CS 的脉冲星周期快速估计方法的计算复杂度如图 2-18 所示。可以看出，在接收完所有脉冲星信号后，器载计算机对包括观测矢量的获取和超分辨率稀疏恢复算法的第四模块进行了处理。目标是在接收完所有脉冲星信号后快速估计脉冲星周期。由于在脉冲星信号采集过程中，基本 EF 可以同步进

行，因此本节只研究观测矢量的获取和超分辨匹配估计。

下面分析各模块的计算复杂度。

① 观测矢量的获取。利用快速 Fourier 变换(fast Fourier transform，FFT)实现式(2-69)，再提取低频 Fourier 系数。该模块的计算量约为 FFT 的计算量，需要 $N\log_2 N$ MAC。因此，获得观测矢量的计算量约为 $N\log_2 N$MAC。

② 基于最大元素的超分辨率稀疏恢复算法。匹配估计的计算量由匹配矢量和匹配矩阵决定。匹配矢量需要 $2ML$MAC。匹配矩阵的计算量由式(2-71)、式(2-80)、式(2-81)决定。基于 FFT 算法，式(2-71)求 $2L\log_2(2L)=2L(\log_2 L+1)$ MAC，式(2-80)和式(2-81)需要 $4L$ MAC。为了得到 $\max(\boldsymbol{S}_m)$，仅计算一次式(2-70)，M−1 次式(2-80)和式(2-81)。因此，匹配矩阵需要 $2L(\log_2 L+1)+4L(M-1)$ MAC。该方法的总计算量约为

$$N\log_2 N+2ML+2L(\log_2 L+1)+4L(M-1)\approx N\log_2 N+6ML+2L\log_2 L\ \text{MAC}$$

设 N、L 和 M 分别为 33000、2500 和 21，则总计算量约为 8.7×10^5 MAC。

为了体现基于低频 Fourier-CS 的脉冲星周期快速估计方法无须尝试性 EF 这一优势，将其与χ^2周期估计方法对比。该方法尝试对信号进行多次 EF。

χ^2周期估计方法的计算量由 EF 决定。一次 EF 的计算量是 N_f和 D_p 的乘积，其中 N_f是一个观测区间内的光子数，D_p是 EF 处理一个光子所需的计算量。根据式(2-66)～式(2-68)，处理一个光子需要的计算量为 4 MAC。观测区间内的光子数为 $(\lambda_s+\lambda_b)AT_{obs}$。因此，一次 EF 的计算量是 $4(\lambda_s+\lambda_b)AT_{obs}$ MAC。设 EF 尝试使用 J 个周期构造脉冲星轮廓，χ^2周期估计方法的计算量为 $4J(\lambda_s+\lambda_b)AT_{obs}$ MAC。

若设 λ_s、λ_b、T_{obs} 和 A 分别为 1.54ph/cm²/s、0.005ph/cm²/s、1000s 和 400cm²，则 EF 的计算量约为 2.5×10^6 MAC。

当已知深空探测器位置和速度时，网格点数量至少在 10 以上。设 $m=11$，则χ^2周期估计方法的计算量约为 3×10^7 MAC。

综上，一次 EF 的计算量为 2.5×10^6MAC，而需多次 EF 的χ^2周期估计方法计算量更大。基于低频 Fourier-CS 的脉冲星周期快速估计方法需 10^6 MAC。因此，与传统方法相比，该方法的计算量小。

2.4.4 仿真实验及结果分析

为了验证基于低频 Fourier-CS 的脉冲星周期估计，首先给出周期偏移和观测矩阵行数的最优值；其次从基于邻近元素和最大元素的超分辨率稀疏恢复算法中选择一种超分辨率稀疏恢复算法；再次在确定最优值和稀疏恢复算法后，验证基

于低频 Fourier-CS 的快速周期估计方法的精度和实时性，将其与传统的χ^2周期估计方法进行比较；最后研究 X 射线敏感器的有效接收面积、观测时间和光子流量的影响。此外，考察脉冲星周期估计的 CRLB。

选择 PSR B0531+21 作为导航脉冲星，其光子流量为 1.54ph/cm²/s，X 射线背景辐射流量噪声为 0.005ph/cm²/s，观测时间为 1000s，为了满足小型化的要求，将 X 射线敏感器的有效接收面积设置为 400cm²，T_{offset}设置为2.7×10^{-10}s。

从 Fourier 矩阵$(N\times N)$中选择$2L-1$低频行设计观测矩阵。观测矩阵的行列数为$(2L-1)\times N$，其中L=2500，N=33000，即提取 4999 行低频数据来构造观测矩阵。字典的行列数是$M\times N$，其中M=21。稀疏度等于 1。实验在一台戴尔笔记本进行，配备 Intel Core i3-5200U CPU 2.20GHz，4 Gbit 内存。

下面研究 CRLB 对脉冲星轮廓畸变相位的影响,并设定脉冲星的周期偏移量。

畸变相位与 CRLB 之间的关系如图 2-19 所示。二者关系曲线呈弯钩状。当畸变相位为7.5×10^{-5}个周期时,CRLB 的平方根达到最小值。当畸变相位在2×10^{-5}～2.3×10^{-4}周期之间时，脉冲星周期估计性能良好，CRLB 的平方根小于8×10^{-12}s。

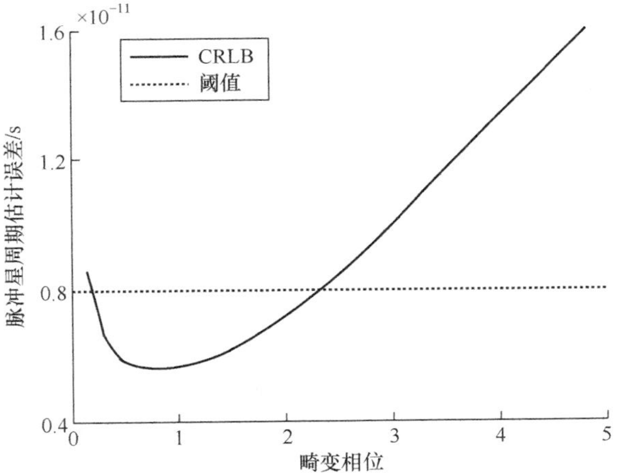

图 2-19　畸变相位与 CRLB 之间的关系

由于周期误差的符号不能通过畸变度来确定，因此在获得脉冲星累积轮廓时引入脉冲星周期偏移量。下面给出脉冲星周期偏移量的选择准则。由式(2-44)和式(2-65)可知，畸变相位与脉冲星周期估计误差的关系为

$$\Delta T=-\frac{2\varphi_{\mathrm{d}}}{T_{\mathrm{obs}}f_0^2}\tag{2-84}$$

与低 CRLB 相应的区间畸变相位为$[2\times10^{-5}, 2.3\times10^{-4}]$。对于 1000s 观测时间，由式(2-84)可知，周期误差的区间为$[4.4\times10^{-11}\text{s}, 5\times10^{-10}\text{s}]$。选择间隔的中间值作为

脉冲星周期偏移量。本节将脉冲星周期偏移量设为 2.7×10^{-10}s。

下面研究观测数对脉冲星周期估计性能的影响。由于脉冲星轮廓具有低信噪比的特点，因此可以从 Fourier 矩阵中选取低频部分代替传统随机提取。

图 2-20 所示为观测矩阵行数与脉冲星周期估计误差的关系。选择低频矢量构造观测矩阵，如式(2-58)所示。可以看出，随着观测矩阵行数的增加，脉冲星周期估计误差逐渐减小，直至达到最小值。对于不同的观测时间，最小周期误差下的观测矩阵行数不同，属于区间[4000, 5000]。当观测矩阵行数大于 5000 时，估计误差近似为常值。因此，本节从 Fourier 矩阵中选取 4999 行低频数据。

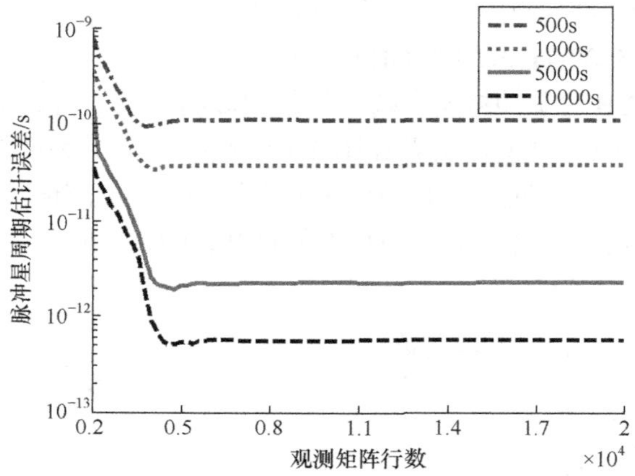

图 2-20 观测矩阵行数与脉冲星周期估计误差的关系

为了验证低频 Fourier 提取的优越性，将其与随机提取方法进行比较。图 2-21 对比了低频 Fourier 观测与随机提取观测。低频观测矩阵的行数为 5000。

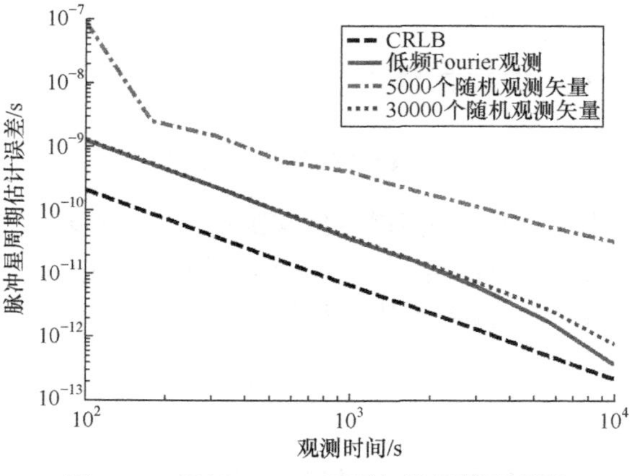

图 2-21 低频 Fourier 观测与随机提取观测

随机观测矩阵的行数分别为 5000 和 30000。可以看出，低频观测优于基于随机抽取的 5000 行观测，接近 30000 行的随机观测。此外，与随机观测相比，在观测时间为 0.5%时，低频观测的性能优于随机观测。

下面比较基于邻近元素和最大元素的超分辨率稀疏恢复算法。匹配度与原子数之间的关系如图 2-22 所示。可以看出，存在明显的相移，即对于不同的原子，最大值的位置是不同的。这意味着，邻近元素 $\boldsymbol{S}(\tilde{n},\tilde{m}\pm 1)$ 不是最大元素 $\max(\boldsymbol{S}_{\tilde{m}+1})$ 和 $\max(\boldsymbol{S}_{\tilde{m}-1})$。因此，两种方法可能具有不同的性能。

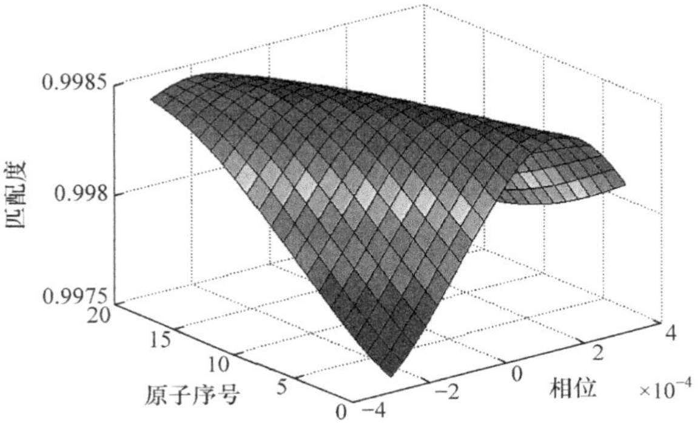

图 2-22　匹配度与原子数

如表 2-6 所示，基于最大元素的匹配方法优于基于邻近元素的匹配方法。此外，改善增量随观测时间增加。因此，本节选择基于最大元素的超分辨率稀疏恢复算法。

表 2-6　基于邻近元素和基于最大元素的超分辨率稀疏恢复算法

观测时间/s	邻近元素/s	最大元素/s	增量/%
500	1.111×10^{-10}	1.080×10^{-10}	2.79
1000	3.783×10^{-11}	3.618×10^{-11}	4.36
10000	6.550×10^{-13}	4.783×10^{-13}	26.98

表 2-7 所示为χ^2周期估计方法与基于低频 Fourier-CS 的脉冲星周期估计方法。由于χ^2周期估计方法需要多个 EF，研究一个 EF 的计算时间和总时间。可以看出，χ^2周期估计方法的计算时间随观测时间的增加而增加，而基于低频 Fourier-CS 的脉冲星周期估计方法保持不变。究其原因，χ^2周期估计方法的计算量与光子数(约 10^6 个)成正比，而该方法与光子数无关。该方法的计算时间比一次 EF 短，因此无法通过减少 EF 的数量使χ^2周期估计方法比基于低频 Fourier-CS 的脉冲星周期估计方法快。此外，与χ^2周期估计方法相比，基于低频 Fourier-CS 的脉冲星周期估

计方法具有更高的精度。究其原因，χ^2 周期估计方法只使用一个特征，而基于低频 Fourier-CS 的脉冲星周期估计方法利用脉冲星累积轮廓的全部信息。

表 2-7　χ^2 周期估计方法与基于低频 Fourier-CS 的脉冲星周期估计方法

观测时间/s	χ^2 周期估计方法			基于低频 Fourier-CS 的脉冲星周期估计	
	计算时间/s		误差/ns	计算时间/s	误差/ns
	一次 EF	总时间			
500	0.0632	0.6957	0.25523	0.0371	0.1107
1000	0.1263	1.3902	0.12596		0.0367

下面研究 X 射线敏感器的有效接收面积和观测时间对脉冲星周期估计性能的影响。

如图 2-23 所示，脉冲星周期估计误差和 CRLB 平方根都随着 X 射线敏感器有效接收面积的增大而减小。此外，与小面积相比，大面积脉冲星周期估计误差更接近 CRLB 的平方根。

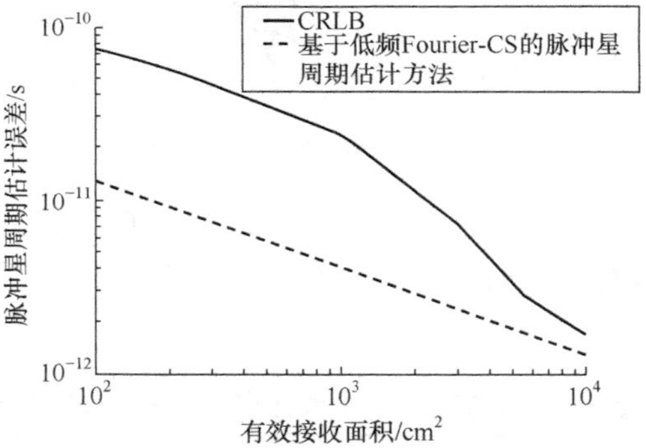

图 2-23　X 射线敏感器有效接收面积

如图 2-24 所示，脉冲星周期估计误差和 CRLB 平方根均随观测时间而减小。此外，与短时间相比，长时间脉冲星周期估计误差更接近 CRLB 的平方根。

从图 2-23 和图 2-24 可以看出，CRLB 与 X 射线敏感器的有效接收面积和观测时间的立方成反比。2.4.1 节的理论分析验证了此结果。这表明，增大观测面积和延长观测时间都有利于提高脉冲星周期精度。此外，观测时间比有效接收面积更重要。

脉冲星的光子流量和 X 射线背景辐射流量噪声是周期估计的重要因素。下面研究流量对脉冲星周期估计性能的影响。如图 2-25 所示，脉冲星周期估计误差随着脉冲星光子流量的增加而减小，随着噪声水平的增加而增大。理论验证了此仿真。此外，还可以看出，脉冲星周期估计误差曲面与 CRLB 平方根曲面相似。因此，增大脉冲星光子流量和减小 X 射线背景辐射流量噪声都有利于提高脉冲星周期精度。

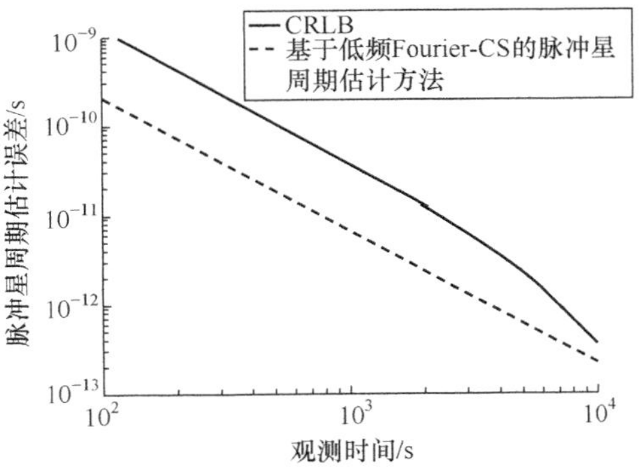

图 2-24　观测时间

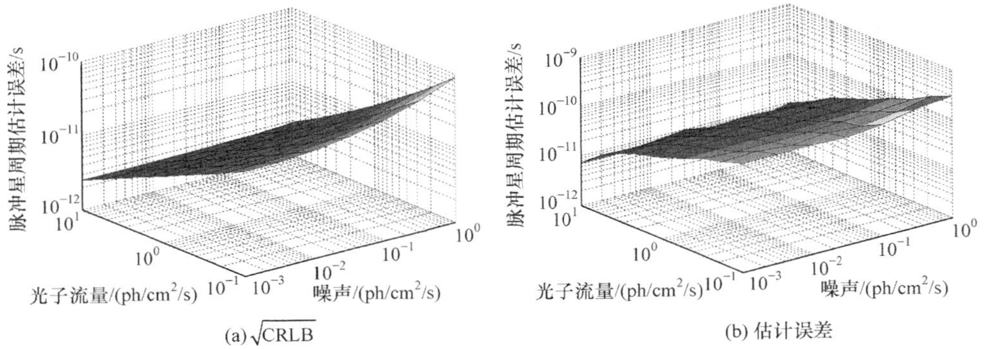

图 2-25　脉冲星光子流量与 X 射线背景辐射流量噪声

综上所述，基于低频 Fourier-CS 的脉冲星周期估计方法具有小计算量和高精度这两个优点。

2.5　基于经验模态分解-压缩感知的脉冲星周期估计

传统脉冲星周期估计需多次 EF，这会导致计算量大。考虑深空探测器的计算资源有限，应避免多次 EF。2.4 节提出无尝试性 EF 的脉冲星周期估计。值得一提的是，为了体现其特性，与本节所提方法有所区别，我们将其重命名为基于低频 Fourier-CS 的脉冲星周期估计方法。该方法仅用一个脉冲星累积轮廓的畸变度就可反演出 X 射线脉冲星的固有周期。这种思路可以避免多次 EF，大幅减少计算量，使脉冲星周期在轨估计成为可能。在低频 Fourier-CS 中，为了提取脉冲星累积轮廓的低频特征，将低频 Fourier 矩阵作为观测矩阵。

虽然低频 Fourier 观测矩阵只需少量低频 Fourier 级数，但是保留了脉冲星轮廓的大部分能量。与部分 Fourier 矩阵相比，Fourier 级数大幅减小，但是所需的

Fourier 级数仍在 1000 量级，即观测矩阵行数上千，低频 Fourier-CS 计算量仍然大。由于观测矩阵行数与计算量成正比，减少观测矩阵行数成为减小计算量的一个有效手段。根据脉冲星轮廓的固有特征，EMD 将其分解成固有模态函数(intrinsic mode function，IMF)。IMF 可以体现脉冲星轮廓在不同时间尺度上的局部信号特征。其中，部分 IMF 可体现脉冲星轮廓畸变度这一微弱局部特征。IMF 数量仅为 10～100 量级，与低频 Fourier 矩阵相比至少降低一个数量级。因此，将 IMF 观测矩阵取代低频 Fourier-CS 中的低频 Fourier 矩阵，我们提出一种基于 EMD-CS 的脉冲星周期超快速估计方法，旨在降低 CS 采样率，进而减小计算量，与此同时保持估计精度。此外，EMD-CS 不对脉冲星轮廓间隔数进行限制。究其原因，IMF 长度必与脉冲星轮廓间隔数一致。

2.5.1 最优固有模态观测矩阵

为了降低采样率，将 EMD 得到的 IMF 用于构造观测矩阵，取代低频 Fourier 矩阵。在 IMF 观测矩阵的基础上，我们提出一种 EMD-CS。EMD-CS 和低频 Fourier-CS 二者的基本流程类似。它们唯一的不同在于构建的观测矩阵。

在 CS 中，观测矢量是观测矩阵与脉冲星轮廓的乘积。观测矩阵行数与计算量成正比，因此设计一种具有极少行数的观测矩阵极其重要。为了实现这一目的，我们提出一种最优 IMF 观测矩阵。其基本思路是，利用 EMD 分解 M_D 种畸变度的脉冲星累积轮廓 h_m，即可得到一组 IMF$\{\boldsymbol{F}_{\mathrm{IM}}^{m,n}\}$，其中 $m=\{0,1,\cdots,M_D-1\}$是脉冲星畸变轮廓的序号；$n=\{0,1,\cdots, N_m-1\}$是第 m 个脉冲星畸变轮廓经 EMD 得到的 IMF 序号；N_m 是第 m 个脉冲星畸变轮廓分解得到的 IMF 总数，每个脉冲星畸变轮廓对应的 N_m 不是常值。这一系列 IMF 序列组合成一个 IMF 原始观测矩阵 $\boldsymbol{\Phi}_0(M_{\mathrm{IMF}}\times N)$，其中 N 是脉冲星轮廓间隔数；M_{IMF} 是所有的脉冲星畸变轮廓分解得到的 IMF 序列数之和，即

$$M_{\mathrm{IMF}}=\sum_{m} N_m \tag{2-85}$$

$\boldsymbol{\Phi}_0$ 可表示为

$$\boldsymbol{\Phi}_0=\begin{bmatrix} \boldsymbol{F}_{\mathrm{IM}}^{0} \\ \boldsymbol{F}_{\mathrm{IM}}^{1} \\ \vdots \\ \boldsymbol{F}_{\mathrm{IM}}^{m} \\ \vdots \\ \boldsymbol{F}_{\mathrm{IM}}^{M_D-1} \end{bmatrix} \tag{2-86}$$

其中，$\boldsymbol{F}_{\mathrm{IM}}^{m}$ 为第 m 个 IMF 观测子矩阵，即

$$\boldsymbol{F}_{\mathrm{IM}}^{m}=\begin{bmatrix} \boldsymbol{F}_{\mathrm{IM}}^{m,0} \\ \boldsymbol{F}_{\mathrm{IM}}^{m,1} \\ \vdots \\ \boldsymbol{F}_{\mathrm{IM}}^{m,n} \\ \vdots \\ \boldsymbol{F}_{\mathrm{IM}}^{m,N_m-1} \end{bmatrix} \tag{2-87}$$

虽然每个 IMF 均包含各个脉冲星畸变轮廓的部分频率分量，但是并非所有 IMF 均体现脉冲星轮廓畸变度这一微弱局部特征。此外，不能体现畸变度的 IMF 还会干扰脉冲星周期估计。因此，为了有效减小 IMF 观测矩阵行数，必须剔除多余的 IMF。残差函数表示每个畸变轮廓的大致趋势，无法体现脉冲星轮廓畸变度这一微弱局部特征。在构造观测矩阵的过程中，应剔除残差函数。除了剔除残差函数，去除某些不能体现畸变度的 IMF 序列会对提高脉冲星周期估计精度更有益。为了解决这一问题，可以利用迭代剔除法逐一剔除多余 IMF。例如，采用迭代剔除法将 $\boldsymbol{F}_{\mathrm{IM}}^{m}$ 的第 n_e 行删掉，脉冲星周期估计精度提高，即 IMF 观测矩阵中第 n_e 行可表示为

$$\boldsymbol{F}_{\mathrm{IM}}^{m}(n_e,:)=\phi \tag{2-88}$$

其中，$n_e\in Z_{\mathrm{E}}$，Z_{E} 表示删除的 IMF 序号集合，该集合的元素总量为 N_{E}。

删除多余的 IMF，即可得到第 m 个最优 IMF 观测子矩阵 $\boldsymbol{F}_{\mathrm{E}}^{m}$，将观测子矩阵 $\boldsymbol{F}_{\mathrm{E}}^{m}$ 组合构成最优 IMF 观测矩阵 $\boldsymbol{\Phi}_{\mathrm{E}}(M_{\mathrm{EIMF}}\times N)$，即

$$\boldsymbol{\Phi}_{\mathrm{E}}=\begin{bmatrix} \boldsymbol{F}_{\mathrm{E}}^{0} \\ \boldsymbol{F}_{\mathrm{E}}^{1} \\ \vdots \\ \boldsymbol{F}_{\mathrm{E}}^{m} \\ \vdots \\ \boldsymbol{F}_{\mathrm{E}}^{M_{\mathrm{D}}-1} \end{bmatrix} \tag{2-89}$$

M_{EIMF} 的表达式为

$$M_{\mathrm{EIMF}}=\sum_{m}N_m-M_{\mathrm{D}}N_{\mathrm{E}} \tag{2-90}$$

从式(2-85)和式(2-90)可看出，$\boldsymbol{\Phi}_{\mathrm{E}}$ 的行数小于 $\boldsymbol{\Phi}_0$ 的行数。

为了减小器载计算机的计算量，可在地面通过人工迭代剔除多余的 IMF，筛

选得到最优的 IMF 观测矩阵，并将其存入器载计算机，无须在轨筛选。

2.5.2 算法框架与流程

本节介绍基于 EMD-CS 的脉冲星周期估计的流程，如图 2-26 所示。其中，✪和⊗分别表示循环互相关和矩阵乘法。与传统脉冲星周期估计方法不同，EMD-CS 的核心思想是根据脉冲星累积轮廓畸变度直接估计脉冲星周期。流程可分为四个模块，即设计最优 IMF 观测矩阵、构造脉冲星轮廓畸变字典、脉冲频率初始偏置、基于最大元素的超分辨率稀疏恢复算法。

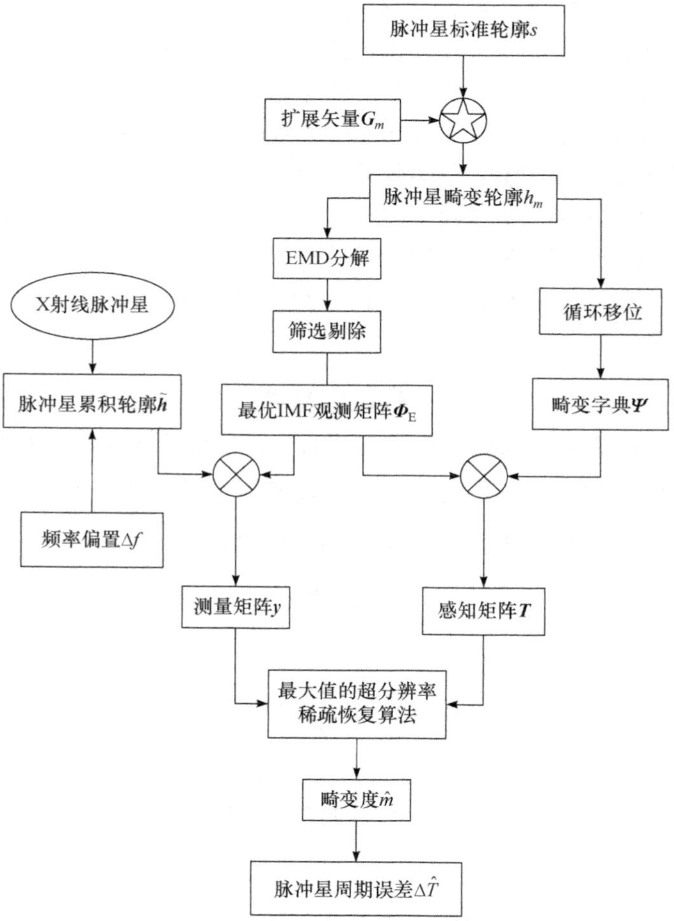

图 2-26　基于 EMD-CS 的脉冲星周期估计的流程图

最优 IMF 观测矩阵具体构造过程如下，即对周期跃变或频率漂移引起的脉冲星畸变轮廓通过 EMD，得到一系列 IMF 序列，将各个 IMF 子观测矩阵构成 IMF

原始观测矩阵；迭代剔除不能体现脉冲星累积轮廓畸变度的 IMF 序列，得到最优 IMF 观测矩阵。与 IMF 原始观测矩阵相比，迭代剔除得到的最优 IMF 观测矩阵行数大幅减小。对脉冲星畸变轮廓循环移位，可以得到畸变冗余字典，无法直接根据脉冲星轮廓畸变度鉴别频率偏移的符号，引入脉冲星轮廓频率偏置解决这一问题。传统超分辨率稀疏恢复算法根据邻近元素估计，但是在周期估计的匹配过程中存在明显的相移，导致邻近元素不是对应的最大值，因此使用基于最大值的超分辨率稀疏恢复算法，EMD-CS 的精度更高。

与脉冲星 TOA 估计类似，为了获得脉冲星周期实时估计，考虑深空探测器上计算机处理能力较弱，最优 IMF 观测矩阵的设计和字典的构造这两个模块也是在地面上进行的。脉冲星频率初始偏置和基于最大元素的超分辨率稀疏恢复算法计算量小，且这两个模块必须在深空探测器上完成，EMD-CS 的计算量包括这两个模块。

1. 畸变字典的构造

脉冲星畸变轮廓可视为门函数与脉冲星标准轮廓的循环互相关。基于此，第 m 个脉冲星畸变轮廓 $\boldsymbol{h}_m$ 的表达式为

$$\boldsymbol{h}_m = \boldsymbol{G}_m \circledast s \tag{2-91}$$

其中，$m=0,1,\cdots,M_{\mathrm{D}}-1$；$s(N\times1)$为脉冲星标准轮廓；$\boldsymbol{G}_m(N\times1)$为扩展矢量，即

$$\boldsymbol{G}_m(n) = \begin{cases} \dfrac{1}{m}, & 0 \leqslant n \leqslant m-1 \\ 0, & m \leqslant n \leqslant N-1 \end{cases} \tag{2-92}$$

从式(2-91)和式(2-92)可看出，$\boldsymbol{G}_m$ 相当于具有某个宽度的矩形窗。基于此，定义脉冲星轮廓畸变度为畸变宽度 m 与脉冲星轮廓间隔数 N 之比。随着 m 增大，矩形窗变宽，脉冲星累积轮廓畸变度增大。

脉冲星导航常用于深空探测转移段，此时的轨道模型近似于线性，所以可把脉冲星周期误差简化为非时变的。式(2-92)建立的矩形窗适用于这种情况。

将第 m 个脉冲星畸变轮廓循环移位构成第 m 个脉冲星畸变轮廓子字典 $\boldsymbol{\varphi}_m(N\times P)$，其表达式为

$$\boldsymbol{\varphi}_m = \left\{\boldsymbol{\varphi}_{mi}(t) \mid \boldsymbol{\varphi}_{mi}(t) = \boldsymbol{h}_m(t \pm i)\right\}, \quad i = 0,1,\cdots,(P-1)/2 \tag{2-93}$$

其中，P 为最大相位偏移量；$\boldsymbol{\varphi}_{mi}(t)$ 为子字典 $\boldsymbol{\varphi}_m$ 中的第 i 个原子，可将 M_{D} 个子字典 $\boldsymbol{\varphi}_m$ 构成一个三维矩阵字典 $\boldsymbol{\Psi}(N\times P\times M_{\mathrm{D}})$。

2. 脉冲频率初始偏置

按 X 射线脉冲星固有周期 T_0，将 X 射线脉冲星光子折叠，得到脉冲星累积

轮廓。这一过程称为 EF。但是，脉冲星周期跃变和多普勒效应会使深空探测器上 X 射线敏感器接收到的脉冲星周期存在误差 ΔT。其与频率偏移之间的关系可表示为

$$\Delta f = -\Delta T / T_0^{\ 2} = -\Delta T f_0^2 \tag{2-94}$$

其中，Δf 为频率偏移；f_0 为固有频率。

我们已经证明，不能直接根据脉冲星轮廓畸变鉴别 Δf 的正负符号。为了解决该问题，引入脉冲星周期偏移 T_{offset}，且满足 $T_{\text{offset}} \gg \Delta T$。这样，$-T_{\text{offset}}+\Delta T$ 和 $-T_{\text{offset}}-\Delta T$ 的符号均为负号，但是绝对值不等。脉冲星轮廓按照周期 $T_0-T_{\text{offset}}+\Delta T$ 折叠即可得到脉冲星累积轮廓。

3. 基于最大值的超分辨率稀疏恢复算法

在 CS 中，信号稀疏恢复算法是通过感知矩阵与观测矢量相匹配，根据最大匹配值实现的。感知矩阵 $\boldsymbol{T}$ 是最优 IMF 观测矩阵与字典的乘积，即

$$\boldsymbol{T} = \boldsymbol{\Phi}_{\text{E}} \boldsymbol{\Psi} \tag{2-95}$$

其中，$\boldsymbol{T}$ 的行列数为 $M_{\text{EIMF}} \times P \times M_{\text{D}}$。

观测矢量 $\boldsymbol{y}(M_{\text{EIMF}} \times 1)$的表达式为

$$\boldsymbol{y} = \boldsymbol{\Phi}_{\text{E}} \tilde{\boldsymbol{h}} \tag{2-96}$$

其中，$\tilde{\boldsymbol{h}}\,(N \times 1)$为脉冲星累积轮廓。

感知矩阵与观测矢量的乘积为匹配矩阵 $\boldsymbol{S}$，即

$$\boldsymbol{S}(i,j) = \boldsymbol{T}(:,i,j)\boldsymbol{y}, \quad i = 1,2,\cdots,P; j = 1,2,\cdots,M_{\text{D}} \tag{2-97}$$

设 $\tilde{p}$ 和 $\tilde{m}$ 分别对应 $\boldsymbol{S}$ 中最大元素的行号和列号，分别对应脉冲星累积轮廓相位和畸变度。其值可按式(2-98)计算，即

$$[\tilde{p},\tilde{m}] = \arg\max_{i,j}(\boldsymbol{S}(i,j)) \tag{2-98}$$

为了提高脉冲星周期估计精度，采用超分辨率稀疏估计，即

$$\hat{m} = \tilde{m} - \frac{0.5(\max(\boldsymbol{S}_{\tilde{m}+1}) - \max(\boldsymbol{S}_{\tilde{m}-1}))}{\max(\boldsymbol{S}_{\tilde{m}+1}) + \max(\boldsymbol{S}_{\tilde{m}-1}) - 2\boldsymbol{S}(\tilde{p},\tilde{m})} \tag{2-99}$$

其中，$\boldsymbol{S}_{\tilde{m}+1}$ 和 $\boldsymbol{S}_{\tilde{m}-1}$ 为匹配矩阵 $\boldsymbol{S}$ 中畸变度索引值为 $\tilde{m}+1$ 和 $\tilde{m}-1$ 的元素。

此时，频率估计误差 $\Delta\hat{f}$ 为

$$\Delta\hat{f} = \frac{\hat{m}}{NT_{\text{obs}}} \tag{2-100}$$

其中，T_{obs} 为观测时间。

相应的脉冲星周期估计误差 $\Delta\hat{T}$ 为

$$\Delta\hat{T} = T_{\text{offset}} - \Delta\hat{f}{T_0}^2 = T_{\text{offset}} - {T_0}^2 \frac{\hat{m}}{NT_{\text{obs}}} \tag{2-101}$$

2.5.3　计算复杂度分析

下面分析 EMD-CS 的计算复杂度。累积脉冲星轮廓、获取观测矢量与匹配均在器载计算机上运行。其中，X 射线脉冲星累积过程可在观测时间内进行。观测结束后，才能开展观测矢量的获取与匹配。受深空探测器计算资源的限制，这两个模块的计算量必须小，才能确保 EMD-CS 的实时性。因此，分析这两个模块的计算复杂度即可。

脉冲星轮廓间隔数为 N，最优 IMF 观测矩阵行列数为 $M_{\text{EIMF}} \times N$，由式(2-96)可知，观测矢量的获取需要 $M_{\text{EIMF}} \times (2N-1)$ MAC。

由式(2-138)可知，观测矢量与一个原子匹配，所需计算量为$(2M_{\text{EIMF}}-1)$ MAC。设字典中原子数量为 $M_{\text{D}} \times P$，那么观测矢量与字典匹配所需的计算量是$(2M_{\text{EIMF}}-1) \times M_{\text{D}} \times P$ MAC。总计算量为 $M_{\text{EIMF}} \times (2N-1)+(2M_{\text{EIMF}}-1) \times M_{\text{D}} \times P \approx 2M_{\text{EIMF}} \times (N+M_{\text{D}} \times P)$MAC。

例如，脉冲星轮廓间隔数是 33400，最优 IMF 观测矩阵行列数为 85×33400，冗余字典的行列数为 $33400 \times 21 \times 21$，则观测矢量的获取过程需要的计算量是 $85 \times (2 \times 33400-1)$MAC，匹配的过程所需的计算量是$(2 \times 83-1) \times 21 \times 21$ MAC。此时，总的计算量约为 $2 \times 85 \times (33400+21 \times 21)$MAC，即 5.8×10^6MAC。

综上，计算量与 M_{EIMF} 呈正比。若要大幅减小计算量，必减小 M_{EIMF}。此外，与低频 Fourier-CS 相比，EMD-CS 无虚数部分，仅有实数部分，并且计算量更小。

2.5.4　仿真实验及结果分析

比较基于 EMD-CS 的脉冲星周期估计方法与基于低频 Fourier-CS 的脉冲星周期估计，并开展仿真实验。首先，筛选最优的观测矩阵，并分析其有限等距性质(restricted isometry property，RIP)。然后，为了体现 EMD-CS 的优越性，将其与基于低频 Fourier-CS 的脉冲星周期估计方法作比较。最后，分析多种干扰因素对脉冲星周期估计的影响。

计算机的处理器为英特尔 Core i3-7500 3.40GHz 四核，内存为 8Gbit。最大畸变度 $M_{\text{D}}=21$，即构造 21 个脉冲星畸变轮廓，最大相位偏移量 $P=21$。PSR B0531+21 参数如表 2-8 所示。其中，脉冲星周期偏移的设置主要是解决脉冲星轮廓畸变无正负符号的问题，其取值通常为脉冲星周期估计标准差的三倍。脉冲星周期偏移取值为 334ps。

表 2-8 PSR B0531+21 参数

参数	值
脉冲星	PSR B0531+21
脉冲星周期/ms	33.4
脉冲星光子流量/(ph/cm²/s)	1.54
X 射线背景辐射流量噪声/(ph/cm²/s)	0.005
脉冲星轮廓间隔数	33400
X 射线敏感器有效接收面积/cm²	400
脉冲星观测周期/s	1000
脉冲星周期偏置/ps	334

通过 EMD 21 个脉冲星畸变轮廓，得到一系列 IMF$\{F_{IM}^{m,n}\}$，其中 N_m 取值范围为 9～12，IMF 数量 M_{IMF} 为 211。若用原始 IMF 矩阵 $\boldsymbol{\Phi}_0$ 作为观测矩阵，则脉冲星周期估计误差为 90.6247ps。采用迭代剔除法筛选部分 IMF，即剔除部分 IMF 后，将剩下的 IMF 构成最优观测矩阵 $\boldsymbol{\Phi}_E$。

表 2-9～表 2-12 所示为迭代剔除过程。表 2-9 所示为剔除两个 IMF 后的脉冲星周期估计精度，表的行号和列号表示剔除的 IMF 序号。当行号和列号分别为 i 和 j 时，表示剔除第 i 和 j 个 IMF。当行号和列号均为 i 时，表示剔除第 i 个 IMF。该表是关于对角线对称的，只显示上三角部分。从表 2-9 可以看出，若剔除第 1 个 IMF，脉冲星周期估计误差大，所以必须保留第 1 个 IMF。同时剔除残差(0)和第 5 个 IMF 时，误差达到最小(70.178ps)。

表 2-9 第一次剔除 IMF 的误差(单位：ps)

剔除序号	0	1	2	3	4	5	6	7	8
0	76.128	245.761	75.926	77.161	77.180	70.178	70.382	70.930	77.147
1	—	269.50	286.02	268.29	258.42	235.98	237.47	252.80	257.40
2	—	—	84.355	84.295	84.632	79.236	77.550	76.870	86.341
3	—	—	—	85.642	85.958	80.566	78.481	76.520	86.552
4	—	—	—	—	85.619	81.530	77.939	77.441	85.764
5	—	—	—	—	—	80.645	76.629	73.620	87.302
6	—	—	—	—	—	—	77.345	67.221	81.329
7	—	—	—	—	—	—	—	76.230	75.478
8	—	—	—	—	—	—	—	—	86.295

表 2-10　第二次剔除 IMF 的误差(单位：ps)

剔除序号	2	3	4	6	7	8
2	69.0624	69.0360	69.3429	66.1617	65.6403	69.4188
3	—	70.2240	70.0656	67.3893	65.8680	70.1118
4	—	—	69.7191	66.9603	65.0562	69.9435
6	—	—	—	70.3560	62.2248	71.1942
7	—	—	—	—	71.9202	71.4912
8	—	—	—	—	—	76.5501

表 2-11　第三次剔除 IMF 的误差(单位：ps)

剔除序号	2	3	4	8
2	60.0039	59.8620	60.0897	57.0867
3	—	60.8256	62.1159	57.0636
4	—	—	61.6803	57.2979
8	—	—	—	57.1362

表 2-12　第四次剔除 IMF 的误差(单位：ps)

剔除序号	2	4
2	57.2649	57.6378
4	—	57.6213

保留第 1 个 IMF，剔除残差和第 5 个 IMF 后，在余下的 IMF 中筛选，如表 2-10 所示。剔除第 6 个和第 7 个 IMF 后，误差达到最小(62.2248ps)。表 2-11 所示为剔除第 5、6、7 个 IMF，以及残差之后的周期估计，再剔除第 3 个和第 8 个 IMF，估计误差更小(57.0636ps)。表 2-12 所示为四次剔除之后的估计精度。此次剔除使误差增大。因此，将 IMF 剔除第 3、5、6、7、8 个 IMF，以及残差之后得到的 IMF 序列组合成最优 IMF 观测矩阵 $\boldsymbol{\Phi}_{\mathrm{E}}$，该矩阵行列数为 85×33400。相对于原始观测矩阵 $\boldsymbol{\Phi}_0$，该矩阵行数大幅减少，而精度也得到提高。

为体现迭代剔除法的优越性，将迭代剔除后的最优 IMF 观测矩阵与随机抽取的 85 个 IMF 组成的观测矩阵进行比较。图 2-27 对比了迭代剔除与随机抽取。与随机抽取法相比，迭代剔除法得出的最优 IMF 观测矩阵可使脉冲星周期估计精度更高。

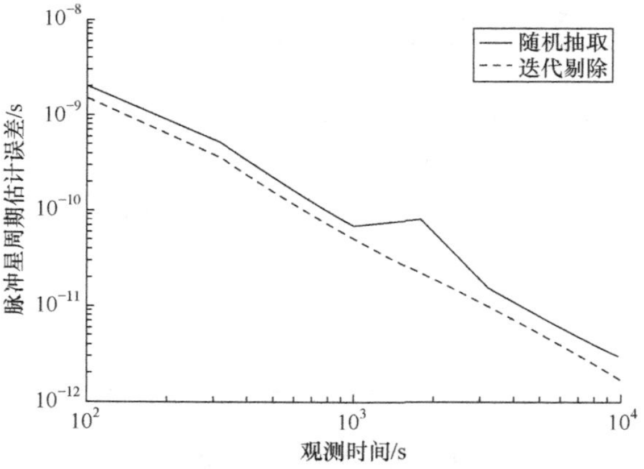

图 2-27　迭代剔除与随机抽取

分析 IMF 观测矩阵是否满足 RIP。观测矢量之间的最大距离与最小距离如图 2-28 所示。单个观测矢量的最小距离在区间[0.13, 0.27]内，最大值在区间[0.32, 0.38]内，数值变化小。这表明，EMD-CS 性能几乎与脉冲星累积轮廓的相位和畸变度无关。因此，计算出的等距值为 0.85，观测矩阵满足 1 阶 RIP。

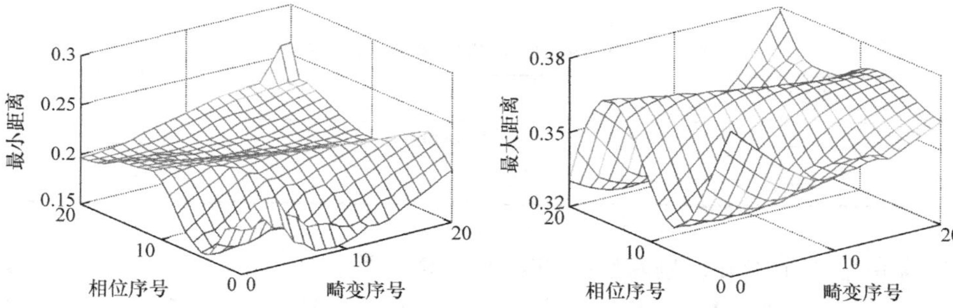

(a) 最小距离　　(b) 最大距离

图 2-28　观测矢量之间的距离

图 2-29 所示为单个轮廓对应的观测矢量距离最值。每个观测矢量与其他观测矢量之间的最大距离与最小距离差距大，约为 1～2 个数量级。虽然观测矩阵也满足 1 阶 RIP，但是最小距离小，难以区分畸变度，易受 X 射线背景辐射流量噪声干扰。因此，根据单个脉冲星畸变轮廓估计脉冲星周期时，估计精度低。

表 2-13 所示为 EMD-CS 与低频 Fourier-CS。随着观测矩阵行数的增加，低频 Fourier-CS 的估计误差减小。若观测矩阵行数为 85，低频 Fourier-CS 的估计误差为 279ps，远大于 EMD-CS 的 57.9ps。若要达到 58ps 的精度，低频 Fourier-CS 需要的矩阵行列数为 2499×33400，远大于 EMD-CS 的 85×33400。由计算复杂度分析可知，计算量与观测矩阵的行数成正比。此时，这两种方法的精度同为 58ps，

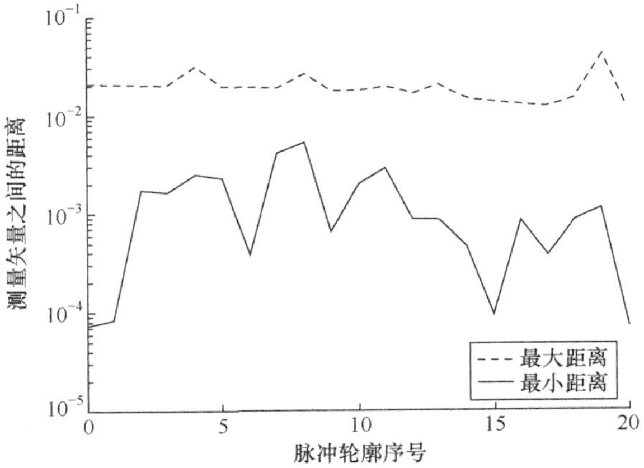

图 2-29 单个轮廓对应的观测矢量距离最值

计算复杂度分析表明，低频 Fourier-CS 中观测矢量的获取与匹配这两个过程总的计算量约是 EMD-CS 中计算量的 29 倍。

表 2-13 EMD-CS 与低频 Fourier-CS

估计方法	EMD-CS	低频 Fourier-CS			
矩阵行数	85	85	1999	2499	3499
误差/ps	57.9	279	95.8	57.5	41.8
时间/s	0.0021	0.0030	0.0127	0.0155	0.0244

从计算时间上看，当测量行数都为 85 时，低频 Fourier-CS 计算时间是 0.0030s，EMD-CS 计算时间和精度分别是 0.0021s 和 58ps。若要达到 58ps 的精度，低频 Fourier-CS 所需计算时间是 0.0155s。因此，与低频 Fourier-CS 相比，EMD-CS 只需小观测矩阵就可以获得高精度，且计算量小。此外，当观测矩阵行数较大(上千)时，低频 Fourier-CS 的计算时间与矩阵行数成正比。这符合理论分析结论。

器载计算资源有限，低于 586 水平，并且导航不能占用全部的有限器载计算资源。因此，若在器载计算机上工作，低频 Fourier-CS 和 EMD-CS 的计算时间必将大幅增加。在此条件下，缩短脉冲星周期估计的计算时间有实际工程意义。

脉冲星光子流量和 X 射线背景辐射流量噪声是影响脉冲星周期估计精度的重要因素。如图 2-30 所示，脉冲星周期估计误差随 X 射线背景辐射流量噪声的增大而增大；随脉冲星光子流量减小。因此，脉冲星光子流量的增大与 X 射线背景辐射流量噪声的减小都有助于精度的提高。

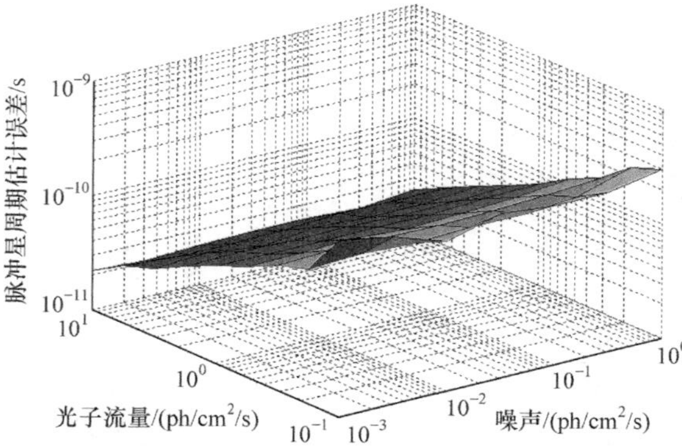

图 2-30　脉冲星光子流量与 X 射线背景辐射流量噪声对脉冲星周期估计的影响

图 2-31 所示为 X 射线敏感器有效接收面积和观测时间对脉冲星周期估计的影响。由图 2-31(a)可以看出，观测时间和 X 射线敏感器有效接收面积的增加均能减小脉冲星周期估计误差。因此，增大 X 射线敏感器有效接收面积与延长观测时间，有助于提高精度。

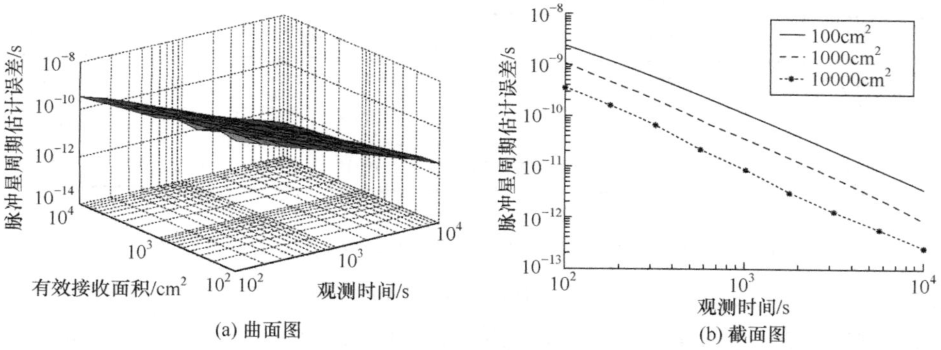

图 2-31　X 射线敏感器有效接收面积和观测时间对脉冲星周期估计的影响

在三种典型的 X 射线敏感器有效接收面积(100cm^2、1000cm^2、10000cm^2)下研究估计精度，结果如图 2-31(b)所示。X 射线敏感器有效接收面积增大两个数量级，脉冲星周期估计精度提高约一个数量级。观测时间延长两个数量级，脉冲星周期估计精度提高约三个数量级。因此，相对于增加 X 射线敏感器有效接收面积，延长观测时间更加有利于提高估计精度。这一点与脉冲星 TOA 估计性质是不同的。

EMD-CS 并未考虑延长观测时间引入的轨道外推误差影响。究其原因，EMD-CS 仅适用于深空探测转移段，此阶段的轨道动力学模型近似线性，轨道外推误差的影响微乎其微。若在环绕段长时间观测，利用天文测角信息补偿是一个较好的选择。

综上所述，EMD-CS 具有极低的采样率和高精度估计等优点。

2.6　基于非线性约束最小二乘的位置和速度联合估计

本节提出一种基于非线性约束最小二乘的位置和速度联合估计方法。鉴于深空探测器的速度导致每个脉冲星 TOA 均发生变化，可以根据 TOA 的变化估计速度。该方法无须多次 EF，可以降低计算量。非线性最小二乘估计(least square estimate，LSE)和线性约束最小二乘估计是常用的估计方法。深空探测器轨道可视为这些 TOA 的非线性约束。这些最小二乘估计方法不能有效地处理非线性约束估计问题，更糟糕的是，它们需要精确的表达式。由于深空探测器轨道动力学模型复杂，难以给出非线性约束的精确表达式。为了解决这一问题，我们提出非线性约束最小二乘估计，处理一系列 TOA 并估计深空探测器的位置和速度。

2.6.1　基于 Fourier 的脉冲星到达时间估计

在脉冲星导航中，Taylor 提出的基于 Fourier 的脉冲星 TOA 估计是一种常用的方法。该方法假设速度是已知的。

基于 Fourier 的脉冲星 TOA 估计方法利用 Fourier 变换的时移特性。首先，将脉冲星累积轮廓和脉冲星标准轮廓转化到 Fourier 域。然后，Taylor 以最小化二者之差为目标。最后，搜索时移量，得到脉冲星 TOA。在 Fourier 域，脉冲星累积轮廓和脉冲星标准轮廓之差可表示为

$$F(\tau)=\left|\sum_{k=1}^{N_b/2} kP_k S_k \sin(\alpha_k-\beta_k+k\tau)\right| \tag{2-102}$$

其中，N_b 为间隔数；P_k 和 S_k 为脉冲星累积轮廓和脉冲星标准轮廓的 Fourier 幅值；α_k 和 β_k 为脉冲星累积轮廓和脉冲星标准轮廓的 Fourier 相位；τ 为时移量，可通过搜索 $F(\tau)$ 的最小值来估计时移量 τ。

2.6.2　深空探测器速度与脉冲星到达时间之间的关系模型

本节分析深空探测器速度与脉冲星 TOA 之间的关系。鉴于 X 射线脉冲星信号弱，按固有脉冲星周期，将这些脉冲信号折叠，可以获得稳定的轮廓。然而，受深空探测器高速飞行的影响，接收到的 X 射线脉冲信号的脉冲星周期会发生变化。

图 2-32 所示为深空探测器速度为 0m/s 和 300m/s 时的 Crab 脉冲星累积轮廓，其中观测时间分别为 1000s 和 10s。可以看出，除 X 射线脉冲星轮廓出现畸变，观测时间为 1000s 时的脉冲峰值位置出现明显偏移，而观测时间为 10s 时的脉冲

峰值位置变化小，即受深空探测器的高速飞行影响，脉冲星 TOA 出现偏移，偏移量与观测时间和深空探测器速度有关。

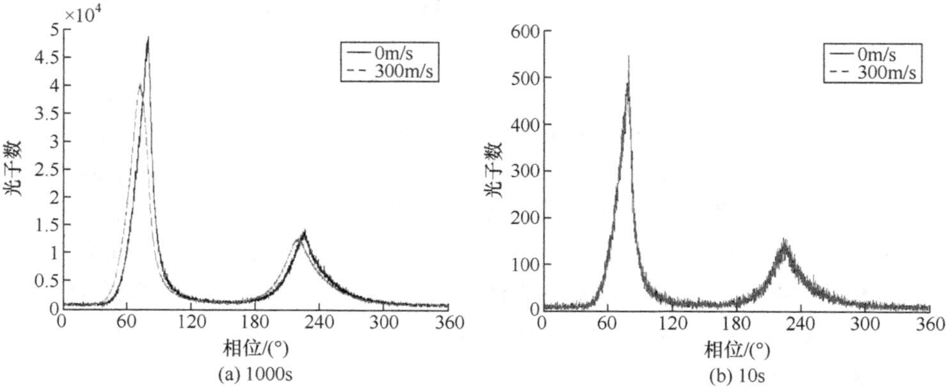

图 2-32　Crab 脉冲星累积轮廓

受深空探测器高速飞行的影响，观测子区间$[t_{begin},t_{end}]$内的脉冲相位值发生变化，其中 t_{begin} 和 t_{end} 分别是观测的开始时间和结束时间。下面研究脉冲相位的变化。设深空探测器的速度为 $\boldsymbol{v}$，P_0 是脉冲星固有周期，受深空探测器高速飞行引起的多普勒效应影响，接收到的脉冲星信号周期 $\breve{P}$ 不再是固有周期，可表示为

$$\breve{P}=\frac{c}{c+\boldsymbol{n}^j\boldsymbol{v}}P_0 \tag{2-103}$$

其中，$\boldsymbol{n}^j$ 为第 j 颗 X 射线脉冲星的方位矢量；c 为光速大小。

设 $\theta_0\in[0,2\pi)$ 表示第一个脉冲的相位。按脉冲星固有周期，折叠接收到的脉冲星信号。与第 k–1 个脉冲 θ_{k-1} 相比，第 k 个脉冲 θ_k 的变化量为 $2\pi(\breve{P}-P_0)/P_0$ 。因此，对于第 j 颗 X 射线脉冲星，θ_k 可表示为

$$\theta_k=\theta_{k-1}+2\pi(\breve{P}-P_0)/P_0=\theta_0+2\pi k(\breve{P}-P_0)/P_0=\theta_0-\frac{2\pi k\boldsymbol{n}^j\boldsymbol{v}}{c+\boldsymbol{n}^j\boldsymbol{v}} \tag{2-104}$$

设 $K=(t_{end}-t_{begin})/P_0$ 是观测区间内的脉冲数，得到的相位值 φ 是 $\theta_0\sim\theta_{K-1}$ 的平均相位。由于 K 大，φ 可以由式(2-105)计算，即

$$\varphi=\frac{1}{K}\sum_{k=0}^{K-1}\theta_k=\frac{1}{K}\sum_{k=0}^{K-1}\left(\theta_0-\frac{2\pi k\boldsymbol{n}^j\boldsymbol{v}}{c+\boldsymbol{n}^j\boldsymbol{v}}\right)=\theta_0-\frac{\pi(K-1)\boldsymbol{n}^j\boldsymbol{v}}{c+\boldsymbol{n}^j\boldsymbol{v}}\approx\theta_0-\frac{\pi(t_{end}-t_{begin})\boldsymbol{n}^j\boldsymbol{v}}{(c+\boldsymbol{n}^j\boldsymbol{v})P_0} \tag{2-105}$$

然后，将得到的相位转换为深空探测器上 TOA 的偏移量，TOA 是指 SSB 处的 τ 。当深空探测器静止时，τ 可以由式(2-106)表示，即

$$\tau = \left[\frac{(\varphi^b - \varphi)}{2\pi} + s\right]P_0$$
$$= \frac{\boldsymbol{n}^j \boldsymbol{r}}{c} + \frac{1}{2cD_0^j}\left[-|\boldsymbol{r}|^2 + (\boldsymbol{n}^j \boldsymbol{r})^2 - 2\boldsymbol{br} + 2(\boldsymbol{br})(\boldsymbol{n}^j \boldsymbol{r})\right] + \frac{2\mu_{\text{Sun}}}{c^3}\ln\left|\frac{\boldsymbol{n}^j \boldsymbol{r} + |\boldsymbol{r}|}{\boldsymbol{n}^j \boldsymbol{b} + |\boldsymbol{b}|} + 1\right| \tag{2-106}$$

其中，s 为脉冲星周期的整数部分；φ^b 为 SSB 处的相位；D_0^j 为第 j 颗 X 射线脉冲星与 SSB 之间的距离；$\boldsymbol{b}$ 为 SSB 相对于太阳的位置矢量；μ_{Sun} 为太阳引力常值；$\boldsymbol{r}$ 为深空探测器位置矢量。

当深空探测器飞行时，τ 可以表示为

$$\tau = \left\{\frac{1}{2\pi}\left[\varphi^b - \theta_0 + \frac{\pi(t_{\text{end}} - t_{\text{begin}})\boldsymbol{n}^j \boldsymbol{v}}{cP_0}\right] + s\right\}P_0 = \left[\frac{(\varphi^b - \theta_0)}{2\pi} + s\right]P_0 + \frac{(t_{\text{end}} - t_{\text{begin}})\boldsymbol{n}^j \boldsymbol{v}}{2(c + \boldsymbol{n}^j \boldsymbol{v})} \tag{2-107}$$

上式是深空探测器速度与脉冲星 TOA 的关系模型。当深空探测器的初始位置和速度误差存在时，根据式(2-107)，忽略高阶项，可得深空探测器速度误差与脉冲星 TOA 误差之间的关系模型，即

$$\Delta\tau = \frac{\boldsymbol{n}^j \Delta\boldsymbol{r}}{c} + \frac{(t_{\text{end}} - t_{\text{begin}})\boldsymbol{n}^j \Delta\boldsymbol{v}}{2c} \tag{2-108}$$

其中，$\Delta\tau$ 、$\Delta\boldsymbol{r}$ 、$\Delta\boldsymbol{v}$ 为脉冲星 TOA 误差、深空探测器的位置和速度误差。

如果深空探测器是变速飞行，则该关系模型中存在非线性位置误差项 $\Delta\bar{\boldsymbol{r}}(\Delta\boldsymbol{r},\Delta\boldsymbol{v},t)$，且 $\Delta\tau$ 可表示为

$$\Delta\tau = \frac{1}{c}\left[\boldsymbol{n}^j \Delta\boldsymbol{r} + \frac{1}{2}(t_{\text{end}} - t_{\text{begin}})\boldsymbol{n}^j \Delta\boldsymbol{v} + \boldsymbol{n}^j \Delta\bar{\boldsymbol{r}}(\Delta\boldsymbol{r},\Delta\boldsymbol{v},t)\right] \tag{2-109}$$

图 2-33 所示为火星探测器轨道在不同初始位置和速度误差下的轨道预测位置误差$|\Delta\bar{\boldsymbol{r}}|$。可以看出，在初始误差较大的情况下，轨道预测位置误差增大，而在观测时间较短的情况下，轨道预测位置误差减小。当观测时间小于 100s 时，轨道预测位置误差小于初始位置误差的 10%。

2.6.3　算法框架与流程

考虑每个脉冲的 TOA 受深空探测器速度影响而变化，可以通过检测 TOA 变化估计深空探测器的速度。基于这一思想，我们提出基于非线性约束 LSE 的位置和速度联合估计方法。鉴于难以观测每个脉冲的 TOA，首先，该方法将总观测区间分为几个子区间；然后，估计每个观测子区间的 TOA；最后，考虑深空探测器

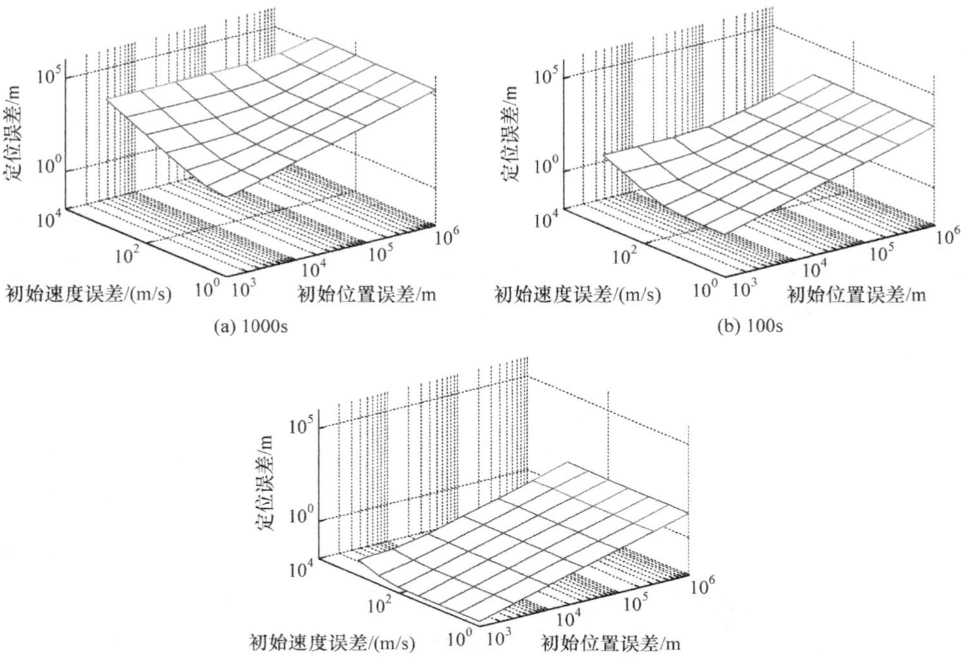

(a) 1000s　(b) 100s　(c) 10s

图 2-33　轨道预测位置误差

轨道强非线性，使用非线性约束最小二乘估计处理这些子区间的 TOA 误差，以得到深空探测器的位置和速度估计值。其中，TOA 误差指观测的 TOA 与估计的 TOA 之间的差值。通过估计 TOA 误差，可以将强非线性问题转化为弱非线性问题，具体情况如下。

步骤 1：总观测区间 (t_0,t_f) 分为 m 个等观测子区间 $(t_0+(i-1)T_{\text{obs}}/m,t_0+iT_{\text{obs}}/m)$，$i=1,2,\cdots,m$，其中观测时间 $T_{\text{obs}}=t_{\text{f}}-t_0$，$t_0$ 和 t_{f} 分别为观测起止时间。

步骤 2：获得观测的脉冲星 TOA。在每个观测子区间中，按 X 射线脉冲星固有周期，折叠脉冲星信号。利用基于 Fourier 的 Taylor 方法估计每个观测子区间的 TOA $\tilde{\tau}_i^j$，其中 $i=1,2,\cdots,m$。

步骤 3：根据深空探测器的估计位置和速度，可以获得脉冲星 TOA 估计。设 $\hat{\boldsymbol{r}}_0^s$ 和 $\hat{\boldsymbol{v}}_0^s$ 是第 s 次迭代后 t_0 时刻的深空探测器位置和速度估计值，$\hat{\boldsymbol{r}}_0^0$ 和 $\hat{\boldsymbol{v}}_0^0$ 为初始位置和速度。根据深空探测器的轨道动力学模型，可得 $t_0+(i-1)T_{\text{obs}}/m$ 时刻的 $\hat{\boldsymbol{r}}_i^s$ 和 $\hat{\boldsymbol{v}}_i^s$，其中 $i=1,2,\cdots,m$。使用测量模型可以获得第 j 颗 X 射线脉冲星的第 i 个子区间的脉冲星 TOA 估计 $\hat{\tau}_i^{js}$。设 $\boldsymbol{r}_0$ 和 $\boldsymbol{v}_0$ 是深空探测器在 t_0 时的真实位置和速度，相应地可得 $t_0+(i-1)T_{\text{obs}}/m$ 时刻的 $\boldsymbol{r}_i$、$\boldsymbol{v}_i$，以及第 j 颗 X 射线脉冲星的第 i 个子区

间的脉冲星真实 TOA τ_i^j。结合式(2-108)，$\hat{\tau}_i^{js}$ 可表示为

$$\hat{\tau}_i^{js} = \tau_i^j + \boldsymbol{n}^j \left[\frac{\Delta \boldsymbol{r}^s}{c} + \left(i - \frac{1}{2} \right) \frac{\Delta \boldsymbol{v}^s T_{\text{obs}}}{mc} \right] + \frac{\boldsymbol{n}^j \Delta \overline{\boldsymbol{r}}^s (\Delta \boldsymbol{r}^s, \Delta \boldsymbol{v}^s, t)}{c} \tag{2-110}$$

其中，$\Delta \boldsymbol{r}^s = \hat{\boldsymbol{r}}_0^s - \boldsymbol{r}_0$、$\Delta \boldsymbol{v}^s = \hat{\boldsymbol{v}}_0^s - \boldsymbol{v}_0$、$\Delta \overline{\boldsymbol{r}}^s (\Delta \boldsymbol{r}^s, \Delta \boldsymbol{v}^s, t)$ 为非线性位置误差。

步骤 4：获得脉冲星 TOA 误差。脉冲星 TOA 误差定义为估计的 TOA 与观测 TOA 之间的差值，可表示为

$$\Delta \tau_i^{js} = \hat{\tau}_i^{js} - \tilde{\tau}_i^j = \boldsymbol{n}^j \left[\frac{\Delta \boldsymbol{r}^s}{c} + \left(i - \frac{1}{2} \right) \frac{\Delta \boldsymbol{v}^s T_{\text{obs}}}{mc} \right] + \frac{\boldsymbol{n}^j \Delta \overline{\boldsymbol{r}}^s (\Delta \boldsymbol{r}^s, \Delta \boldsymbol{v}^s, t)}{c} - \omega_i^j \tag{2-111}$$

步骤 5：估计深空探测器的位置和速度误差。利用最小二乘估计方法处理这些脉冲星 TOA 误差，可以得到位置误差和速度估计值。

鉴于最小二乘估计不能处理非线性系统，无须建立非线性项模型 $\Delta \overline{\boldsymbol{r}}^s (\Delta \boldsymbol{r}^s, \Delta \boldsymbol{v}^s, t)$，可将式(2-111)转化为矩阵形式，即

$$\boldsymbol{y}^s = \boldsymbol{H} \boldsymbol{x}^s + \boldsymbol{\omega} \tag{2-112}$$

其中，$\boldsymbol{y}^s$、$\boldsymbol{x}^s$、$\boldsymbol{H}$ 和 $\boldsymbol{\omega}$ 为脉冲星 TOA 矢量误差、状态误差、测量矩阵和测量噪声，即

$$\boldsymbol{x}^s = \begin{bmatrix} \Delta \boldsymbol{r}^s \\ \Delta \boldsymbol{v}^s \end{bmatrix} \tag{2-113}$$

$$\begin{aligned} \boldsymbol{y}^s = [\Delta \tau_1^{1s} \quad \Delta \tau_1^{2s} \quad \cdots \quad \Delta \tau_1^{Js} \quad \Delta \tau_2^{1s} \quad \Delta \tau_2^{2s} \quad \cdots \quad \Delta \tau_2^{Js} \quad \cdots \quad \Delta \tau_i^{1s} \\ \Delta \tau_i^{2s} \quad \cdots \quad \Delta \tau_i^{Js} \quad \cdots \quad \Delta \tau_m^{1s} \quad \Delta \tau_m^{2s} \quad \cdots \quad \Delta \tau_m^{Js}]^{\mathrm{T}} \end{aligned} \tag{2-114}$$

$$\boldsymbol{H} = \frac{1}{c} \begin{bmatrix} \boldsymbol{n} & \left(1 - \frac{1}{2} \right) \frac{T_{\text{obs}}}{m} \boldsymbol{n} \\ \boldsymbol{n} & \left(2 - \frac{1}{2} \right) \frac{T_{\text{obs}}}{m} \boldsymbol{n} \\ & \vdots \\ \boldsymbol{n} & \left(i - \frac{1}{2} \right) \frac{T_{\text{obs}}}{m} \boldsymbol{n} \\ & \vdots \\ \boldsymbol{n} & \left(m - \frac{1}{2} \right) \frac{T_{\text{obs}}}{m} \boldsymbol{n} \end{bmatrix} \tag{2-115}$$

$$\boldsymbol{n}=[\boldsymbol{n}^1 \quad \boldsymbol{n}^2 \quad \cdots \quad \boldsymbol{n}^J]^{\mathrm{T}} \tag{2-116}$$

$$\begin{aligned}\boldsymbol{\omega}=-1\times[&\omega_1^1 \quad \omega_1^2 \quad \cdots \quad \omega_1^J \quad \omega_2^1 \quad \omega_2^2 \quad \cdots \quad \omega_2^J \quad \cdots \quad \omega_i^1 \quad \omega_i^2 \quad \cdots \\ &\omega_i^J \quad \cdots \quad \omega_m^1 \quad \omega_m^2 \quad \cdots \quad \omega_m^J]^{\mathrm{T}}\end{aligned} \tag{2-117}$$

$\boldsymbol{R}$ 为 $\boldsymbol{\omega}$ 的协方差矩阵，即

$$\begin{aligned}\boldsymbol{R}=m\cdot\mathrm{diag}\{[&(\sigma_1)^2 \quad (\sigma_2)^2 \quad \cdots \quad (\sigma_J)^2 \quad \cdots \quad (\sigma_1)^2 \quad (\sigma_2)^2 \quad \cdots \quad (\sigma_J)^2 \quad \cdots \\ &(\sigma_1)^2 \quad (\sigma_2)^2 \quad \cdots \quad (\sigma_J)^2]\}\end{aligned} \tag{2-118}$$

其中，σ_j 为总观测时间下第 j 颗 X 射线脉冲星 TOA 噪声标准差。

用 LSE 求解方程，可得状态误差 $\boldsymbol{x}^s$，即

$$\boldsymbol{x}^s=(\boldsymbol{H}^{\mathrm{T}}\boldsymbol{R}^{-1}\boldsymbol{H})^{-1}\boldsymbol{H}^{\mathrm{T}}\boldsymbol{R}^{-1}\boldsymbol{y}^s \tag{2-119}$$

步骤 6：用 $\boldsymbol{x}^s$ 更新 $\hat{\boldsymbol{r}}_0^{s+1}$ 和 $\hat{\boldsymbol{v}}_0^{s+1}$，可表示为

$$\hat{\boldsymbol{r}}_0^{s+1}=\hat{\boldsymbol{r}}_0^s-\Delta\boldsymbol{r}^s \tag{2-120}$$

$$\hat{\boldsymbol{v}}_0^{s+1}=\hat{\boldsymbol{v}}_0^s-\Delta\boldsymbol{v}^s \tag{2-121}$$

转步骤 3，直到迭代结束。

非线性约束 LSE 包括步骤 3～6。下面研究非线性约束 LSE 的收敛性质。根据式(2-110)～式(2-113)、式(2-120)～式(2-122)和轨道动力学模型，忽略高阶项，可得简化迭代式，即

$$\begin{aligned}\begin{bmatrix}\hat{\boldsymbol{r}}_0^{s+1}\\ \hat{\boldsymbol{v}}_0^{s+1}\end{bmatrix}&=\begin{bmatrix}\hat{\boldsymbol{r}}_0^{s}\\ \hat{\boldsymbol{v}}_0^{s}\end{bmatrix}-(\boldsymbol{H}^{\mathrm{T}}\boldsymbol{R}^{-1}\boldsymbol{H})^{-1}\boldsymbol{H}^{\mathrm{T}}\boldsymbol{R}^{-1}(\boldsymbol{H}+\Delta\boldsymbol{H})\boldsymbol{x}^s\\ &=\begin{bmatrix}\hat{\boldsymbol{r}}_0^{s}\\ \hat{\boldsymbol{v}}_0^{s}\end{bmatrix}-(\boldsymbol{H}^{\mathrm{T}}\boldsymbol{R}^{-1}\boldsymbol{H})^{-1}\boldsymbol{H}^{\mathrm{T}}\boldsymbol{R}^{-1}(\boldsymbol{H}+\Delta\boldsymbol{H})\left(\begin{bmatrix}\hat{\boldsymbol{r}}_0^{s}\\ \hat{\boldsymbol{v}}_0^{s}\end{bmatrix}-\begin{bmatrix}\hat{\boldsymbol{r}}_0\\ \boldsymbol{v}_0\end{bmatrix}\right)\\ &=\left[\boldsymbol{I}+(\boldsymbol{H}^{\mathrm{T}}\boldsymbol{R}^{-1}\boldsymbol{H})^{-1}\boldsymbol{H}^{\mathrm{T}}\boldsymbol{R}^{-1}\Delta\boldsymbol{H}\right]\begin{bmatrix}\boldsymbol{r}_0\\ \boldsymbol{v}_0\end{bmatrix}-(\boldsymbol{H}^{\mathrm{T}}\boldsymbol{R}^{-1}\boldsymbol{H})^{-1}\boldsymbol{H}^{\mathrm{T}}\boldsymbol{R}^{-1}\Delta\boldsymbol{H}\begin{bmatrix}\hat{\boldsymbol{r}}_0^{s}\\ \hat{\boldsymbol{v}}_0^{s}\end{bmatrix}\end{aligned} \tag{2-122}$$

其中

$$\Delta \boldsymbol{H}=\frac{1}{c}\cdot\begin{bmatrix}\dfrac{\boldsymbol{nS}}{6}\left[\left(1-\dfrac{1}{2}\right)\dfrac{T_{\text{obs}}}{m}\right]^2 & \boldsymbol{0}_{3\times 3}\\ \vdots & \\ \dfrac{\boldsymbol{nS}}{6}\left[\left(i-\dfrac{1}{2}\right)\dfrac{T_{\text{obs}}}{m}\right]^2 & \boldsymbol{0}_{3\times 3}\\ \vdots & \\ \dfrac{\boldsymbol{nS}}{6}\left[\left(m-\dfrac{1}{2}\right)\dfrac{T_{\text{obs}}}{m}\right]^2 & \boldsymbol{0}_{3\times 3}\end{bmatrix} \tag{2-123}$$

$$\boldsymbol{S}=\begin{bmatrix}\dfrac{\mu(3x_{\text{p}}^2-r^2)}{r^5} & \dfrac{3\mu x_{\text{p}}y_{\text{p}}}{r^5} & \dfrac{3\mu x_{\text{p}}z_{\text{p}}}{r^5}\\ \dfrac{3\mu x_{\text{p}}y_{\text{p}}}{r^5} & \dfrac{\mu(3y_{\text{p}}^2-r^2)}{r^5} & \dfrac{3\mu y_{\text{p}}z_{\text{p}}}{r^5}\\ \dfrac{3\mu x_{\text{p}}z_{\text{p}}}{r^5} & \dfrac{3\mu y_{\text{p}}z_{\text{p}}}{r^5} & \dfrac{\mu(3z_{\text{p}}^2-r^2)}{r^5}\end{bmatrix} \tag{2-124}$$

其中，μ 为火星引力常值；x_{p}、y_{p} 和 z_{p} 为深空探测器的三轴位置；r 为深空探测器与火星之间的距离。

当 $(\boldsymbol{H}^{\text{T}}\boldsymbol{R}^{-1}\boldsymbol{H})^{-1}\boldsymbol{H}^{\text{T}}\boldsymbol{R}^{-1}\Delta\boldsymbol{H}$ 的谱半径小于 1 时，非线性约束 LSE 收敛。由此可知，$(\boldsymbol{H}^{\text{T}}\boldsymbol{R}^{-1}\boldsymbol{H})^{-1}\boldsymbol{H}^{\text{T}}\boldsymbol{R}^{-1}\Delta\boldsymbol{H}$ 的谱半径随 $\boldsymbol{S}$ 中元素的减小而减小。$\boldsymbol{S}$ 中元素随 $\boldsymbol{r}$ 的增大而减小，随 T_{obs} 的减小而减小。

2.6.4　估计精度分析

本节分析基于非线性约束最小二乘的位置和速度联合估计方法的精度。

首先，研究基于 Fourier 的 TOA 估计方法的精度。该方法未考虑深空探测器的速度。标准差 σ 可由式(2-125)计算，即

$$\sigma=\frac{W\sqrt{[B_{\text{X}}+F_{\text{X}}(1-p_{\text{f}})]d+F_{\text{X}}p_{\text{f}}}}{2F_{\text{X}}\sqrt{AT_{\text{obs}}}\,p_{\text{f}}} \tag{2-125}$$

其中，B_{X} 为 X 射线背景辐射流量噪声；F_{X} 为脉冲星光子流量；p_{f} 为脉冲星光子流量与平均值之比；A 为有效接收面积；T_{obs} 为观测时间；W 为脉冲宽度；d 为宽度与周期之比。

对于线性系统，LSE 可以获得较高的估计精度，方差矩阵为

$$\boldsymbol{\Theta}=(\boldsymbol{H}^{\mathrm{T}}\boldsymbol{R}^{-1}\boldsymbol{H})^{-1}=mc^2\begin{bmatrix}\boldsymbol{n}^{\mathrm{T}}\boldsymbol{R}_{\sigma}\boldsymbol{n} & \boldsymbol{0}_{3\times3}\\ \boldsymbol{0}_{3\times3} & \boldsymbol{n}^{\mathrm{T}}\boldsymbol{R}_{\sigma}\boldsymbol{n}\end{bmatrix}\begin{bmatrix}m\boldsymbol{I}_{3\times3} & \dfrac{mT_{\mathrm{obs}}}{2}\boldsymbol{I}_{3\times3}\\ \dfrac{mT_{\mathrm{obs}}}{2}\boldsymbol{I}_{3\times3} & \dfrac{(4m^3-1)T_{\mathrm{obs}}}{12m^2}\boldsymbol{I}_{3\times3}\end{bmatrix}^{-1} \tag{2-126}$$

其中，$\boldsymbol{R}_{\sigma}=\mathrm{diag}\{[(\sigma_1)^2 \quad (\sigma_2)^2 \quad \cdots \quad (\sigma_J)^2]\}$。

因为$m \gg 1$，式(2-126)可简化为

$$\boldsymbol{\Theta}=(\boldsymbol{H}^{\mathrm{T}}\boldsymbol{R}^{-1}\boldsymbol{H})^{-1}=c^2\begin{bmatrix}\boldsymbol{n}^{\mathrm{T}}\boldsymbol{R}_{\sigma}\boldsymbol{n} & \boldsymbol{0}_{3\times3}\\ \boldsymbol{0}_{3\times3} & \boldsymbol{n}^{\mathrm{T}}\boldsymbol{R}_{\sigma}\boldsymbol{n}\end{bmatrix}\begin{bmatrix}4\boldsymbol{I}_{3\times3} & -\dfrac{6}{T_{\mathrm{obs}}}\boldsymbol{I}_{3\times3}\\ -\dfrac{6}{T_{\mathrm{obs}}}\boldsymbol{I}_{3\times3} & \dfrac{12}{(T_{\mathrm{obs}})^2}\boldsymbol{I}_{3\times3}\boldsymbol{I}_{3\times3}\end{bmatrix} \tag{2-127}$$

可以看出，精度与观测子区间数 m 无关。当深空探测器速度已知时，脉冲星定位精度的协方差矩阵为$c^2\boldsymbol{n}^{\mathrm{T}}\boldsymbol{R}_{\sigma}\boldsymbol{n}$。在深空探测器速度未知的情况下，$\boldsymbol{\Theta}$ 等于脉冲星导航的 CRLB。

对于非线性约束系统，可以采用非线性约束 LSE。它的协方差矩阵可表示为误差的线性和非线性部分之和，即$\boldsymbol{\Theta}+\boldsymbol{\Theta}_{\mathrm{non}}$，其中$\boldsymbol{\Theta}_{\mathrm{non}}$是估计误差非线性部分的协方差矩阵。从图 2-33 可以看出，当观测子区间小于 100s 时，位置误差的二阶和高阶项小于一阶项的 10%，即$\boldsymbol{\Theta}_{\mathrm{non}}$小于$\boldsymbol{\Theta}$ 的 1%，可被忽略。在这种情况下，非线性约束 LSE 的协方差矩阵接近$\boldsymbol{\Theta}$。

2.6.5 计算复杂度分析

下面分析计算复杂度，并与最大似然估计(maximum likelihood estimation，记为 ML)比较。基于 ML 的脉冲相位和频率估计方法[22]的目标函数为

$$(\hat{\theta}_0,\hat{f})=\underset{\hat{\theta}_0,\hat{f}}{\arg\max}\sum_{k=1}^{K}\ln(\beta+\alpha h[\hat{\theta}_0+\hat{f}(t_k-t_0)]) \tag{2-128}$$

其中，$\hat{\theta}_0$和$\hat{f}$ 为脉冲相位和频率；参数α 和β 为脉冲星和背景光子到达率；$h(\cdot)$为脉冲星轮廓函数。

设N_{b}、$N_{t_0}^{t_f}$、$N_{\mathrm{iteration}}$、N_{g1}、N_{g2}分别是间隔数、脉冲星光子数、迭代次数、基于 Fourier 的 TOA 估计方法的步数、ML 的网格点数。

首先，分析基于非线性约束最小二乘的位置和速度联合估计的计算复杂度。它包括基于 Fourier 的 TOA 估计方法和 LSE。基于 Fourier 的 TOA 估计方法包括 FFT 和一维搜索方法。FFT 的计算量为$3N_{\mathrm{b}}/2\cdot\log_2 N_{\mathrm{b}}$ MAC。对于一维搜索方法，一步的计算量为$6\times(N_{\mathrm{b}}/2)$ MAC，总计算量为 $3N_{\mathrm{g1}}N_{\mathrm{b}}$ MAC。LSE 的计算量为$2N_{\mathrm{b}}$

MAC。因此，基于非线性约束最小二乘的位置和速度联合估计的计算量为 $3N_{\mathrm{b}}/2\log_2 N_{\mathrm{b}}+3N_{\mathrm{g1}}N_{\mathrm{b}}+2N_{\mathrm{iteration}}N_{\mathrm{b}}$ MAC。

以 PSR B0531+21(周期 33.4ms)为例，当时间分辨率为 10μs 时，$N_{\mathrm{b}}=3340$。当采用可变步长搜索方法时，$N_{\mathrm{g1}}=60$ 即可满足要求。若 $N_{\mathrm{iteration}}=3$，非线性约束最小二乘联合估计位置和速度的计算量为 6×10^5 MAC。

下面研究 ML 的计算量。ML 采用网格搜索算法。网格搜索算法需要 N_{g2} 个网格点，且每个网格点需处理 $N_{t_0}^{t_f}$ 个脉冲星光子。每个光子均用于计算似然函数(likelihood function，LF)，计算量为 8 MAC，因此 ML 的总计算量为 $8N_{t_0}^{t_f}N_{\mathrm{g2}}$。

若观测时间为 300s，时间分辨率为 10μs，则 $N_{t_0}^{t_f}$ 为 3×10^7。对于一个网格点，计算量为 $8N_{t_0}^{t_f}=2.4\times10^8$。如果采用二维搜索算法，$N_{\mathrm{g2}}$ 为 100 时，计算量为 10^{10}MAC。

最后，给出非线性约束 LSE 的计算量远小于 ML 的原因。非线性约束 LSE 的计算量与 $N_{\mathrm{g1}}N_{\mathrm{b}}$ 成正比，而 ML 的计算量与 $N_{t_0}^{t_f}N_{\mathrm{g2}}$ 成正比。$N_{t_0}^{t_f}$ 可以视为 N_{b} 和脉冲星周期数的乘积。当脉冲星周期数为 $10^4\sim10^5$ 时，$N_{t_0}^{t_f}\gg N_{\mathrm{b}}$。鉴于 $N_{\mathrm{g1}}\ll N_{\mathrm{g2}}$，优化搜索算法和简化 LF 等手段无法使 ML 比非线性约束 LSE 方法更快。

2.6.6　仿真实验及结果分析

导航脉冲星为 PSR B0531+21、B1821-24、B1937+21，其参数如表 2-14 所示。X 射线背景辐射流量噪声为 0.005ph/cm²/s；X 射线敏感器的有效接收面积为 1m²；子观测和总观测时间分别为 100s 和 1000s；观测子区间数 m=10；深空探测器的初始位置和速度误差的协方差矩阵为 $\mathrm{diag}[q_1^2\ \ q_1^2\ \ q_1^2\ \ q_2^2\ \ q_2^2\ \ q_2^2]$，其中 $q_1=10^5\mathrm{m}$、$q_2=10\mathrm{m/s}$。火星探测器的初始轨道六要素如表 2-15 所示，仿真时间为 2007 年 7 月 1 日 12：00：00.000 UTCG 至 2007 年 7 月 2 日 12：00：00.000 UTCG。

表 2-14　导航脉冲星参数

脉冲星	B0531+21	B1821-24	B1937+21
赤经/(°)	83.63	276.13	294.92
赤纬/(°)	22.01	−24.87	21.58
D0/kpc	2.0	5.5	3.6
P/s	0.0334	0.00305	0.00156
W/s	1.7×10^{-3}	5.5×10^{-5}	2.1×10^{-5}
F_x/(ph/cm²/s)	1.54	1.93×10^{-4}	4.99×10^{-5}
P_f/%	70	98	86

表 2-15　火星探测器的初始轨道六要素

轨道六要素	数值
半长轴/km	6794
偏心率	0.4
倾斜角/(°)	45
升交点赤经/(°)	0
近地点幅角/(°)	0
真近点角/(°)	0

实验平台是 1.7GHz CPU 和 1Gbit 内存的戴尔 Vostro1000 笔记本。首先，研究初始位置和速度误差对估计精度的影响。图 2-34 和图 2-35 所示为初始误差对定位和定速的影响。基于非线性约束最小二乘的位置和速度联合估计方法的精度随迭代次数而提高，特别是对于初始大误差。第三次迭代后，初始误差不再影响估计精度。表 2-16 对比了估计值和 CRLB。如表 2-16 所示，估计误差接近 CRLB。这表明，非线性约束 LSE 对非线性误差具有鲁棒性。因此，基于非线性约束最小二乘的位置和速度联合估计方法的精度高。

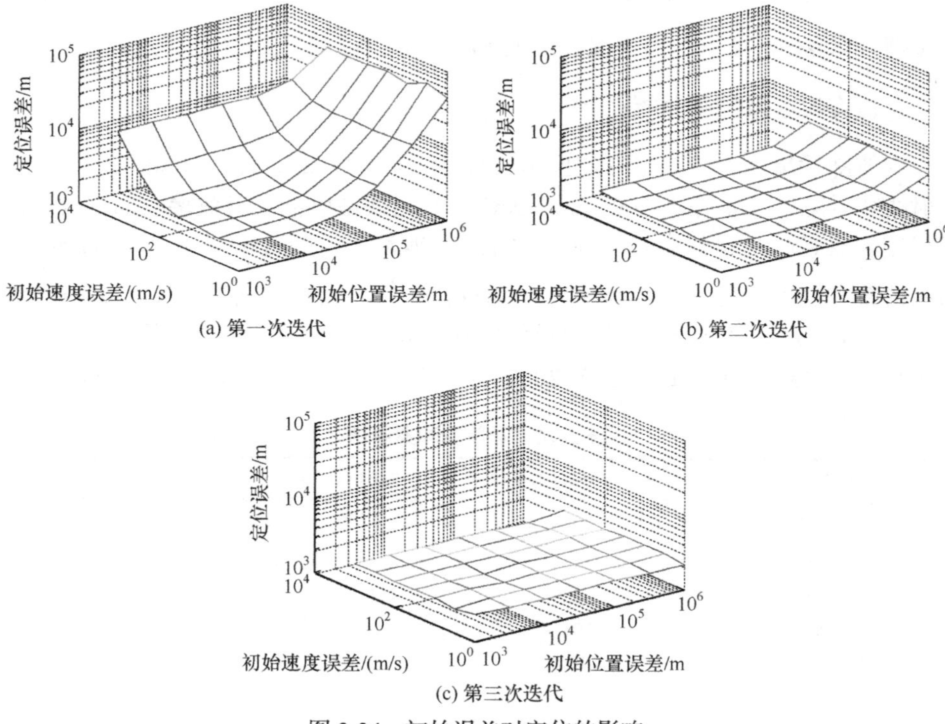

图 2-34　初始误差对定位的影响

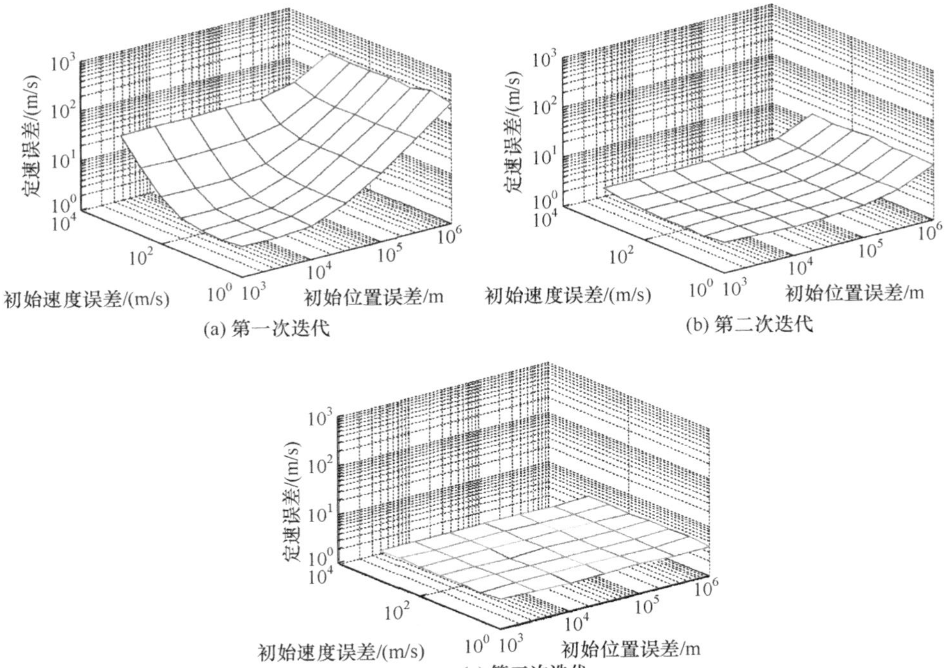

(c) 第三次迭代

图 2-35　初始误差对定速的影响

表 2-16　估计值与 CRLB

误差	估计值	CRLB
定位误差/m	2321	2315
定速误差/(m/s)	4.02	4.01

图 2-36 所示为观测时间对定位精度的影响。定位精度随迭代次数的增加而提高。随着观测时间的延长，第一次迭代的估计误差曲线先减小后增大，第三次迭代的精度接近 CRLB。第一次迭代的估计误差曲线在 600s 的观测时间达到最小值。究其原因，随着观测时间的延长，接收到的脉冲星光子数增加，脉冲星累积轮廓的信噪比提高，系统的非线性程度增强，但是非线性误差也随之增大。脉冲星累积轮廓信噪比的提高有利于 LSE。第三次迭代的估计精度随着观测时间而提高。这表明，基于非线性约束最小二乘的位置和速度联合估计方法对非线性误差具有鲁棒性。

下面研究轨道对估计精度的影响。鉴于倾角、升交点赤经、近地点幅角和真近点角不影响轨道形状，我们仅分析偏心率和半长轴。图 2-37 所示为偏心率和半长轴对定位误差的影响。从图 2-37(a)可以看出，第一次迭代精度随偏心率而下降。从图 2-37(b)可以看出，第一次迭代精度随半长轴而提高。第二次和第三次迭代的定位误差约为 2300m。这表明，非线性约束最小二乘的位置和速度联合估计方法对以上轨道要素具有鲁棒性。

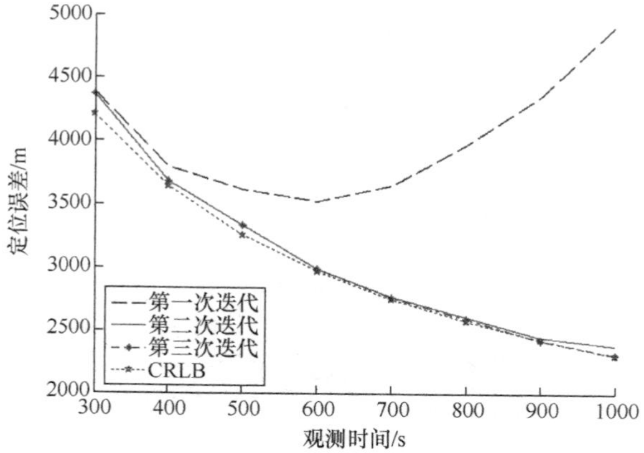

图 2-36　观测时间对定位精度的影响

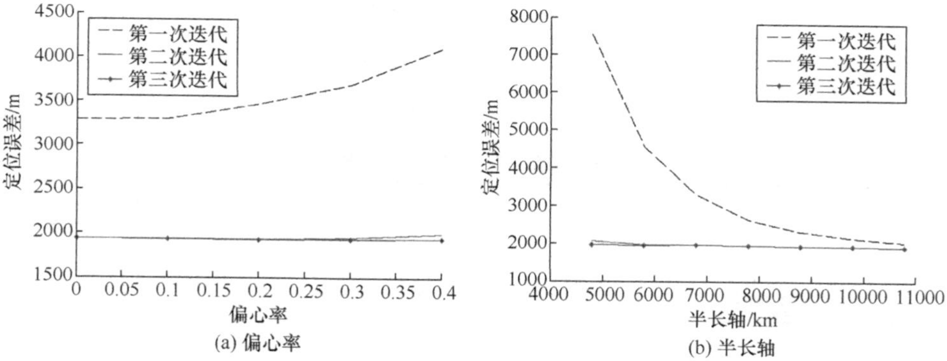

图 2-37　轨道要素

表 2-17 所示为基于非线性约束最小二乘的位置速度联合估计和 ML 的计算时间。可以看出，ML 的总计算时间远大于基于非线性约束最小二乘的位置和速度联合估计方法。ML 用搜索策略来寻找 LF 的最大值。这导致 LF 被多次计算。LF 的一次计算时间大于基于非线性约束最小二乘的位置和速度联合估计方法的总时间。因此，优化搜索算法无法使 ML 比基于非线性约束最小二乘的位置和速度联合估计方法更快。ML 的计算时间随观测时间的增加而增加，而基于非线性约束最小二乘的位置和速度联合估计方法的计算时间则保持不变。究其原因，ML 计算时间与脉冲星光子数有关，脉冲星光子数据量大，并且与观测时间成正比。本节方法的计算时间与脉冲星轮廓间隔数有关，并且间隔数少(约 10^3 数量级)，与观

测时间无关。从表 2-17 和图 2-36 可知，本节方法的精度高且对初始误差和观测时间具有强鲁棒性。

表 2-17　基于非线性约束最小二乘的位置速度联合估计和 ML 的计算时间

观测时间/s	ML		联合估计方法		
	总时间/s	LF/s	总时间/s	TOA/s	LSE/s
300	2203	21.15	0.39	0.39	0.0015
500	3673	35.25	0.39	0.39	0.0022
1000	7348	70.50	0.39	0.39	0.0039

综上，我们提出一种基于非线性约束 LSE 的位置和速度联合估计方法。该方法精度高且计算量小。

2.7　小　结

本章将 CS 应用于脉冲星 TOA 和周期估计，给出两种脉冲星 TOA 估计方法、两种脉冲星周期估计方法，以及一种脉冲星位置和速度联合估计方法。基于 OR-CS 的脉冲星 TOA 估计和 SH-CS 的脉冲星 TOA 估计通过优化观测矩阵保证估计精度与实时性。两种脉冲星周期估计方法均可避免尝试性 EF，大幅减小计算量。位置和速度联合估计方法利用非线性约束 LSE 实现快速估计，精度高且计算量小。

参 考 文 献

[1] Sala J, Urruela A, Villares X, et al. Feasibility study for a spacecraft navigation system relying on pulsar timing information. ARIADNA Study, 2004, 3: 4202.

[2] 郑世界, 葛明玉, 韩大炜, 等. 基于天宫二号 POLAR 的脉冲星导航实验. 中国科学: 物理学 力学 天文学, 2017, 47(9): 99505.

[3] Huang L W, Shuai P, Zhang X Y, et al. Pulsar-based navigation results: Data processing of the X-ray pulsar navigation-I telescope. Journal of Astronomical Telescopes Instruments and Systems, 2019, 5(1): 18003.

[4] Donoho D L. Compressed sensing. IEEE Transactions on Information Theory, 2006, 52(4): 1289-1306.

[5] Candès E, Wakin M. An introduction to compressive sampling. IEEE Signal Process Magazine, 2008, 25 (2): 21-30.

[6] Liu J, Fang J C, Liu G. Observation range-based compressive sensing and its application in TOA estimation with low-flux pulsars. Optik, 2017, 148: 256-267.

[7] Han X X, Du T X, Pan C, et al. Similar Hadamard-based compressive sensing and its application

in pulsar TOA estimation. Optik, 2019, 197: 163270.

[8] Liu J, Yang Z H, Kang Z W, et al. Fast CS-based pulsar period estimation method without tentative epoch folding and its CRLB. Acta Astronautica, 2019, 160: 90-100.

[9] 刘劲，韩雪侠，宁晓琳，等. 基于 EMD-CS 的脉冲星周期超快速估计. 航空学报，2020, 41(8): 623486.

[10] Liu J, Fang J C, Wu J, et al. Fast non-linearly constrained least square joint estimation of position and velocity for X-ray pulsar-based navigation. IET Radar, Sonar and Navigation, 2014, 8(9):1152-1163.

[11] Su Z, Xu L P, Gan W. Pulsar profile construction algorithm based on compressed sensing. Scientia Sinica Physica, Mechanica & Astronomica Phys, 2011, 41(5): 681-684.

[12] Li S L, Liu K, Xiao L L. Fleet algorithm for X-ray pulsar profile construction and TOA solution based on compressed sensing. Optik, 2014, 125 (7): 1873-1879.

[13] Yu H, Xu L P, Feng D, et al. A sparse representation-based optimization algorithm for measuring the time delay of pulsar integrated pulse profile. Aerospace Science and Technology, 2015, 46: 92-103.

[14] Shen L R, Li X P, Sun H F, et al. A robust compressed sensing based method for X-ray pulsar profile construction. Optik, 2016, 127 (10): 4379-4385.

[15] 康志伟，吴春艳，刘劲，等. 基于两级压缩感知的脉冲星时延估计方法. 物理学报，2018, 67(9): 283-292.

[16] 周庆勇，姬剑锋，任红飞. 非等间隔计时数据的 X 射线脉冲星周期快速搜索算法. 物理学报, 2013, 62(1): 19701.

[17] Lomb N R. Least-squares frequency analysis of unequally spaced data. Astrophysics and Space Science, 1976, 39(2): 445-462.

[18] Shen L, Li X, Sun H F, et al. A novel period estimation method for X-ray pulsars based on frequency subdivision. Frontiers of Information Technology & Electronic Engineering, 2015, 16(10): 856-870.

[19] 李建勋，柯熙政. 基于循环平稳信号相干统计量的脉冲星周期估计新方法. 物理学报，2010, 59(11): 8302-8310.

[20] 李建勋，柯熙政，赵宝升. 一种脉冲星的时域估计新方法. 物理学报, 2012, 61(6): 69701.

[21] 张新源，帅平，黄良伟. 脉冲星导航轮廓折叠失真与周期估计算法. 宇航学报，2015, 36(9): 1054-1060.

[22] Rinauro S, Colonnese S, Scarano G. Fast near-maximum likelihood phase estimation of X-ray pulsars. Signal Processing, 2013, 93(1): 326-331.

第 3 章　脉冲星导航

3.1　引　言

在脉冲星导航中，受 X 射线背景辐射流量噪声、X 射线敏感器噪声，以及深空探测器高速飞行的影响，脉冲星 TOA 测量值不可避免地会存在噪声。为了进一步提高定位精度，通常采用卡尔曼滤波技术。

可观性分析方法是研究脉冲星导航中的卡尔曼滤波器性能的有效工具，可为卡尔曼滤波器设计提供理论支撑和技术支持。

本章研究与卡尔曼滤波器相关的两个课题，即测量偏差与状态估计误差相关的扩展卡尔曼滤波器(extended Kalman filter with correlated measurement bias and state estimation error，EKF-CMBSEE[1])与分数阶可观性分析方法[2]。

3.2　抗多普勒效应的脉冲星导航

在脉冲星导航研究中，通常假定脉冲星周期是已知的[3-7]。高速飞行引起的多普勒效应会导致脉冲星累积轮廓的畸变。更糟糕的是，深空探测器速度信息必然存在误差，因此无法用该速度信息完全消除多普勒效应。这必然导致脉冲星累积轮廓发生畸变。这使脉冲星 TOA 精度下降，进而影响定位精度。换一个视角，通过最小化脉冲星累积轮廓的畸变可估计深空探测器速度[8-12]。多普勒效应下的脉冲星导航传统流程是先估计脉冲星 TOA 和多普勒速度，再利用卡尔曼滤波器处理这些测量信息以获得高精度导航信息[10]。

在一个脉冲星观测周期内，脉冲星光子的收集和 EF 是同时进行的。此时，由于 EF 的计算时间短于脉冲星观测周期，脉冲星导航的实时性不受影响。但是，脉冲星观测过程结束之后，必须快速获得导航信息。多普勒速度估计方法在脉冲星观测过程结束之后运行，但是计算量大。此外，脉冲星导航系统的计算量必须满足两个限制，即 EF 的计算时间必须小于脉冲星观测周期；在脉冲星观测结束之后，导航信息必须被快速获得。

为满足以上两个限制条件，我们提出一种抗多普勒效应的脉冲星导航系统。该系统可以避免多普勒速度估计过程。脉冲星导航流程如下，即脉冲星观测周期间对多普勒效应进行补偿；在观测结束后，利用卡尔曼滤波器处理脉冲星 TOA。在脉冲星观测周期内，可以利用先验信息补偿多普勒效应。但是，误差会不可避免地在先验信息中，这会导致脉冲星 TOA 偏差。研究发现，脉冲星测量偏差与状态估计误差具有相关性。基于此，可以构建关于状态估计误差的测量偏差模型。利用这种模型改进扩展卡尔曼滤波器(extended Kalman filter，EKF)，我们提出 EKF-CMBSEE。该滤波器对多普勒补偿引起的测量偏差具有鲁棒性。新的脉冲星导航流程如下，在脉冲星观测周期内，补偿多普勒效应，然后利用 EKF- CMBSEE 处理 TOA 偏差。

3.2.1 小计算量的脉冲星信号多普勒补偿方法

为了便于表述，定义单个脉冲的 TOA 为子脉冲，脉冲星累积轮廓 TOA 为脉冲星 TOA。下面以美国的火星探路者为例开展研究。

为了减少深空探测器飞行造成的多普勒效应，通过轨道动力学模型，以及先验知识获得的位置、速度、加速度估计值被用于补偿单个光子 TOA。每个脉冲光子 TOA 都需要多普勒补偿。一次多普勒补偿计算需要计算四次轨道动力学模型。由于脉冲星观测周期内的光子数多，需要多次计算轨道动力学模型。更糟糕的是，轨道动力学模型非常复杂。因此，对于器载计算机而言，难以利用复杂的轨道动力学模型进行补偿。

为了减少计算量，我们首先分析并简化地火转移轨道的轨道动力学模型；然后给出基于多普勒补偿的 EF；最后研究多普勒补偿与 TOA 之间的关系，建立关于速度估计误差的 TOA 偏差模型。

地火转移轨道动力学模型为

$$
\begin{cases}
\dot{x} = v_x \\
\dot{y} = v_y \\
\dot{z} = v_z \\
\dot{v}_x = -\mu_{\mathrm{s}} \dfrac{x}{r_{\mathrm{ps}}^3} - \mu_{\mathrm{m}} \left(\dfrac{x - x_1}{r_{\mathrm{pm}}^3} + \dfrac{x_1}{r_{\mathrm{sm}}^3} \right) - \mu_{\mathrm{e}} \left(\dfrac{x - x_2}{r_{\mathrm{pe}}^3} + \dfrac{x_2}{r_{\mathrm{se}}^3} \right) - \mu_{\mathrm{j}} \left(\dfrac{x - x_3}{r_{\mathrm{pj}}^3} + \dfrac{x_3}{r_{\mathrm{sj}}^3} \right) + \Delta F_x \\
\dot{v}_y = -\mu_{\mathrm{s}} \dfrac{y}{r_{\mathrm{ps}}^3} - \mu_{\mathrm{m}} \left(\dfrac{y - y_1}{r_{\mathrm{pm}}^3} + \dfrac{y_1}{r_{\mathrm{sm}}^3} \right) - \mu_{\mathrm{e}} \left(\dfrac{y - y_2}{r_{\mathrm{pe}}^3} + \dfrac{y_2}{r_{\mathrm{se}}^3} \right) - \mu_{\mathrm{j}} \left(\dfrac{y - y_3}{r_{\mathrm{pj}}^3} + \dfrac{y_3}{r_{\mathrm{sj}}^3} \right) + \Delta F_y \\
\dot{v}_z = -\mu_{\mathrm{s}} \dfrac{z}{r_{\mathrm{ps}}^3} - \mu_{\mathrm{m}} \left(\dfrac{z - z_1}{r_{\mathrm{pm}}^3} + \dfrac{z_1}{r_{\mathrm{sm}}^3} \right) - \mu_{\mathrm{e}} \left(\dfrac{z - z_2}{r_{\mathrm{pe}}^3} + \dfrac{z_2}{r_{\mathrm{se}}^3} \right) - \mu_{\mathrm{j}} \left(\dfrac{z - z_3}{r_{\mathrm{pj}}^3} + \dfrac{z_3}{r_{\mathrm{sj}}^3} \right) + \Delta F_z
\end{cases}
\tag{3-1}
$$

式(3-1)可表示为

$$\dot{\boldsymbol{X}}(t)=f(\boldsymbol{X},t)+\boldsymbol{\omega}(t) \tag{3-2}$$

其中，状态矢量 $\boldsymbol{X}=[x, y, z, v_x, v_y, v_z]^{\mathrm{T}}$，$\boldsymbol{r}=[x, y, z]$和 $\boldsymbol{v}=[v_x, v_y, v_z]$为深空探测器位置和速度矢量；$\dot{\boldsymbol{X}}(t)$ 为 $\boldsymbol{X}$ 关于 t 的导数；$[x_1, y_1, z_1]$、$[x_2, y_2, z_2]$和$[x_3, y_3, z_3]$为火星、地球和木星的位置；μ_{s}、μ_{m}、μ_{e} 和 μ_{j} 为太阳、火星、地球和木星的重力加速度，分别为 $1.327\times10^{11}\mathrm{km^3/s^2}$、$3.986\times10^{5}\mathrm{km^3/s^2}$、$4.2828\times10^{4}\mathrm{km^3/s^2}$ 和 $1.2671\times10^{8}\mathrm{km^3/s^2}$；$r_{\mathrm{ps}}$、$r_{\mathrm{pm}}$、$r_{\mathrm{pe}}$ 和 r_{pj} 为深空探测器到太阳、火星、地球和木星的距离；r_{sm}、r_{se} 和 r_{sj} 为太阳与火星、地球和木星的距离；$\boldsymbol{\omega}=\begin{bmatrix}0 & 0 & 0 & \Delta F_x & \Delta F_y & \Delta F_z\end{bmatrix}^{\mathrm{T}}$ 为摄动加速度干扰项；ΔF_x、ΔF_y 和 ΔF_z 为其他摄动加速度，与太阳、火星、地球、木星引起的摄动加速度相比，ΔF_x、ΔF_y 和 ΔF_z 非常小，在几天内的变化可以忽略，因此其他摄动加速度的值只需一天计算一次。

四阶龙格库塔法利用初始位置和速度信息预测深空探测器的下一时刻位置和速度。显然，如果深空探测器速度已知，那么多普勒补偿较易实现。但是，四阶龙格库塔法和地火转移轨道的计算复杂度高。因此，器载计算机难以完成这个任务。为了减小计算复杂度，必须简化式(3-1)。从式(3-1)可以看出，加速度的计算量很大。为简化深空探测器加速度的计算，定义 a_x、a_y 和 a_z 为三轴加速度，即用 a_x、a_y、a_z 表示 $\dot{v}_x$、$\dot{v}_y$、$\dot{v}_z$。

下面以 x 轴为例，分析加速度。

1. 加速度值

设 r_{sm}、r_{se} 和 r_{sj} 分别为 $2.2794\times10^{8}\mathrm{km}$、$1.496\times10^{8}\mathrm{km}$ 和 $7.7831\times10^{8}\mathrm{km}$，由于深空探测器在地球轨道和火星轨道之间，$r_{\mathrm{ps}}$ 在区间$[1.496\times10^{8}\mathrm{km}, 2.2794\times10^{8}\mathrm{km}]$内，$r_{\mathrm{pm}}$ 和 r_{pe} 在 $10^{7}\mathrm{km}$ 量级，r_{pj} 大于 $5.5\times10^{8}\mathrm{km}$。根据以上数据可知，$\mu_{\mathrm{s}}x/r_{\mathrm{ps}}^3$、$\mu_{\mathrm{m}}[(x-x_1)/r_{\mathrm{pm}}^3+x_1/r_{\mathrm{sm}}^3]$、$\mu_{\mathrm{e}}[(x-x_2)/r_{\mathrm{pe}}^3+x_2/r_{\mathrm{se}}^3]$ 和 $\mu_{\mathrm{j}}[(x-x_3)/r_{\mathrm{pj}}^3+x_3/r_{\mathrm{sj}}^3]$ 分别在 $10^{-6}\mathrm{km/s^2}$、$10^{-11}\mathrm{km/s^2}$、$10^{-10}\mathrm{km/s^2}$ 和 $10^{-9}\mathrm{km/s^2}$ 量级。因此，x 轴加速度为 $10^{-6}\mathrm{km/s^2}$ 量级。同理，y 轴和 z 轴的加速度为 $10^{-6}\mathrm{km/s^2}$ 量级。

2. 加速度变化量

下面研究一个脉冲星观测周期 T 内的加速度变化量。脉冲星观测周期长，持续 1000s，因此深空探测器的位置变化大，这会导致加速度出现变化。下面证明该变化量小。x 轴加速度可表示为

$$a_x^{\text{Variation}} = \left| \mu_{\text{s}} \frac{v_x T}{r_{\text{ps}}^3} \right| \tag{3-3}$$

深空探测器速度 v_x 在 10km/s 量级，T 在 1000s 量级，因此 $a_x^{\text{Variation}}$ 在 10^{-9}km/s^2 量级。同理，$a_y^{\text{Variation}}$ 和 $a_z^{\text{Variation}}$ 也在 10^{-9}km/s^2 量级。

3. 加速度误差

下面分析定位误差对加速度估计值的影响。x 轴加速度估计误差可表示为

$$\Delta a_x = a_x - \hat{a}_x \approx -\mu_{\text{s}} \frac{\Delta x}{r_{\text{ps}}^3} - \mu_{\text{m}} \frac{\Delta x}{r_{\text{pm}}^3} - \mu_{\text{e}} \frac{\Delta x}{r_{\text{pe}}^3} \tag{3-4}$$

其中，$\Delta x = x - \hat{x}$ 为 x 轴的定位误差。

即使 Δx 为 1000km，Δa_x 也在 10^{-10}km/s^2 量级。同理，Δa_y 和 Δa_z 在 10^{-10}km/s^2 量级。

根据以上分析结果，在一个脉冲星观测周期内，加速度的变化量及其误差较小，并且几乎恒定。

最后，考察当加速度仅计算一次时的预测位置和速度精度。

在一个脉冲星观测周期内，如果将加速度作为常量，$\boldsymbol{a}(t) \equiv \boldsymbol{a}_0$，式(3-1)可以线性化为

$$\begin{cases} \boldsymbol{r} = \boldsymbol{r}_0 + \boldsymbol{v}_0 t + \dfrac{1}{2}\boldsymbol{a}_0 t^2 \\ \boldsymbol{v} = \boldsymbol{v}_0 + \boldsymbol{a}_0 t \end{cases} \tag{3-5}$$

其中，$\boldsymbol{a}_0$、$\boldsymbol{v}_0$ 和 $\boldsymbol{r}_0$ 为脉冲星观测周期起始时刻的加速度、速度和位置。

该模型是恒加速度模型。可以看出，当 t=1000s，并且加速度估计误差在 10^{-9}km/s^2 量级时，位置和速度分别是 10^{-3}km 和 10^{-6}km/s 量级。因此，可以利用式(3-5)预测位置和速度。加速度可以仅计算一次来避免大计算量。

鉴于脉冲星信号微弱，EF 可增强其信噪比，具体如下。

① 记录每个光子的 TOA。记录脉冲星观测周期内的 N 个光子。

② 按脉冲星计时模型预测的脉冲星周期，将每个光子放入间隔(共 M 个)中，构建脉冲星累积轮廓。

在 EF 之后，将脉冲相位转换为 TOA。受深空探测器高速飞行的影响，脉冲星光子的 TOA 受多普勒效应的影响，必须补偿多普勒效应。

为了减小计算量，以脉冲星周期为单位，对每个 X 射线光子的 TOA 进行补偿。为了便于表述，我们称单个光子 TOA 为子 TOA，称脉冲星累积轮廓的 TOA 为脉冲星 TOA。

设第 i 个脉冲星周期为 P_i，一个脉冲星观测周期内的脉冲数为 N_{p}，$\boldsymbol{r}_{\text{end}}$ 为脉冲星观测周期末的位置，$\boldsymbol{n}^j$ 为第 j 颗脉冲星的方位，$\boldsymbol{p}_{\text{end}}$ 为通过 $\boldsymbol{r}_{\text{end}}$ 且垂直于 $\boldsymbol{n}^j$ 的平面，第 i 个脉冲星周期第 m 个脉冲光子到达 $\boldsymbol{p}_{\text{end}}$ 和深空探测器的时间分别为 τ_m^i 和 λ_m^i。图 3-1 所示为脉冲星多普勒补偿原理。在第 k 个脉冲星周期内，深空探测器在 $\boldsymbol{n}^j$ 方向上飞行 $\boldsymbol{n}^j\boldsymbol{v}_kP_k$，在第 i 个脉冲星周期，深空探测器到 $\boldsymbol{p}_{\text{end}}$ 的距离为 $\sum\limits_{k=i+1}^{N_{\text{p}}}(\boldsymbol{n}^j\boldsymbol{v}_kP_k)$。因此，$\tau_m^i$ 和 λ_m^i 的关系式为

$$\tau_m^i=\lambda_m^i-\sum_{k=i+1}^{N_{\text{p}}}\left(\frac{\boldsymbol{n}^j\boldsymbol{v}_kP_k}{c}\right) \tag{3-6}$$

其中，v_i 为深空探测器在第 i 个脉冲星周期的速度。

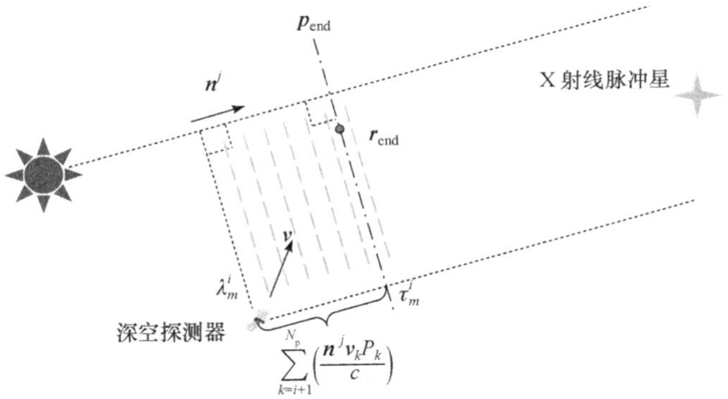

图 3-1　脉冲星多普勒补偿原理

设第 i 个脉冲到达位置 $\boldsymbol{p}_{\text{end}}$ 和深空探测器的 TOA 分别为 T_i 和 t_i，二者的关系式为

$$T_i=t_i-\sum_{k=i+1}^{N_{\text{p}}}\left(\frac{\boldsymbol{n}^j\boldsymbol{v}_kP_k}{c}\right) \tag{3-7}$$

轨道动力学模型利用脉冲星观测周期起始时刻的速度和定位值预测第 i 个脉冲星周期的速度 $\hat{\boldsymbol{v}}_i$，并用其补偿脉冲子 TOA。在位置 $\boldsymbol{p}_{\text{end}}$ 处，第 i 个脉冲星周期第 m 个 X 射线光子的 TOA 补偿后的值为 $\hat{\tau}_m^i$，即

$$\hat{\tau}_m^i=\lambda_m^i-\sum_{k=i+1}^{N_{\text{p}}}\left(\frac{\boldsymbol{n}^j\hat{\boldsymbol{v}}_kP_k}{c}\right) \tag{3-8}$$

同理，在位置 $\boldsymbol{p}_{\text{end}}$ 处，第 i 个补偿后的子 TOA $\hat{T}_i$ 可表示为

$$\hat{T}_i = t_i - \sum_{k=i+1}^{N_p} \left(\frac{\boldsymbol{n}^j \hat{\boldsymbol{v}}_k P_k}{c} \right) \tag{3-9}$$

基于多普勒补偿的 EF 流程如下。

① X 射线敏感器记录每个 X 射线光子的 TOA。

② 多普勒补偿过程如下，首先估计深空探测器速度 $\hat{\boldsymbol{v}}_i$，然后利用 $\hat{\boldsymbol{v}}_i$ 和式(3-8)补偿 X 射线光子 TOA。通常，估计的速度 $\hat{\boldsymbol{v}}_i$ 可由四阶龙格库塔法和轨道动力学模型计算得到。为了减小计算量，$\hat{\boldsymbol{v}}_i$ 可通过式(3-5)计算得到。

③ 光子按固有脉冲星周期折叠，即将每个光子放入间隔(共 M 个)中，构建脉冲星累积轮廓。

在基于多普勒补偿的 EF 方法中，速度预测误差影响子 TOA 精度。下面分析该影响。

首先，设在第 i 个脉冲星周期内，速度误差 $\Delta\boldsymbol{v}_i$ 为

$$\Delta\boldsymbol{v}_i = \boldsymbol{v}_i - \hat{\boldsymbol{v}}_i \approx (\boldsymbol{v}_0 + \boldsymbol{a}t) - (\hat{\boldsymbol{v}}_0 + \hat{\boldsymbol{a}}t) = \boldsymbol{v}_0 - \hat{\boldsymbol{v}}_0 \tag{3-10}$$

采用恒加速度模型，设速度误差 $\Delta\boldsymbol{v}_i \equiv \Delta\boldsymbol{v}$。

然后，脉冲子 TOA 补偿误差 $\Delta\hat{T}_i$ 为

$$\Delta\hat{T}_i = T_i - \hat{T}_i = -\sum_{k=i+1}^{N_p} \frac{\boldsymbol{n}^j \Delta\boldsymbol{v}_k}{c} P_0 = -\frac{\boldsymbol{n}^j \Delta\boldsymbol{v}}{c}(N_p - i)P_0 \tag{3-11}$$

将脉冲星观测周期内所有脉冲累积即可获得脉冲星累积轮廓。脉冲星 TOA 估计偏差等于所有子脉冲星 TOA 补偿误差的数学期望值。脉冲星 TOA 偏差可表示为

$$\beta^j = \frac{1}{N_p}\sum_{i=1}^{N_p} \Delta\hat{T}_i = -\frac{1}{N_p}\sum_{i=1}^{N_p} \frac{\boldsymbol{n}^j \Delta\boldsymbol{v}}{c}(N_p - i)P_0 \approx -\frac{T\boldsymbol{n}^j \Delta\boldsymbol{v}}{2c} \tag{3-12}$$

其中，脉冲星观测周期 $T=N_p P_0$。

可以看出，该偏差与速度估计误差 $\Delta\boldsymbol{v}$ 有关。因此，式(3-12)是关于状态估计误差的脉冲星 TOA 偏差模型。

3.2.2 考虑测量偏差的脉冲星测量模型

脉冲星测量值是观测和预测的 TOA 之差。设 t^j 和 t_b^j 分别是第 j 颗脉冲星在深空探测器与 SSB 的 TOA，$\boldsymbol{n}^j$ 是第 j 颗脉冲星的方位，$\boldsymbol{r}$ 是位置，则 $t_b^j - t^j$ 反映 $\boldsymbol{r}$ 在 $\boldsymbol{n}^j$ 上的投影。其一阶量为

$$t_b^j - t^j = \frac{1}{c}\boldsymbol{n}^j \boldsymbol{r} \tag{3-13}$$

考虑高阶量，脉冲星 TOA 可表示为

$$t_b^j-(t^j-\beta^j)$$
$$=\frac{1}{c}\boldsymbol{n}^j\boldsymbol{r}+\frac{1}{2cD_0^j}\left[-|\boldsymbol{r}|^2+(\boldsymbol{n}^j\boldsymbol{r})^2-2\boldsymbol{br}+2(\boldsymbol{n}^j\boldsymbol{b})(\boldsymbol{n}^j\boldsymbol{r})\right]+\frac{2\mu_{\text{Sun}}}{c^3}\ln\left|\frac{\boldsymbol{n}^j\boldsymbol{r}+|\boldsymbol{r}|}{\boldsymbol{n}^j\boldsymbol{b}+|\boldsymbol{b}|}+1\right| \tag{3-14}$$

若考虑脉冲量 TOA 偏差，式(3-14)可表示为

$$c(t_b^j-t^j)$$
$$=\boldsymbol{n}^j\boldsymbol{r}+\frac{1}{2D_0^j}\left[-|\boldsymbol{r}|^2+(\boldsymbol{n}^j\boldsymbol{r})^2-2\boldsymbol{br}+2(\boldsymbol{n}^j\boldsymbol{b})(\boldsymbol{n}^j\boldsymbol{r})\right]+\frac{2\mu_{\text{Sun}}}{c^2}\ln\left|\frac{\boldsymbol{n}^j\boldsymbol{r}+|\boldsymbol{r}|}{\boldsymbol{n}^j\boldsymbol{b}+|\boldsymbol{b}|}+1\right|-c\beta^j \tag{3-15}$$

设脉冲星测量值 $\boldsymbol{Y}(t)=\left[c(t_b^1-t^1)\quad c(t_b^2-t^2)\quad\cdots\quad c(t_b^{\text{num}}-t^{\text{num}})\right]$，测量噪声 $\boldsymbol{\xi}=\left[\varsigma^1\quad\varsigma^2\quad\cdots\quad\varsigma^{\text{num}}\right]^{\text{T}}$,其中 $c(t_b^j-t^j)$ 和 ς^j 分别是第 j 颗脉冲星的测量和噪声，num 是导航脉冲星数量，则测量模型可表示为

$$Y(t)=h(\boldsymbol{X},t)+\boldsymbol{B}+\boldsymbol{\xi} \tag{3-16}$$

其中，测量偏差矢量 $\boldsymbol{B}$ 为

$$\boldsymbol{B}=\left[-c\beta^1\quad -c\beta^2\quad\cdots\quad -c\beta^{\text{num}}\right]^{\text{T}} \tag{3-17}$$

$h(\boldsymbol{X},t)=\left[h^1(\boldsymbol{X},t)\quad h^2(\boldsymbol{X},t)\quad\cdots\quad h^{\text{num}}(\boldsymbol{X},t)\right]^{\text{T}}$，$h^j(\boldsymbol{X},t)$ 为第 j 颗脉冲星的测量模型，即

$$h^j(\boldsymbol{X},t)=\boldsymbol{n}^j\boldsymbol{r}+\frac{1}{2D_0^j}\left[-|\boldsymbol{r}|^2+(\boldsymbol{n}^j\boldsymbol{r})^2-2\boldsymbol{br}+2(\boldsymbol{br})(\boldsymbol{n}^j\boldsymbol{r})\right]+\frac{2\mu_{\text{Sun}}}{c^2}\ln\left|\frac{\boldsymbol{n}^j\boldsymbol{r}+|\boldsymbol{r}|}{\boldsymbol{n}^j\boldsymbol{b}+|\boldsymbol{b}|}+1\right| \tag{3-18}$$

其中，$j=1,2,\cdots,\text{num}$。

脉冲星测量模型可表示为

$$h(\boldsymbol{X},t)=\left[h^1(\boldsymbol{X},t)\quad h^2(\boldsymbol{X},t)\quad\cdots\quad h^{\text{num}}(\boldsymbol{X},t)\right]^{\text{T}} \tag{3-19}$$

3.2.3 测量偏差与状态估计误差相关下的扩展卡尔曼滤波器

传统 EKF 设测量噪声与状态估计误差不相关，但是在脉冲星导航系统中，多普勒补偿之后，偏差存在于脉冲星 TOA 测量中，且该偏差与状态估计误差相关。为了处理这一问题，我们推导出 EKF-CMBSEE。

设系统为

$$\dot{\boldsymbol{X}}_k = f(\boldsymbol{X}_{k-1}, k-1) + \boldsymbol{\omega}_{k-1} \tag{3-20}$$

$$\boldsymbol{Y}_k = h(\boldsymbol{X}_k, k) + \boldsymbol{\delta}_k \tag{3-21}$$

$$\boldsymbol{\delta}_k = \xi_k + \boldsymbol{B}_k \tag{3-22}$$

为了便于分析脉冲星 TOA 偏差 $\boldsymbol{B}_k$,定义状态估计 $\boldsymbol{X}_k$ 的两个形式 $\hat{\boldsymbol{X}}_k^+$ 和 $\hat{\boldsymbol{X}}_k^-$ 为更新前后的状态，二者的误差为

$$\boldsymbol{\varepsilon}_k^- = \boldsymbol{X}_k - \hat{\boldsymbol{X}}_k^- \tag{3-23}$$

$$\boldsymbol{\varepsilon}_k^+ = \boldsymbol{X}_k - \hat{\boldsymbol{X}}_k^+ \tag{3-24}$$

受 $k-1$ 时刻状态估计误差的影响，k 时刻第 j 颗脉冲星的脉冲星 TOA 偏差 β_k^j 的表达式为

$$\beta_k^j = -\frac{T}{2c}\boldsymbol{n}^j \Delta \boldsymbol{v} = -\frac{T}{2c}\boldsymbol{\hbar}^j \boldsymbol{\varepsilon}_{k-1}^+ \tag{3-25}$$

其中，$\boldsymbol{\hbar}^j = \begin{bmatrix} \boldsymbol{0}_{1\times 3} & (\boldsymbol{n}^j)^{\mathrm{T}} \end{bmatrix}$。

结合式(3-17)，$\boldsymbol{B}_k$ 可表示为

$$\boldsymbol{B}_k = \frac{T}{2}\boldsymbol{\hbar}\boldsymbol{\varepsilon}_{k-1}^+ \tag{3-26}$$

其中，$\boldsymbol{\hbar} = [\boldsymbol{0}_{\mathrm{num}\times 3} \quad \boldsymbol{n}^{\mathrm{T}}]$，$\boldsymbol{n} = \begin{bmatrix} \boldsymbol{n}^1 & \boldsymbol{n}^2 & \cdots & \boldsymbol{n}^{\mathrm{num}} \end{bmatrix}$。

线性化式(3-20)，可得

$$\boldsymbol{X}_k = \boldsymbol{X}_{k-1} + f(\boldsymbol{X}_{k-1}, k-1)T + A(\boldsymbol{X}_k) f(\boldsymbol{X}_{k-1}, k-1)\frac{T^2}{2} + \boldsymbol{w}_{k-1} \tag{3-27}$$

其中，$\boldsymbol{w}_{k-1}$ 为状态过程噪声，是零均值，协方差为 Q 的噪声。

$$A(\boldsymbol{X}_k) = \left.\frac{\partial f(\boldsymbol{X})}{\partial \boldsymbol{X}}\right|_{\boldsymbol{X}=\boldsymbol{X}_k} \tag{3-28}$$

测量矩阵 $\boldsymbol{H}_k$、状态矩阵 $\boldsymbol{\Phi}_k$ 和测量噪声 ξ_k 分别为

$$\boldsymbol{H}_k = \left.\frac{\partial h(\boldsymbol{X})}{\partial \boldsymbol{X}}\right|_{\boldsymbol{X}=\boldsymbol{X}_k} \tag{3-29}$$

$$\boldsymbol{\Phi}_k = \boldsymbol{I} + A(\boldsymbol{X}_k)T \tag{3-30}$$

$$\xi_k \sim (0, \boldsymbol{R}_k) \tag{3-31}$$

$$\boldsymbol{R}_k = \mathrm{diag}\begin{bmatrix} (\sigma^1)^2 & (\sigma^2)^2 & \cdots & (\sigma^{\mathrm{num}})^2 \end{bmatrix} \tag{3-32}$$

状态估计的预测和更新模型为

$$\hat{\boldsymbol{X}}_k^- = \hat{\boldsymbol{X}}_{k-1}^+ + f(\hat{\boldsymbol{X}}_{k-1}^+, k-1)T + A(\hat{\boldsymbol{X}}_{k-1}^+, k-1) f(\hat{\boldsymbol{X}}_{k-1}^+, k-1)\frac{T^2}{2} \tag{3-33}$$

$$\hat{\boldsymbol{X}}_k^+ = \hat{\boldsymbol{X}}_k^- + \boldsymbol{K}_k(\boldsymbol{Y}_k - h(\hat{\boldsymbol{X}}_k^-, k)) \tag{3-34}$$

其中，$\boldsymbol{K}$ 为卡尔曼滤波增益。

忽略高阶项，式(3-23)可表示为

$$\begin{aligned}
\boldsymbol{\varepsilon}_k^- &= \boldsymbol{X}_k - \hat{\boldsymbol{X}}_k^- \\
&= \left(\boldsymbol{X}_{k-1} + f(\boldsymbol{X}_{k-1}, k-1)T + A(\boldsymbol{X}_k) f(\boldsymbol{X}_{k-1}, k-1)\frac{T^2}{2} + \boldsymbol{w}_{k-1} \right) \\
&\quad - \left(\hat{\boldsymbol{X}}_{k-1}^+ + f(\hat{\boldsymbol{X}}_{k-1}^+, k-1)T + A(\hat{\boldsymbol{X}}_{k-1}^+) f(\hat{\boldsymbol{X}}_{k-1}^+, k-1)\frac{T^2}{2} \right) \\
&= (I + A(\hat{\boldsymbol{X}}_{k-1}^+)T)(\boldsymbol{X}_{k-1} - \hat{\boldsymbol{X}}_{k-1}^+) + \boldsymbol{w}_{k-1} \\
&= \boldsymbol{\Phi}_{k-1}(\boldsymbol{X}_{k-1} - \hat{\boldsymbol{X}}_{k-1}^+) + \boldsymbol{w}_{k-1}
\end{aligned} \tag{3-35}$$

根据式(3-21)、式(3-23)、式(3-29)，式(3-24)可表示为

$$\begin{aligned}
\boldsymbol{\varepsilon}_k^+ &= \boldsymbol{X}_k - \hat{\boldsymbol{X}}_k^+ \\
&= \boldsymbol{X}_k - \left[\hat{\boldsymbol{X}}_k^- + \boldsymbol{K}_k(\boldsymbol{Y}_k - h(\hat{\boldsymbol{X}}_k^-, k)) \right] \\
&= (\boldsymbol{X}_k - \hat{\boldsymbol{X}}_k^-) - \boldsymbol{K}_k(h(\boldsymbol{X}_k, k) + \boldsymbol{\delta}_k - h(\hat{\boldsymbol{X}}_k^-, k)) \\
&= \boldsymbol{\varepsilon}_k^- - \boldsymbol{K}_k[\boldsymbol{H}_k(\boldsymbol{X}_k - \hat{\boldsymbol{X}}_k^-) + \boldsymbol{\delta}_k] \\
&= \boldsymbol{\varepsilon}_k^- - \boldsymbol{K}_k(\boldsymbol{H}_k \boldsymbol{\varepsilon}_k^- + \boldsymbol{\delta}_k)
\end{aligned} \tag{3-36}$$

先验和后验状态估计协方差矩阵可表示为

$$\boldsymbol{P}_k^- = E(\boldsymbol{\varepsilon}_k^- (\boldsymbol{\varepsilon}_k^-)^{\mathrm{T}}) = \boldsymbol{\Phi}_{k-1} \boldsymbol{P}_{k-1}^+ \boldsymbol{\Phi}_{k-1}^{\mathrm{T}} + \boldsymbol{Q}_{k-1} \tag{3-37}$$

$$\begin{aligned}
\boldsymbol{P}_k^+ &= E\left[\boldsymbol{\varepsilon}_k^+ (\boldsymbol{\varepsilon}_k^+)^{\mathrm{T}} \right] \\
&= E\left\{ \left[\boldsymbol{\varepsilon}_k^- - \boldsymbol{K}_k(\boldsymbol{H}_k \boldsymbol{\varepsilon}_k^- + \boldsymbol{\delta}_k) \right] \left[\boldsymbol{\varepsilon}_k^- - \boldsymbol{K}_k(\boldsymbol{H}_k \boldsymbol{\varepsilon}_k^- + \boldsymbol{\delta}_k) \right]^{\mathrm{T}} \right\} \\
&= \boldsymbol{P}_k^- - \boldsymbol{K}_k \boldsymbol{H}_k \boldsymbol{P}_k^- - \boldsymbol{K}_k E\left[\boldsymbol{\delta}_k (\boldsymbol{\varepsilon}_k^-)^{\mathrm{T}} \right] - \boldsymbol{P}_k^- \boldsymbol{H}_k^{\mathrm{T}} \boldsymbol{K}_k^{\mathrm{T}} + \boldsymbol{K}_k \boldsymbol{H}_k \boldsymbol{P}_k^- \boldsymbol{H}_k^{\mathrm{T}} \boldsymbol{K}_k^{\mathrm{T}} \\
&\quad + \boldsymbol{K}_k E\left[\boldsymbol{\delta}_k (\boldsymbol{\varepsilon}_k^-)^{\mathrm{T}} \right] \boldsymbol{H}_k^{\mathrm{T}} \boldsymbol{K}_k^{\mathrm{T}} - E\left(\boldsymbol{\varepsilon}_k^- \boldsymbol{\delta}_k^{\mathrm{T}} \right) \boldsymbol{K}_k^{\mathrm{T}} + \boldsymbol{K}_k \boldsymbol{H}_k E\left(\boldsymbol{\varepsilon}_k^- \boldsymbol{\delta}_k^{\mathrm{T}} \right) \boldsymbol{K}_k^{\mathrm{T}} + \boldsymbol{K}_k E\left(\boldsymbol{\delta}_k \boldsymbol{\delta}_k^{\mathrm{T}} \right) \boldsymbol{K}_k^{\mathrm{T}}
\end{aligned} \tag{3-38}$$

为了简化 $\boldsymbol{P}_k^+$ 的表达式，必须给出 $E(\boldsymbol{\varepsilon}_k^- \boldsymbol{\delta}_k^{\mathrm{T}})$ 和 $E(\boldsymbol{\delta}_k \boldsymbol{\delta}_k^{\mathrm{T}})$ 的表达式。考虑 $\boldsymbol{\varepsilon}_{k-1}^+$、$\boldsymbol{w}_{k-1}$ 和 ξ_k 相互独立，$E(\boldsymbol{\varepsilon}_k^- \boldsymbol{\delta}_k^{\mathrm{T}})$ 可表示为

$$
\begin{aligned}
E(\boldsymbol{\varepsilon}_k^-\boldsymbol{\delta}_k^{\mathrm{T}}) &= E\left[(\boldsymbol{x}_k-\hat{\boldsymbol{x}}_k^-)\boldsymbol{\delta}_k^{\mathrm{T}}\right] \\
&= E\left[(\boldsymbol{\Phi}_{k-1}\boldsymbol{\varepsilon}_{k-1}^+ + \boldsymbol{w}_{k-1})\boldsymbol{\delta}_k^{\mathrm{T}}\right] \\
&= E\left[(\boldsymbol{\Phi}_{k-1}\boldsymbol{\varepsilon}_{k-1}^+ + \boldsymbol{w}_{k-1})\left(\boldsymbol{\xi}_k + \frac{T\boldsymbol{\hbar}\boldsymbol{\varepsilon}_{k-1}^+}{2}\right)^{\mathrm{T}}\right] \\
&= E\left[\frac{T}{2}\boldsymbol{\Phi}_{k-1}\boldsymbol{\varepsilon}_{k-1}^+(\boldsymbol{\varepsilon}_{k-1}^+)^{\mathrm{T}}(\boldsymbol{\hbar}_k)^{\mathrm{T}}\right] \\
&= \frac{T}{2}\boldsymbol{\Phi}_{k-1}\boldsymbol{P}_{k-1}^+(\boldsymbol{\hbar}_k)^{\mathrm{T}}
\end{aligned} \tag{3-39}
$$

为了简化 $E(\boldsymbol{\varepsilon}_k^-\boldsymbol{\delta}_k^{\mathrm{T}})$ 的表达式，定义 $\boldsymbol{M}_k$ 为 $\frac{T}{2}\boldsymbol{\Phi}_{k-1}\boldsymbol{P}_{k-1}^+(\boldsymbol{\hbar}_k)^{\mathrm{T}}$，$E(\boldsymbol{\varepsilon}_k\boldsymbol{\delta}_k^{\mathrm{T}})$ 可表示为

$$
\begin{aligned}
E(\boldsymbol{\varepsilon}_k\boldsymbol{\delta}_k^{\mathrm{T}}) &= E\left[(\xi_k+\boldsymbol{B}_k)(\xi_k+\boldsymbol{B}_k)^{\mathrm{T}}\right] \\
&= \boldsymbol{R}_k + E\left[\left(\frac{T\boldsymbol{\hbar}\boldsymbol{\varepsilon}_{k-1}^+}{2}\right)\left(\frac{T\boldsymbol{\hbar}\boldsymbol{\varepsilon}_{k-1}^+}{2}\right)^{\mathrm{T}}\right] \\
&= \boldsymbol{R}_k + \frac{T^2}{4}\boldsymbol{\hbar}\boldsymbol{P}_{k-1}^+\boldsymbol{\hbar}^{\mathrm{T}}
\end{aligned} \tag{3-40}
$$

为了简化 $E(\boldsymbol{\varepsilon}_k\boldsymbol{\delta}_k^{\mathrm{T}})$，定义 $\tilde{\boldsymbol{R}}_k$ 为 $\boldsymbol{R}_k+\frac{T^2}{4}\boldsymbol{\hbar}\boldsymbol{P}_{k-1}^+\boldsymbol{\hbar}^{\mathrm{T}}$，将 $\boldsymbol{M}_k$ 和 $\tilde{\boldsymbol{R}}_k$ 分别表示为 $E(\boldsymbol{\varepsilon}_k^-\boldsymbol{\delta}_k^{\mathrm{T}})$ 和 $E(\boldsymbol{\delta}_k\boldsymbol{\delta}_k^{\mathrm{T}})$，则式(3-38)可表示为

$$
\begin{aligned}
\boldsymbol{P}_k^+ &= \boldsymbol{P}_k^- - \boldsymbol{K}_k\boldsymbol{H}_k\boldsymbol{P}_k^- - \boldsymbol{K}_k\boldsymbol{M}_k^{\mathrm{T}} - \boldsymbol{P}_k^-\boldsymbol{H}_k^{\mathrm{T}}\boldsymbol{K}_k^{\mathrm{T}} + \boldsymbol{K}_k\boldsymbol{H}_k\boldsymbol{P}_k^-\boldsymbol{H}_k^{\mathrm{T}}\boldsymbol{K}_k^{\mathrm{T}} + \boldsymbol{K}_k\boldsymbol{M}_k^{\mathrm{T}}\boldsymbol{H}_k^{\mathrm{T}}\boldsymbol{K}_k^{\mathrm{T}} \\
&\quad - \boldsymbol{M}_k\boldsymbol{K}_k^{\mathrm{T}} + \boldsymbol{K}_k\boldsymbol{H}_k\boldsymbol{M}_k\boldsymbol{K}_k^{\mathrm{T}} + \boldsymbol{K}_k\tilde{\boldsymbol{R}}_k\boldsymbol{K}_k^{\mathrm{T}} \\
&= (\boldsymbol{I}-\boldsymbol{K}_k\boldsymbol{H}_k)\boldsymbol{P}_k^-(\boldsymbol{I}-\boldsymbol{K}_k\boldsymbol{H}_k)^{\mathrm{T}} + \boldsymbol{K}_k\tilde{\boldsymbol{R}}_k\boldsymbol{K}_k^{\mathrm{T}} + \boldsymbol{K}_k(\boldsymbol{H}_k\boldsymbol{M}_k+\boldsymbol{M}_k^{\mathrm{T}}\boldsymbol{H}_k^{\mathrm{T}})\boldsymbol{K}_k^{\mathrm{T}} \\
&\quad - \boldsymbol{M}_k\boldsymbol{K}_k^{\mathrm{T}} - \boldsymbol{K}_k\boldsymbol{M}_k^{\mathrm{T}}
\end{aligned} \tag{3-41}
$$

求解使 $\mathrm{Tr}(\boldsymbol{P}_k^+)$ 最小的 $\boldsymbol{K}_k$，需要做如下求导，即

$$
\begin{aligned}
\frac{\partial \mathrm{Tr}(\boldsymbol{P}_k^+)}{\partial \boldsymbol{K}_k} &= -2(\boldsymbol{I}-\boldsymbol{K}_k\boldsymbol{H}_k)\boldsymbol{P}_k^-\boldsymbol{H}_k^{\mathrm{T}} + 2\boldsymbol{K}_k\boldsymbol{R}_k + 2\boldsymbol{K}_k(\boldsymbol{H}_k\boldsymbol{M}_k+\boldsymbol{M}_k^{\mathrm{T}}\boldsymbol{H}_k^{\mathrm{T}}) - 2\boldsymbol{M}_k \\
&= 2\left[\boldsymbol{K}_k(\boldsymbol{H}_k\boldsymbol{P}_k^-\boldsymbol{H}_k^{\mathrm{T}}+\boldsymbol{H}_k\boldsymbol{M}_k+\boldsymbol{M}_k^{\mathrm{T}}\boldsymbol{H}_k^{\mathrm{T}}+\tilde{\boldsymbol{R}}_k) - \boldsymbol{P}_k^-\boldsymbol{H}_k^{\mathrm{T}} - \boldsymbol{M}_k\right]
\end{aligned} \tag{3-42}
$$

使该导数为 0 的最优卡尔曼增益矩阵 $\boldsymbol{K}_k$ 为

$$
\boldsymbol{K}_k = (\boldsymbol{P}_k^-\boldsymbol{H}_k^{\mathrm{T}}+\boldsymbol{M}_k)(\boldsymbol{H}_k\boldsymbol{P}_k^-\boldsymbol{H}_k^{\mathrm{T}}+\boldsymbol{H}_k\boldsymbol{M}_k+\boldsymbol{M}_k^{\mathrm{T}}\boldsymbol{H}_k^{\mathrm{T}}+\tilde{\boldsymbol{R}}_k)^{-1} \tag{3-43}
$$

状态矩阵协方差矩阵的表达式为

$$\begin{aligned}
\boldsymbol{P}_k^+ &= (\boldsymbol{I}-\boldsymbol{K}_k\boldsymbol{H}_k)\boldsymbol{P}_k^-(\boldsymbol{I}-\boldsymbol{K}_k\boldsymbol{H}_k)^{\mathrm{T}} + \boldsymbol{K}_k\tilde{\boldsymbol{R}}_k\boldsymbol{K}_k^{\mathrm{T}} + \boldsymbol{K}_k(\boldsymbol{H}_k\boldsymbol{M}_k + \boldsymbol{M}_k^{\mathrm{T}}\boldsymbol{H}_k^{\mathrm{T}})\boldsymbol{K}_k^{\mathrm{T}} \\
&\quad - \boldsymbol{M}_k\boldsymbol{K}_k^{\mathrm{T}} - \boldsymbol{K}_k\boldsymbol{M}_k^{\mathrm{T}} \\
&= \boldsymbol{P}_k^- - \boldsymbol{K}_k\boldsymbol{H}_k\boldsymbol{P}_k^- - \boldsymbol{P}_k^-\boldsymbol{H}_k^{\mathrm{T}}\boldsymbol{K}_k^{\mathrm{T}} + \boldsymbol{K}_k(\boldsymbol{H}_k\boldsymbol{P}_k^-\boldsymbol{H}_k^{\mathrm{T}} + \boldsymbol{H}_k\boldsymbol{M}_k + \boldsymbol{M}_k^{\mathrm{T}}\boldsymbol{H}_k^{\mathrm{T}} + \tilde{\boldsymbol{R}}_k)\boldsymbol{K}_k^{\mathrm{T}} \\
&\quad - \boldsymbol{M}_k\boldsymbol{K}_k^{\mathrm{T}} - \boldsymbol{K}_k\boldsymbol{M}_k^{\mathrm{T}} \\
&= \boldsymbol{P}_k^- - \boldsymbol{K}_k\boldsymbol{H}_k\boldsymbol{P}_k^- - \boldsymbol{P}_k^-\boldsymbol{H}_k^{\mathrm{T}}\boldsymbol{K}_k^{\mathrm{T}} + (\boldsymbol{P}_k^-\boldsymbol{H}_k^{\mathrm{T}} + \boldsymbol{M}_k)\boldsymbol{K}_k^{\mathrm{T}} - \boldsymbol{M}_k\boldsymbol{K}_k^{\mathrm{T}} - \boldsymbol{K}_k\boldsymbol{M}_k^{\mathrm{T}} \\
&= \boldsymbol{P}_k^- - \boldsymbol{K}_k(\boldsymbol{H}_k\boldsymbol{P}_k^- + \boldsymbol{M}_k^{\mathrm{T}})
\end{aligned} \tag{3-44}$$

EKF-CMBSEE 的滤波表达式为

$$\boldsymbol{M}_k = \frac{T}{2}\boldsymbol{\varPhi}_{k-1}\boldsymbol{P}_{k-1}^+(\boldsymbol{\hbar}_k)^{\mathrm{T}} \tag{3-45}$$

$$\boldsymbol{P}_k^- = \boldsymbol{\varPhi}_{k-1}\boldsymbol{P}_{k-1}^+\boldsymbol{\varPhi}_{k-1}^{\mathrm{T}} + \boldsymbol{Q}_{k-1} \tag{3-46}$$

$$\boldsymbol{K}_k = (\boldsymbol{P}_k^-\boldsymbol{H}_k^{\mathrm{T}} + \boldsymbol{M}_k)\left(\boldsymbol{H}_k\boldsymbol{P}_k^-\boldsymbol{H}_k^{\mathrm{T}} + \boldsymbol{H}_k\boldsymbol{M}_k + \boldsymbol{M}_k^{\mathrm{T}}\boldsymbol{H}_k^{\mathrm{T}} + \boldsymbol{R}_k + \frac{T^2}{4}\boldsymbol{\hbar}\boldsymbol{P}_{k-1}^+\boldsymbol{\hbar}^{\mathrm{T}}\right)^{-1} \tag{3-47}$$

$$\hat{\boldsymbol{X}}_k^- = \hat{\boldsymbol{X}}_{k-1}^+ + f(\hat{\boldsymbol{X}}_{k-1}^+, k-1)T + A(\hat{\boldsymbol{X}}_{k-1}^+, k-1)f(\hat{\boldsymbol{X}}_{k-1}^+, k-1)\frac{T^2}{2} \tag{3-48}$$

$$\hat{\boldsymbol{X}}_k^+ = \hat{\boldsymbol{X}}_k^- + \boldsymbol{K}_k(\boldsymbol{Y}_k - h(\hat{\boldsymbol{X}}_k^-, k)) \tag{3-49}$$

$$\boldsymbol{P}_k^+ = \boldsymbol{P}_k^- - \boldsymbol{K}_k(\boldsymbol{H}_k\boldsymbol{P}_k^- + \boldsymbol{M}_k^{\mathrm{T}}) \tag{3-50}$$

为了便于比较，给出 EKF 滤波式，即

$$\boldsymbol{P}_k^- = \boldsymbol{\varPhi}_{k-1}\boldsymbol{P}_{k-1}^+\boldsymbol{\varPhi}_{k-1}^{\mathrm{T}} + \boldsymbol{Q}_{k-1} \tag{3-51}$$

$$\boldsymbol{K}_k = (\boldsymbol{P}_k^-\boldsymbol{H}_k^{\mathrm{T}})(\boldsymbol{H}_k\boldsymbol{P}_k^-\boldsymbol{H}_k^{\mathrm{T}} + \boldsymbol{R}_k)^{-1} \tag{3-52}$$

$$\hat{\boldsymbol{X}}_k^- = \hat{\boldsymbol{X}}_{k-1}^+ + f(\hat{\boldsymbol{X}}_{k-1}^+, k-1)T + A(\hat{\boldsymbol{X}}_{k-1}^+, k-1)f(\hat{\boldsymbol{X}}_{k-1}^+, k-1)\frac{T^2}{2} \tag{3-53}$$

$$\hat{\boldsymbol{X}}_k^+ = \hat{\boldsymbol{X}}_k^- + \boldsymbol{K}_k(\boldsymbol{Y}_k - h(\hat{\boldsymbol{X}}_k^-, k)) \tag{3-54}$$

$$\boldsymbol{P}_k^+ = \boldsymbol{P}_k^- - \boldsymbol{K}_k\boldsymbol{H}_k\boldsymbol{P}_k^- \tag{3-55}$$

可以看出，EKF-CMBSEE 计算量比 EKF 仅多 6 次矩阵乘法和 5 次矩阵加法，因此增加的计算量可以忽略。EKF 计算量小，因此 EKF-CMBSEE 计算量也较小。

3.2.4 仿真实验及结果分析

仿真设置轨道数据为美国火星探路者转移段。其初始轨道六要素如表 3-1 所示。仿真时间从 1997 年 3 月 1 日 00:00:00.000 UTCG 到 1997 年 3 月 11 日 00:00:00.000 UTCG。

三颗导航脉冲星的相关参数如表 2-14 所示。PSR B0531+21、B1821-24、

B1937+21 的误差分别为 78m、202m、192m，观测周期为 1000s。

表 3-1　美国火星探路者的初始轨道六要素

轨道六要素	值
半长轴/km	193216365.381
偏心率	0.236386
倾角/(°)	23.455
升交点赤经/(°)	0.258
近地点幅角/(°)	71.347
真近点角/(°)	85.152

导航滤波器参数如表 3-2 所示。X 射线敏感器轮流观测三颗脉冲星。实验平台为 Acer TravelMate 8572TG 笔记本，CPU 为 2.4GHz，内存为 2GBit。

表 3-2　导航滤波器参数

参数	值
X 射线敏感器数量/个	1
脉冲星观测周期/s	1000
初始状态误差	$\delta\boldsymbol{X}(0)=[6\ 6\ 6\ 20\ 20\ 15]$
状态过程噪声协方差矩阵	$\boldsymbol{Q}=\mathrm{diag}\left[q_1^2\ \ q_1^2\ \ q_1^2\ \ q_2^2\ \ q_2^2\ \ q_2^2\right]$，$q_1=4\mathrm{m}$，$q_2=6\times10^{-4}\mathrm{m/s}$

在一个观测周期内，美国火星探路者的加速度为常值。即使先验知识存在较大误差，加速度也能精确估计。这些分析结果是在转移轨道动力学模型可以简化的设定条件下得到的。图 3-2 所示为加速度分析。仿真时间从 1997 年 3 月 1 日 00:00:00.00 UTCG 到 1997 年 3 月 2 日 00:00:00.00 UTCG。图 3-2(a)所示为加速度值，这些值在 $10^{-6}\mathrm{km/s^2}$ 量级，并且几乎不变。图 3-2(b)所示为 15000s 内的加速度变化量。可以看出，15000s 内的加速度变化量小，小于 $10^{-16}\mathrm{km/s^2}$。图 3-2(c)所示为不同位置预测误差下的加速度估计误差。可以看出，即使定位误差达到 1000m，加速度估计误差也小于 $10^{-10}\mathrm{km/s^2}$。综上所述，即使先验知识存在较大误差，加速度估计精度也较高。

下面考察四阶龙格库塔法和简化法。四阶龙格库塔法通过解算式(3-1)来预测美国火星探路者的位置和速度，而简化法利用式(3-5)。图 3-3 比较了四阶龙格库塔法与简化法。可以看出，随着脉冲星观测时间的延长，两种方法精度均下降。两种方法在 1000s 内的预测误差分别小于 0.01m/s 和 0.00001m/s，100s 内的预测

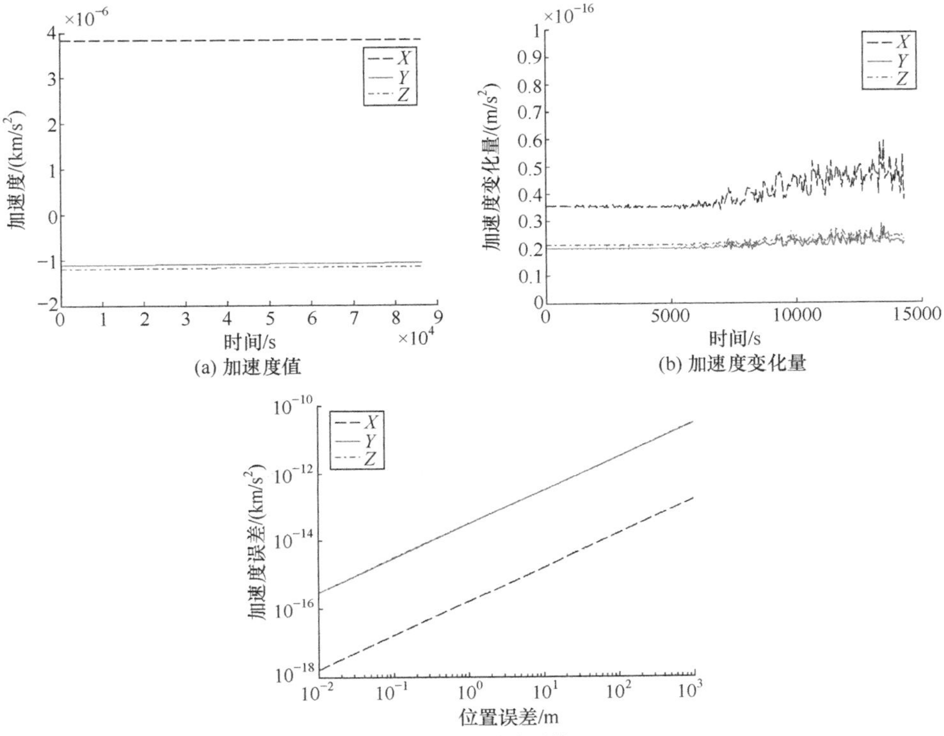

(a) 加速度值　(b) 加速度变化量

(c) 加速度误差

图 3-2　加速度分析

误差则相等。但是，简化法的计算时间小于四阶龙格库塔法的 1/10。四阶龙格库塔法的计算时间长于滤波周期，即四阶龙格库塔法不是实时的，而简化法是实时的。究其原因，四阶龙格库塔法多次计算加速度，而简化法只计算一次。因此，简化法具有精度高和计算量小等优点。

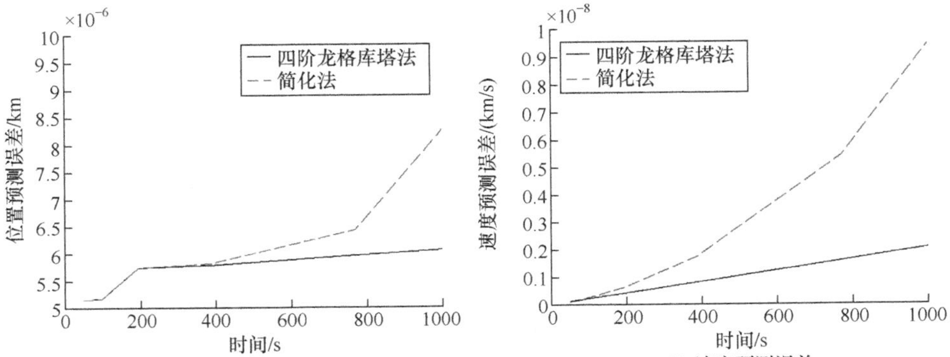

(a) 位置预测误差　(b) 速度预测误差

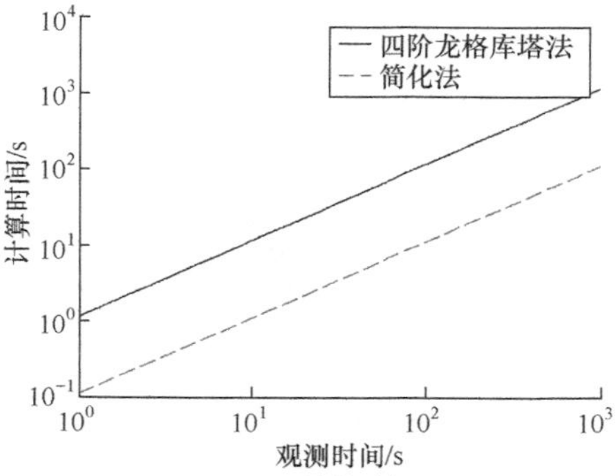

(c) 计算时间

图 3-3　四阶龙格库塔法与简化法

考察 EKF-CMBSEE 和 EKF 性能，系统和测量模型分别如式(3-20)和式(3-21)。式(3-20)和式(3-21)分别是式(3-2)和式(3-16)离散形式。当选择 $\boldsymbol{Q}$ 作为 EKF 状态过程噪声协方差矩阵时，EKF 不能收敛。究其原因，EKF 性能受 TOA 测量相关噪声影响。因此，选择较大的 $\boldsymbol{Q}$。当采用 $25\boldsymbol{Q}$ 时，EKF 能较好地收敛，且精度高。图 3-4 比较了两种滤波器的估计误差。两种滤波器均收敛，并且 EKF-CMBSEE 的位置和速度分别提高 35%和 50%。表 3-3 比较了 EKF 和 EKF-CMBSEE。与 EKF 相比，EKF-CMBSEE 的位置和速度分别提高 24%和 51%。与 EKF 相比，EKF-CMBSEE 计算时间增加 20%。对于一步滤波而言，EKF-CMBSEE 的计算时间仅增加 18 μs。究其原因，EKF-CMBSEE 能有效处理 TOA 测量相关噪声和状态估计误差。与 EKF 相比，EKF-CMBSEE 的计算量仅增加 6 次矩阵乘法和 5 次矩阵加法。从以上结果可以看出，EKF-CMBSEE 可以改善导航性能。

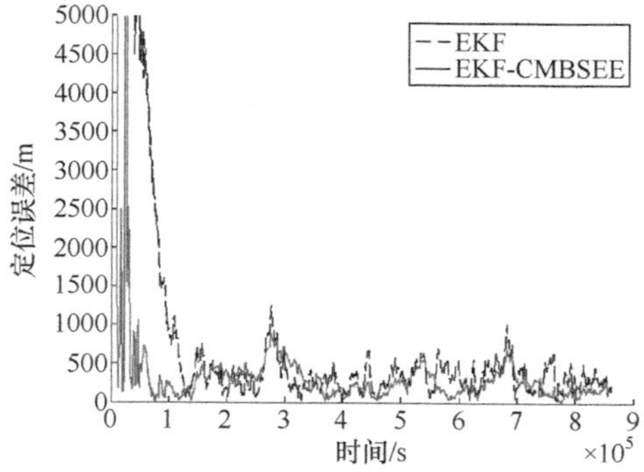

(a) 定位误差

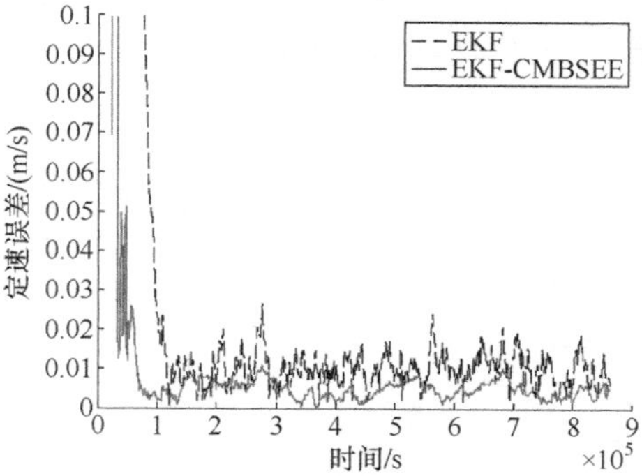

(b) 定速误差

图 3-4　两种滤波器的估计误差

件数能有效工作。然而，值得注意的是，可观性矩阵构建的成功是条件数计算的先决条件。因此，为了获得精确的可观性分析结果，可观性矩阵的构建是至关重要的。

在脉冲星导航系统中，测量模型和状态转移模型分别为线性和非线性模型。在这种情况下，由 PWCS 方法和李导数方法构造的可观性矩阵相等，并且是常值。二者不能反映轨道对导航性能的影响，即对于不同轨道，可观性矩阵是相同的。此时，传统条件数和混合条件数给出的分析结果相同。因此，可观性矩阵的构造是脉冲星导航可观性分析方法的关键。

针对非线性脉冲星导航，我们提出一种分数阶可观性分析方法。鉴于分数阶微分的记忆性[18]，建立分数阶可观性矩阵。该矩阵充分利用历史测量信息，可以体现脉冲星导航的高阶非线性特征。矩阵中的指数加权条件数被用于评估脉冲星导航的性能。

3.3.1 轨道动力学模型

环绕火星飞行的深空探测器的轨道动力学模型为

$$\begin{cases}\dot{\boldsymbol{r}}=\boldsymbol{v}\\ \dot{\boldsymbol{v}}=-\dfrac{\mu\boldsymbol{r}}{r^3}\left\{1-\dfrac{3}{2}\left(\dfrac{R_{\mathrm{M}}}{r}\right)^2 J_2\left[5\left(\dfrac{z}{r}\right)^2-1\right]\right\}+\Delta\boldsymbol{F}\end{cases} \tag{3-56}$$

其中，μ 为火星引力常值；$\boldsymbol{r}=[x,y,z]$ 和 $\boldsymbol{v}=[v_x,v_y,v_z]$ 为深空探测器的位置和速度；R_{M} 为火星半径；J_2 为火星的二阶带球谐系数，其值为 1.96045×10^{-3}；$\Delta\boldsymbol{F}$ 为摄动加速度干扰；$\boldsymbol{r}$ 为深空探测器与火星质心之间的距离。

式(3-56)可以简写为

$$\dot{\boldsymbol{X}}(t)=f(\boldsymbol{X},t)+\boldsymbol{\omega}(t) \tag{3-57}$$

其中，$\dot{\boldsymbol{X}}(t)$ 为 $\boldsymbol{X}$ 关于 t 的导数；$\boldsymbol{\omega}(t)$为 t 时刻的状态过程噪声；f 为状态转移模型。

显然，式(3-57)是非线性的。究其原因，$\boldsymbol{v}$ 在式(3-56)中不是常值，而是时变的，即自主导航系统是非线性的。

3.3.2 分数阶可观性分析方法

对于自主导航系统，可观性分析方法极为重要。可观性分析方法包括可观性矩阵的建立和条件数的计算。

在构建可观性矩阵的领域中，PWCS 方法和李导数方法被广泛应用。PWCS 方法将时变非线性系统中的测量序列分成多段。每段测量信息构建相应的条形可

以上两种方法求出的脉冲星导航可观性矩阵可以表示为

$$\boldsymbol{O}_{\mathrm{PWCS}}=\boldsymbol{O}_{\mathrm{Lie}}=\begin{bmatrix}\boldsymbol{n} & \boldsymbol{0}_{J\times 3}\\ \boldsymbol{0}_{J\times 3} & \boldsymbol{n}\end{bmatrix} \tag{3-58}$$

其中，$\boldsymbol{n}$ 为导航脉冲星方位矢量矩阵，即

$$\boldsymbol{n}=\begin{bmatrix}\boldsymbol{n}^1 & \boldsymbol{n}^2 & \cdots & \boldsymbol{n}^J\end{bmatrix}^{\mathrm{T}} \tag{3-59}$$

由 PWCS 方法和李导数方法建立的可观性矩阵均为式(3-59)。该矩阵是常值。这表明，对于不同的轨道，导航性能不变。事实上，导航性能是不同的，即高阶非线性特征影响脉冲星导航性能。因此，由传统方法构建的可观性矩阵不能反映脉冲星导航的高阶非线性特征。

为了解决这个问题，我们提出分数阶可观性测性分析方法。该方法包括分数阶可观性矩阵的构建和指数加权条件数。

1. 分数阶可观性矩阵

分数阶微分具有时间记忆性。根据分数阶导数的定义，测量模型的分数阶导数为

$$\frac{\partial^{\nu}\boldsymbol{Z}}{\partial t^{\nu}}\approx\boldsymbol{n}\left[\boldsymbol{r}(t)+(-\nu)\boldsymbol{r}(t-T)+\frac{(-\nu)(-\nu+1)}{2}\boldsymbol{r}(t-2T)+\cdots+\frac{\Gamma(-\nu+1)}{m!\Gamma(-\nu+m+1)}\boldsymbol{r}(t-mT)\right] \tag{3-60}$$

其中，$\boldsymbol{Z}$ 为脉冲星测量值；ν 为分数阶微分阶数，$0<\nu<1$；m 为截止阶数；$\Gamma()$为 Gamma 函数。

系数之间的关系为

$$1>\left|-\nu\right|>\left|\frac{(-\nu)(-\nu+1)}{2}\right|>\cdots>\left|\frac{\Gamma(-\nu+1)}{m!\Gamma(-\nu+m+1)}\right| \tag{3-61}$$

由此可知，当前测量值的系数等于 1，历史测量系数小于 1。这表明，在脉冲星导航系统中，当前测量值的影响比历史测量值大。

$\partial^{\nu}\boldsymbol{Z}/\partial t^{\nu}$ 对 $\boldsymbol{X}$ 求导，可得

$$\frac{\partial^{\nu}\boldsymbol{Z}}{\partial t^{\nu}\partial\boldsymbol{X}}=[\boldsymbol{n}\ \boldsymbol{0}_{3\times 3}]\cdot\left[\boldsymbol{I}_{6\times 6}+(-\nu)\boldsymbol{F}+\frac{(-\nu)(-\nu+1)}{2}\boldsymbol{F}^2+\cdots+\frac{\Gamma(-\nu+1)}{m!\Gamma(-\nu+m+1)}\boldsymbol{F}^m\right] \tag{3-62}$$

其中，$\boldsymbol{F}$ 为状态转移矩阵，即

$$\boldsymbol{F} = \boldsymbol{I}_{6\times 6} + \frac{\partial f(\boldsymbol{X},t)}{\partial \boldsymbol{X}} T = \begin{bmatrix} \boldsymbol{I}_{3\times 3} & T\boldsymbol{I}_{3\times 3} \\ T\boldsymbol{S} & \boldsymbol{I}_{3\times 3} \end{bmatrix} \tag{3-63}$$

其中，T 为脉冲星观测周期。

$$\boldsymbol{S} = \begin{bmatrix} \dfrac{\mu(3x^2 - r^2)}{r^5} & \dfrac{3\mu xy}{r^5} & \dfrac{3\mu xz}{r^5} \\ \dfrac{3\mu xy}{r^5} & \dfrac{\mu(3y^2 - r^2)}{r^5} & \dfrac{3\mu yz}{r^5} \\ \dfrac{3\mu xz}{r^5} & \dfrac{3\mu yz}{r^5} & \dfrac{\mu(3z^2 - r^2)}{r^5} \end{bmatrix} \tag{3-64}$$

根据上述分析结果，分数阶可观性矩阵可以由式(3-65)构建，即

$$\begin{aligned} \boldsymbol{O}_{\mathrm{FD}} &= \begin{bmatrix} \dfrac{\partial^v \boldsymbol{Z}}{\partial t^v \partial \boldsymbol{X}} \\ \dfrac{\partial^v \boldsymbol{Z}}{\partial t^v \partial \boldsymbol{X}} \cdot \boldsymbol{F} \end{bmatrix} \\ &= \begin{bmatrix} [\boldsymbol{n}\ \boldsymbol{0}_{3\times 3}] \cdot \left[\boldsymbol{I}_{6\times 6} + (-v)\boldsymbol{F} + \dfrac{(-v)(-v+1)}{2}\boldsymbol{F}^2 + \cdots + \dfrac{\Gamma(-v+1)}{m!\Gamma(-v+m+1)}\boldsymbol{F}^m \right] \\ [\boldsymbol{n}\ \boldsymbol{0}_{3\times 3}] \cdot \left[\boldsymbol{F} + (-v)\boldsymbol{F}^2 + \dfrac{(-v)(-v+1)}{2}\boldsymbol{F}^3 + \cdots + \dfrac{\Gamma(-v+1)}{m!\Gamma(-v+m+1)}\boldsymbol{F}^{m+1} \right] \end{bmatrix} \end{aligned} \tag{3-65}$$

可以看出，$\boldsymbol{O}_{\mathrm{FD}}$ 与状态转移矩阵有关，状态转移矩阵与深空探测器位置有关。也就是说，$\boldsymbol{O}_{\mathrm{FD}}$ 与轨道有关。在传统可观性分析方法中，式(3-59)所示的可观性矩阵是常值。因此，与传统方法不同，分数阶可观性矩阵对轨道六要素敏感。

2. 指数加权条件数

分数阶可观性矩阵中的条件数在一个轨道周期内不是常值。图 3-8(a)可以验证这点。事实上，在一个轨道周期内，当条件数小时，导航性能好；反之，性能差。

通常认为条件数与导航误差成正比，而实际情况并非如此。对于圆形轨道，当条件数小时，脉冲星导航性能较好；当条件数大时，脉冲星导航性能仅略微下降。因此，在一个轨道周期内，脉冲星导航性能取决于小条件数，而非大条件数。为了验证此性质，我们通过反证法给出反例。

设连续多个脉冲星观测周期内无脉冲星 TOA。在这种情况下，分数阶可观性矩阵是一个零矩阵。零矩阵的条件数无穷大，这表示定位误差也为无穷大。然而，

事实上，定位误差并非无穷大。卡尔曼滤波器的状态过程噪声协方差矩阵可由式(3-66)估计，即

$$\boldsymbol{P}_{k+1}=\boldsymbol{F}_k\boldsymbol{P}_k\boldsymbol{F}_k^{\mathrm{T}}+\boldsymbol{Q}_k \tag{3-66}$$

通过多次递推，即使连续缺失多个脉冲星 TOA，仍可定位。从上述反例可以看出，即使条件数是无穷大，定位误差也并非无穷大。因此，条件数并非与定位误差成正比。在一系列条件数中，大条件数会略微影响脉冲星导航性能，小条件数决定性能。

基于上述分析，我们提出指数加权条件数，通过一个数值估计脉冲星导航性能。小条件数的加权系数大，而大条件数的加权系数小。

步骤 1：条件数排序。按升序排列条件数，$c_n(i), i=1,2,\cdots,N$，N 是条件数的数量，并且 $c_n(1)\leqslant c_n(2)\leqslant c_n(3)\leqslant\cdots\leqslant c_n(N)$。

步骤 2：通过式(3-67)计算指数加权条件数，即

$$C=\frac{1}{\sum_{i=1}^{N}\mathrm{e}^{\frac{-(i-\delta)^2}{kN}}}\sum_{i=1}^{N}\left(\mathrm{e}^{\frac{-(i-\delta)^2}{kN}}c_n(i)\right) \tag{3-67}$$

其中，k 和 δ 为扩展系数和偏移量；δ 的取值为 $0<\delta<N/4$。

在这种情况下，小条件数 $c_n(i), i=1,2,\cdots,N/2-1$ 的加权系数大；大条件数 $c_n(i), i=N/2, N/2+1,\cdots,N$ 的加权系数小。小条件数的加权系数大于大条件数的加权系数。这可以确保指数加权条件数由小条件数决定。与传统条件数一样，指数加权条件数越小，性能越好。

3. 算法流程

分数阶可观性分析方法的流程图如图 3-7 所示。首先，将 X 射线脉冲星测量模型对时间求分数阶导数，并对状态矢量求导可得分数阶测量矩阵。式(3-65)所示的分数阶可观性矩阵由分数阶测量矩阵和状态转移矩阵组成。随着深空探测器的飞行，分数阶可观性矩阵发生变化。在一个轨道周期内，可获得多个分数阶可观性矩阵。然后，计算分数阶可观性矩阵的条件数，并将这些条件数排序。如式(3-67)所示，利用指数函数对这些条件数加权，可以获得指数加权条件数，然后通过指数加权条件数测评导航性能。

3.3.3 仿真实验及结果分析

为了验证分数阶可观性分析方法的可行性和有效性，将其与 PWCS 方法、李导数方法和混合条件数方法作比较。此外，将导航精度与可观性分析结果对比，

可以验证分数阶可观性分析方法的合理性。

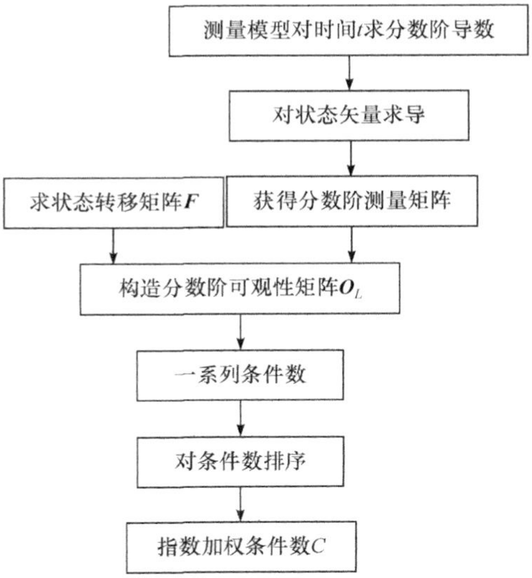

图 3-7　分数阶可观性分析方法的流程图

深空探测器轨道的初始轨道六要素如表 3-4 所示。仿真时间从 2007 年 7 月 1 日 12:00:00.000 UTCG 到 2007 年 7 月 4 日 12:00:00.000 UTCG。导航滤波器参数如表 3-5 所示。分数阶微分阶数 v 和截止阶数分别是 0.2 和 4。在指数加权条件数中，扩展系数 k 和偏移量 δ 分别为 20 和 150。三颗导航 X 射线脉冲星为 PSR B0531+21、B1821-24 和 B1937+21，其赤经、赤纬和脉冲星 TOA 噪声标准差等导航脉冲星参数如表 3-6 所示。

表 3-4　初始轨道六要素

轨道六要素	数值
半长轴/km	6794
偏心率	0.1
倾角/(°)	165
升交点赤经/(°)	0
近地点幅角/(°)	0
真近点角/(°)	0

表 3-5　导航滤波器参数

参数	数值
X 射线敏感器有效接收面积/m^2	0.1
脉冲星观测周期/s	300

续表

参数	数值
初始状态误差	$\delta\boldsymbol{X}(0)$=[6 6 6 20 20 15]
状态过程噪声协方差矩阵	$\boldsymbol{Q}=\mathrm{diag}\left[q_1^2\ \ q_1^2\ \ q_1^2\ \ q_2^2\ \ q_2^2\ \ q_2^2\right]$，$q_1=20\mathrm{m}$，$q_2=0.3\mathrm{m/s}$

表 3-6　导航星脉冲参数

脉冲星	B0531+21	B1821-24	B1937+21
赤经/(°)	83.63	276.13	294.92
赤纬/(°)	22.01	−24.87	21.58
定位误差/m	449	1167	1109

图 3-8 比较了分数阶可观性矩阵与传统可观性矩阵的传统条件数。如图 3-8(a)所示，分数阶可观性矩阵的传统条件数随时间变化。如图 3-8(b)所示，PWCS 方法、李导数方法和混合条件数方法的条件数是常值，并且 PWCS 方法和李导数方法的条件数相等。究其原因，由传统方法建立的可观性矩阵不受卫星轨道影响，分数阶可观性矩阵对轨道六要素敏感。

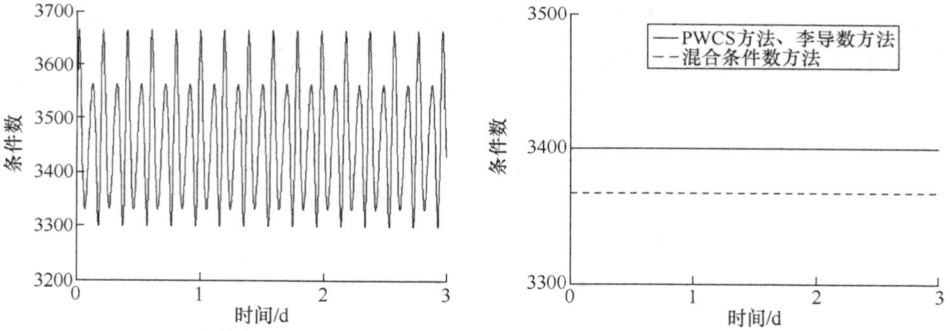

(a) 分数阶可观性矩阵　　(b) 传统可观性矩阵

图 3-8　分数阶可观性矩阵与传统可观性矩阵的传统条件数

以上结果表明，分数阶可观性矩阵具备提供精确可观性分析结果的潜力。

下面考察指数加权条件数。从图 3-8(a)可以看出，分数阶可观性矩阵的条件数并非常值。为了用一个数值去评估导航性能，最简单的方法是计算条件数的数学期望值。然而，虽然条件数随着导航性能的提高而减小，但是与定位误差不成正比，且导航性能取决于小条件数。

图 3-9 比较了传统条件数、混合条件数与指数加权条件数。图 3-9(a)所示为半长轴下的脉冲星导航定位误差。定位误差随半长轴增加。图 3-9(b)所示为指数

加权条件数、条件数数学期望值，以及混合条件数之间的比较。从图 3-9(b)可以看出，条件数的数学期望值随半长轴减小，而指数加权条件数却随半长轴增大。究其原因，条件数与导航性能不成正比；混合条件数与导航性能无关。这表明，指数加权条件数与导航性能相符，而数学期望值与混合条件数则不符。

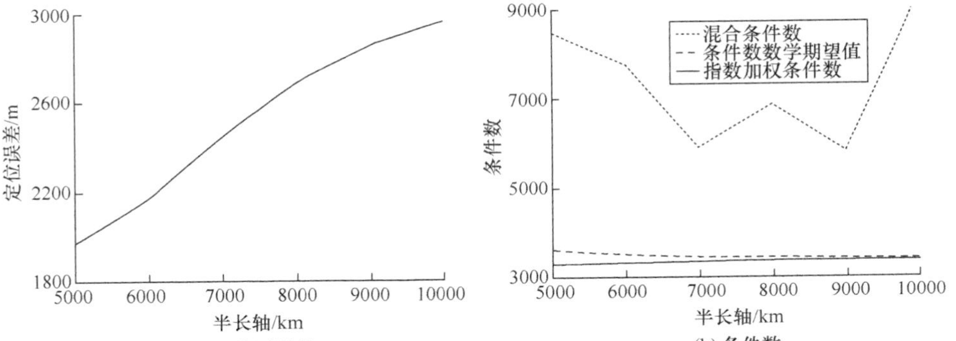

(a) 位置误差　(b) 条件数

图 3-9　传统条件数、混合条件数与指数加权条件数

下面研究分数阶微分阶数、截止阶数、扩展系数和偏移量等参数的影响。

图 3-10 所示为分数阶微分阶数对指数加权条件数的影响。从图 3-10(a)可以看出，随着分数阶微分阶数的增大，指数加权条件数也增大。鉴于脉冲星导航系统的性能好，我们选择小的分数阶微分阶数。图 3-10(b)所示为 3 个小的分数阶微分阶数对应的指数加权条件数。当分数阶微分阶数为 0 时，分数阶可观性矩阵退化为传统可观性矩阵，且二者相等；当分数阶微分阶数为 0.2 时，指数加权条件数比条件数小。指数加权条件数与定位误差保持一致，因此我们将分数阶微分阶数设为 0.2。此外，其他的阶数也是可行的。

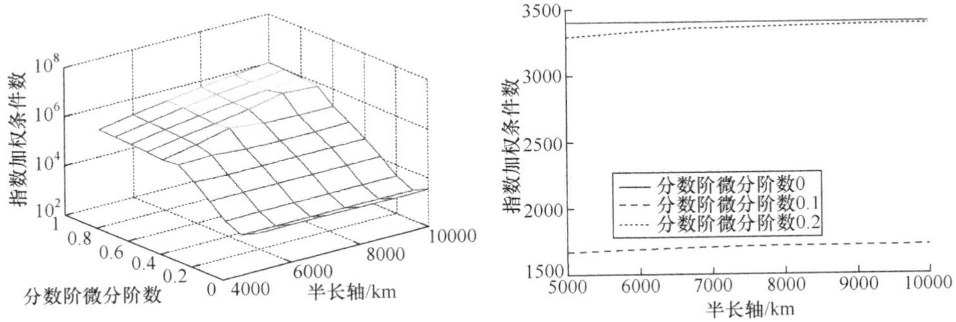

(a) 阶数0~1　(b) 阶数0~0.2

图 3-10　分数阶微分阶数对指数加权条件数的影响

图 3-11 所示为截止阶数对指数加权条件数的影响。从图 3-11(a)可以看出，随

着半长轴的增长，指数加权条件数增加。图 3-11(b)所示为 4 个截止阶数下的指数加权条件数。当截止阶数为 0 时，分数阶可观性矩阵退化为传统可观性矩阵，并且二者相等。从图 3-11(b)可以看出，当截止阶数为 4 时，指数加权条件数比条件数小。如图 3-9(a)所示，指数加权条件数与定位误差性能保持一致。因此，我们将截止阶数设为 4。

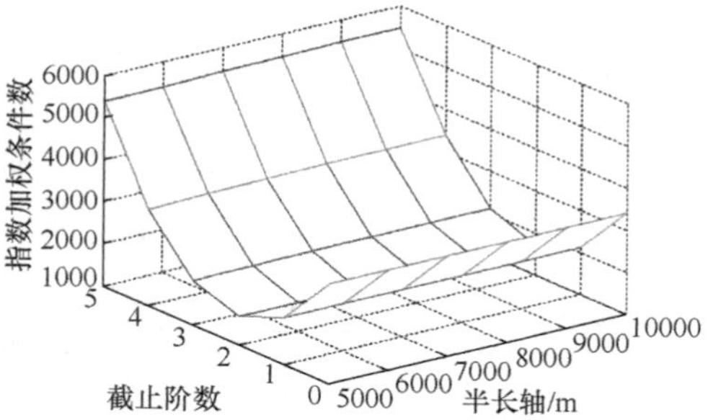

(a) 阶数0~5

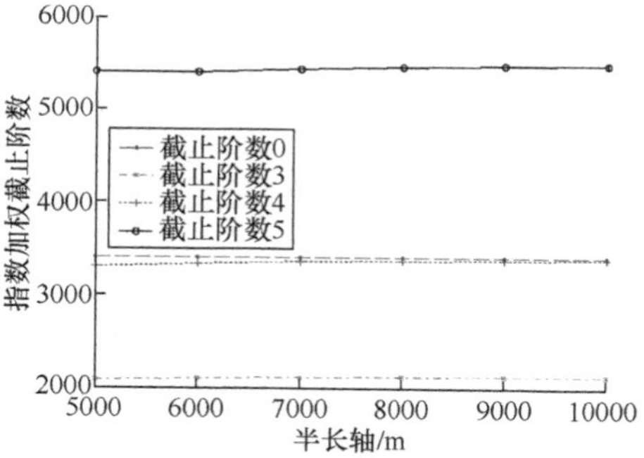

(b) 典型阶数

图 3-11　截止阶数对指数加权条件数的影响

图 3-12 所示为扩展系数和偏移量对指数加权条件数的影响。可以看出，当扩展系数和偏移量分别为 100 和 200 时，指数加权条件数随半长轴增加。在此条件下，可观性分析结果令人满意。此外，根据式(3-67)，当 N=864 时，$0<k<N/4$、$0<\delta<216$。因此，理论分析结果与仿真结果一致。扩展系数 k 和偏移量δ分别设为 20 和 150。

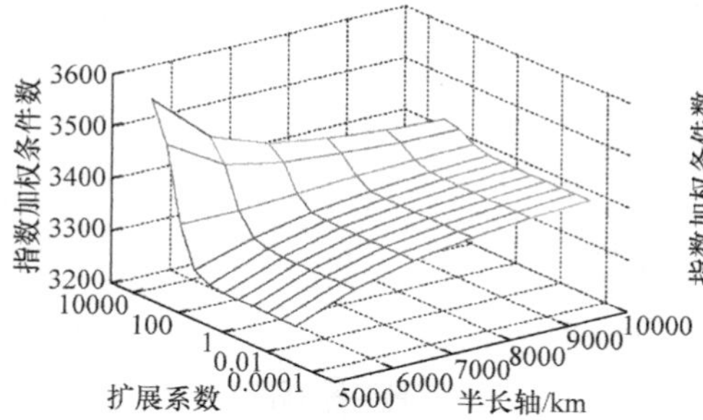

(a) 扩展系数

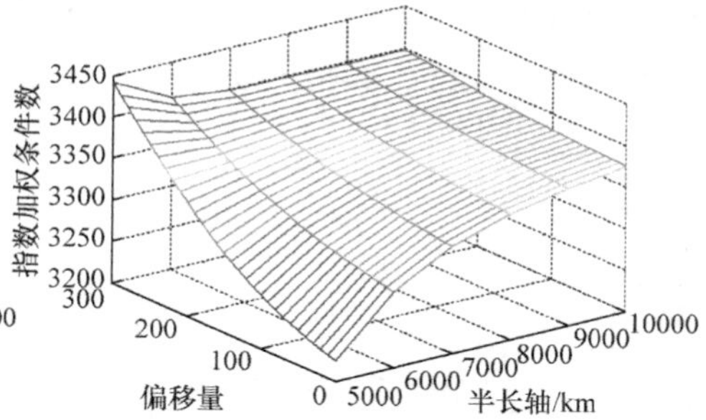

(b) 偏移量

图 3-12　扩展系数和偏移量对指数加权条件数的影响

下面研究轨道六要素对指数加权条件数的影响。图 3-13 所示为半长轴和偏心率对指数加权条件数的影响。鉴于深空探测器轨道中定位精度是变化的，图 3-13 所示为三天误差的数学期望值。可以看出，随着半长轴的增加，定位误差和指数加权条件数就会大幅增加，而随着偏心率的增加，定位误差和指数加权条件数增加。此外，相对于半长轴，偏心率的影响较小。以上结果表明，指数加权条件数与定位误差一致。究其原因，分数阶可观性矩阵充分利用了历史测量信息。状态转移模型的非线性程度随半长轴降低。传统方法认为定位误差会降低。实际上，定位误差却提高了。所幸的是，指数加权条件数与实际相符。

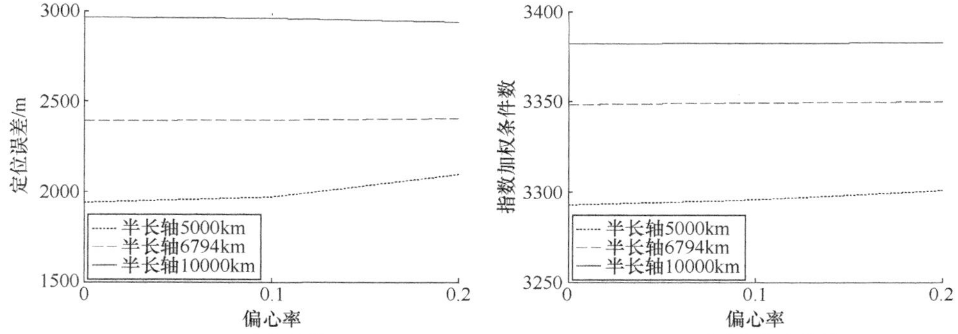

(a) 定位误差 (b) 指数加权条件数

图 3-13 半长轴和偏心率对指数加权条件数的影响

图 3-14 所示为倾角、升交点赤经、真近点角等轨道角对指数加权条件数的影响。一条曲线表示仅一个轨道要素发生变化。可以看出，定位误差和指数加权条件数随倾角减小，对升交点赤经和真近点角具有鲁棒性。以上结果再次表明，指数加权条件数可反映轨道要素对脉冲星导航性能的影响。

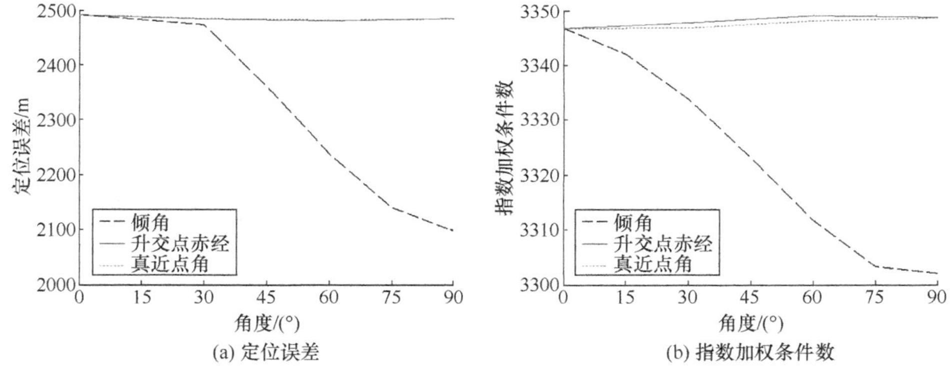

(a) 定位误差 (b) 指数加权条件数

图 3-14 轨道角对指数加权条件数的影响

最后，研究分数阶可观性分析方法的计算时间，包括条件数和加权的计算时间。表 3-7 所示为四种可观性分析方法的计算时间。可以看出，分数阶可观性分析方法的计算时间比混合条件数方法短，但比 PWCS 方法和李导数方法长。四种可观性分析方法的计算时间短，均为 0.01s 量级。因此，这四种方法可提供实时的分析结果。以上结果表明，计算时间并不影响分数阶可观性分析方法的实施。

表 3-7　四种可观性分析方法的计算时间

方法	每个条件数的计算时间/s	权重计算时间/s	总时间/s
分数阶可观性分析方法	5.89×10^{-5}	2.97×10^{-4}	5.12×10^{-2}
PWCS 方法、李导数方法	3.95×10^{-5}	9.90×10^{-5}	3.42×10^{-2}
混合条件数方法	7.08×10^{-5}	9.90×10^{-5}	6.13×10^{-2}

综上所述，分数阶可观性分析方法可以充分利用历史测量信息，体现脉冲星导航的非线性特征，分析结果更精确。

3.4　小　　结

本章开展了脉冲星导航滤波器，以及分数阶可观性分析方面的研究工作。针对基于信号处理的脉冲星多普勒测速计算量大，我们提出抗多普勒效应的EKF-CMBSEE，以极小的计算量为代价，可以大幅提高精度。考虑历史测量信息未被有效利用，我们提出一种针对非线性脉冲星系统的分数阶可观性分析方法，既能体现脉冲星导航的非线性特征，又能给出脉冲星导航系统与轨道六要素之间的关系。

参 考 文 献

[1] Liu J, Fang J C, Kang Z W, et al. Novel algorithm for X-ray pulsar navigation against Doppler effects. IEEE Transactions on Aerospace and Electronic Systems, 2015, 51(1): 226-241.
[2] Liu J, Fang J C, Liu G, et al. Fractional differentiation-based observability analysis method for nonlinear X-ray pulsar navigation system. Proceedings of the Institution of Mechanical Engineers-Part G: Journal of Aerospace Engineering, 2018, 232(8): 1465-1478.
[3] Li J, Ke X. Maximum-likelihood TOA estimation of X-ray pulsar signals on the basis of poison model. Chinese Astronomy and Astrophysics, 2011, 35(1): 19-28.
[4] Emadzadeh A A, Speyer J L. Relative navigation between two spacecraft using X-ray pulsars. IEEE Transactions on Control Systems and Technology, 2011, 19(5): 1021-1035.
[5] Rinauro S, Colonnese S, Scarano G, et al. Fast near-maximum likelihood phase estimation of X-ray pulsars. Signal Processing, 2013, 93(1): 324-331.
[6] Golshan R, Sheikh S. On pulse phase estimation and tracking of variable celestial X-ray sources//Proceedings of the Institute of Navigation, San Diego, 2008: 101-109.
[7] Ashby N, Golshan R. Minimum uncertainties in position and velocity determination using X-ray photons from millisecond pulsars//Proceedings of ION NTM 2008, San Diego, 2008: 110-118.
[8] Zhang H, Xu L P. An improved phase measurement method of integrated pulse profile for pulsar. Science China-technological Sciences, 2011, 54(9): 2263-2270.

[9] Zhang H, Xu L P, Xie Q, et al. Modeling and Doppler measurement of X-ray pulsar. Science China-Physics Mechanics & Astronomy, 2011, 54(6): 1066-1076.

[10] 费保俊, 姚国政, 杜健, 等. X 射线脉冲星自主导航的脉冲轮廓和联合观测方程. 中国科学: 物理学 力学 天文学, 2010, 40(5): 642-650.

[11] 费保俊, 潘高田, 姚国政, 等. X 射线脉冲星导航中脉冲轮廓的频偏和时延算法. 测绘学报, 2011, 40(S1): 124-132.

[12] 谢强, 许录平, 张华, 等. 基于轮廓特征的 X 射线脉冲星信号多普勒估计. 宇航学报, 2012, 33(9): 1301-1307.

[13] Goshen-Meskin D, Bar-Itzhack I Y. Observability analysis of piece-wise constant systems. I. theory. IEEE Transactions on Aerospace and Electronic Systems, 1992, 28(4): 1056-1067.

[14] Goshen-Meskin D, Bar-Itzhack I Y. Observability analysis of piece-wise constant systems. II. application to inertial navigation in-flight alignment. IEEE Transactions on Aerospace and Electronic Systems, 1992, 28(4): 1068-1075.

[15] Yu Z, Cui P Y, Zhu S. Observability-based beacon configuration optimization for Mars entry navigation. Journal of Guidance, Control, and Dynamics 2015, 38(4): 643-650.

[16] Waldmann J, da Silva R I G, Chagas R A J. Observability analysis of inertial navigation errors from optical flow subspace constraint. Information Sciences, 2016, 327: 300-326.

[17] Fang J C, Ning X L. Installation direction analysis of star sensors by hybrid condition number. IEEE Transactions on Instrumentation and Measurement, 2009, 58(10): 3576-3582.

[18] Samko S G, Kilbas A A, Marichev O I. Fractional Integrals and Derivatives: Theory and Applications. Yverdon: Gordon and Breach Science Publishers, 1993.

第 4 章　太阳多普勒测速导航

4.1　引　　言

太阳多普勒测速导航极具发展潜力。2014 年，“深空探测高精度天文测角测速组合自主导航基础研究”[1]获得 973 项目立项资助。太阳多普勒测速导航能直接为深空探测器提供速度信息，具有重要的科学意义和实用价值。光源和仪器是天文导航的两大基石。近年来，在仪器方面，光谱仪取得重大突破[2]。但是，在光源方面，太阳光谱并不稳定，引起的速度噪声大，导致太阳无法直接作为导航光源。

为消除不稳定太阳光谱引起的速度噪声，我们利用差分方法消除共性误差，研究面向捕获段的太阳多普勒差分测速[3]。太阳多普勒测速误差源分析是一个重要课题。本章对其开展研究，建立高精度的测量偏差模型[4-6]。在该模型暂不完善时，研究面向编队飞行的太阳多普勒差分测速相对导航[7]。考虑太阳多普勒测速导航子系统不具备完全可观性，我们将其与脉冲星导航、测角导航深度融合[8]。

4.2　面向捕获段的太阳多普勒差分测速导航

传统太阳多普勒测速导航[9,10]未考虑太阳光谱的稳定性，只能在稳定的太阳光源下提供高精度定位和测速信息。在实际中，太阳光谱并不稳定。究其原因，太阳耀斑、日珥、黑子等干扰常常爆发，此时太阳光谱会发生畸变[11-13]。这会导致在某些时段导航测速信息存在较大偏差，进而影响组合导航系统的整体性能。

为抑制太阳扰动造成的速度跳变，我们提出一种新的太阳多普勒差分测速导航，分别测量相对于太阳、火星的多普勒速度，二者差分即测量。受累积位置误差的影响，太阳多普勒差分导航方法无法长时间单独工作。因此，鉴于脉冲星导航可长期工作，我们将太阳多普勒差分导航作为辅助手段，并提出在太阳扰动下的脉冲星/太阳多普勒差分测速组合导航方法。

4.2.1　太阳扰动下的多普勒差分测量方法

传统太阳多普勒测速导航方法利用光谱摄制仪直接观测太阳，并通过日光频移获得多普勒速度。受太阳黑子、耀斑爆发等影响，多普勒速度存在较大的偏差。

为此，我们提出一种太阳多普勒差分测量方法。本节以火星探测为例分析该方法。众所周知，火星的光是火星反射太阳的光，其光谱频移可用于估计深空探测器相对于火星的速度。这样，太阳光谱和火星光谱均受太阳黑子、耀斑等干扰因素的影响。例如，太阳耀斑会引起太阳光谱的非对称红移和蓝移。多普勒速度是通过比较测量的太阳光谱与标准太阳光谱获得的，由太阳耀斑引起的非对称红移或蓝移必然影响测量的多普勒速度。太阳耀斑爆发会持续几分钟时间。在此期间，它会引起相对于太阳和火星的多普勒偏差。因此，二者的多普勒差分可消除偏差。

设光谱摄制仪 A 和 B 分别观测太阳直射光和火星反射光。然后，从获得的光谱中得到两个方向上的多普勒速度。最后，两个多普勒速度之差作为导航测量值。

太阳多普勒差分测量方法的基本原理如图 1-5 所示。设两个太阳光子在 t_0 时刻离开太阳。一个光子沿直射路径飞行，在 $t_1(t_1>t_0)$时刻 $\boldsymbol{r}_1$ 处被捕获。另一个光子沿反射路径飞行，在 $t_2(t_2>t_0)$时刻 $\boldsymbol{r}_{\mathrm{M}}$ 处被火星反射，并在 $t(t>t_1)$时刻 $\boldsymbol{r}$ 处被捕获。设 t_0 时刻深空探测器的位置和速度分别为 $\boldsymbol{r}_0$ 和 $\boldsymbol{v}_0$，火星在 t_2 时刻的速度为 $\boldsymbol{v}_{\mathrm{M}}$，如果光谱摄制仪 A 在 t_1 时刻观测的太阳光谱被干扰，光谱摄制仪 B 在 t 时刻观测的火星光谱也将被干扰。如果能得到 t_1 和 t 这两个时刻的值，将可获得无偏的多普勒差分。

下面计算 t_1 和 t，并设计太阳多普勒差分测量模型。在转移轨道中，$\boldsymbol{r}_0$ 和 $\boldsymbol{r}_1$ 的近似关系可表示为

$$\boldsymbol{r}_1=\boldsymbol{r}_0+\boldsymbol{v}_0(t_1-t_0)+\frac{1}{2}\boldsymbol{a}(t_1-t_0)^2 \tag{4-1}$$

其中，$\boldsymbol{a}$ 为深空探测器加速度矢量。

在时间间隔 t_0～t_1 内，太阳光子飞行距离为

$$c(t_1-t_0)=|\boldsymbol{r}_1|=\left|\boldsymbol{r}_0+\boldsymbol{v}_0(t_1-t_0)+\frac{1}{2}\boldsymbol{a}(t_1-t_0)^2\right| \tag{4-2}$$

其中，c 为光速。

解算式(4-2)即可得到 t_1。同理，给出以下两式，即

$$c(t_{\mathrm{M}}-t_0)=|\boldsymbol{r}_{\mathrm{M}}| \tag{4-3}$$

$$c(t-t_0)=|\boldsymbol{r}_{\mathrm{M}}|+|\boldsymbol{r}-\boldsymbol{r}_{\mathrm{M}}|=|\boldsymbol{r}_{\mathrm{M}}|+\left|\boldsymbol{r}_0+\boldsymbol{v}_0(t-t_0)+\frac{1}{2}\boldsymbol{a}(t-t_0)^2-\boldsymbol{r}_{\mathrm{M}}\right| \tag{4-4}$$

由式(4-3)和式(4-4)可得 t_{M} 和 t_0 位置矢量不可避免地含有误差。以上获得的时间被用于确定采样瞬间，而非作为导航测量值。因此，要求的精度低，位置误差和相对论效应可被忽略。

在 t_0 时刻，可确定光谱摄制仪的运行时刻 t_1 和 t。下一步是在 t_1 时刻直接获得太阳光谱，并将其与标准太阳光谱进行比较，以估计 t_1 时刻相对于太阳的多普勒速度 v_{D1}。根据多普勒频移原理，利用火星速度预测 t_M 时刻的火星光谱。在 t 时刻，接收火星光谱，并将其与预测的火星光谱进行比较以获得 t 时刻相对于火星的多普勒速度 v_{D2}。两个多普勒速度的表达式分别为

$$v_{D1} = \frac{\boldsymbol{r}_1 \boldsymbol{v}_1}{|\boldsymbol{r}_1|} + \Delta v_0 + \boldsymbol{\omega}_{v1} \tag{4-5}$$

$$v_{D2} = \frac{(\boldsymbol{r} - \boldsymbol{r}_M)(\boldsymbol{v} - \boldsymbol{v}_M)}{|\boldsymbol{r} - \boldsymbol{r}_M|} + \Delta v_0 + \boldsymbol{\omega}_{v2} \tag{4-6}$$

其中，Δv_0 为 t_0 时刻由太阳光谱不稳定引起的速度偏差；$\boldsymbol{\omega}_{v1}$ 和 $\boldsymbol{\omega}_{v2}$ 为多普勒测速噪声；$\boldsymbol{v}_1$ 和 $\boldsymbol{v}$ 为 t_1 和 t 时刻的深空探测器速度。

从以上两式可以看出，太阳多普勒速度差分不包括干扰项 Δv_0。据此建立的太阳多普勒差分测量模型为

$$\boldsymbol{Y}^s(t) = h^s(\boldsymbol{X}, t) + \boldsymbol{\omega}_{v2} - \boldsymbol{\omega}_{v1} \tag{4-7}$$

其中，$\boldsymbol{Y}^s$ 和 h^s 为太阳多普勒差分测速值和测量模型，即

$$\boldsymbol{Y}^s = v_{D2} - v_{D1} \tag{4-8}$$

$$h^s(\boldsymbol{X}, t) = \frac{(\boldsymbol{r} - \boldsymbol{r}_M)(\boldsymbol{v} - \boldsymbol{v}_M)}{|\boldsymbol{r} - \boldsymbol{r}_M|} - \frac{\boldsymbol{r}_1 \boldsymbol{v}_1}{|\boldsymbol{r}_1|} \tag{4-9}$$

相应的测量矩阵为

$$\boldsymbol{H}^s = \frac{\partial h^s(\boldsymbol{X}, t)}{\partial \boldsymbol{X}} = \begin{bmatrix} \dfrac{\boldsymbol{v} - \boldsymbol{v}_M}{|\boldsymbol{r} - \boldsymbol{r}_M|} - \dfrac{(\boldsymbol{r} - \boldsymbol{r}_M)(\boldsymbol{v} - \boldsymbol{v}_M)}{|\boldsymbol{r} - \boldsymbol{r}_M|^3}(\boldsymbol{r} - \boldsymbol{r}_M) \\ \dfrac{\boldsymbol{r} - \boldsymbol{r}_M}{|\boldsymbol{r} - \boldsymbol{r}_M|} \end{bmatrix} \tag{4-10}$$

设测量噪声 $\boldsymbol{\omega}_{v1}$ 和 $\boldsymbol{\omega}_{v2}$ 的方差是 $\boldsymbol{R}_v$，其值为 1cm/s 量级。因此，当二者相关时，$\boldsymbol{\omega}_{v2} - \boldsymbol{\omega}_{v1}$ 的方差小于 $2\boldsymbol{R}_v$；当二者不相关时，方差为 $2\boldsymbol{R}_v$。可以看出，太阳多普勒差分测量以略微增大测量噪声为代价，可以消除太阳多普勒速度偏差。

除火星外，该太阳多普勒差分测速导航也适合太阳系内其他的行星。

4.2.2 导航信息融合

导航滤波器的设计必须涉及状态转移模型和测量模型。下面首先介绍深空探测轨道动力学模型。地火转移轨道动力学模型如(3-1)所示。

脉冲星/太阳多普勒差分测速组合导航系统的流程如下。鉴于脉冲星观测周期

远大于多普勒测量周期，因此分两种情况设计测量模型。

① 在 t_1 时刻利用光谱摄制仪 A 测量相对于太阳的多普勒速度；在 t 时刻利用光谱摄制仪 B 测量相对于火星的多普勒速度。二者之差即太阳多普勒差分测量值。在这种情况下，相应的测量模型和测量值可表示为

$$h(\boldsymbol{X},t)=h^{\mathrm{s}}(\boldsymbol{X},t) \tag{4-11}$$

$$\boldsymbol{Y}=\boldsymbol{Y}^{\mathrm{s}} \tag{4-12}$$

其中，$\boldsymbol{Y}^{\mathrm{s}}$ 和 $h^{\mathrm{s}}(\boldsymbol{X},t)$为太阳多普勒差分测量值和测量模型。

② 脉冲星辐射信号可被 X 射线敏感器收集。累积 X 射线脉冲星信号，可获得脉冲星累积轮廓。累积完成后，将累积轮廓与标准轮廓进行相位比较，即可获得脉冲星 TOA。它将作为导航测量值。相应的测量模型和测量值可表示为

$$h(\boldsymbol{X},t)=h^{\mathrm{X}}(\boldsymbol{X},t) \tag{4-13}$$

$$\boldsymbol{Y}=\boldsymbol{Y}^{\mathrm{X}} \tag{4-14}$$

其中，$\boldsymbol{Y}^{\mathrm{X}}$ 和 $h^{\mathrm{X}}(\boldsymbol{X},t)$分别为脉冲星测量值和模型。

两种导航的组合方式如下。在导航滤波器中，地火转移轨道动力学模型作为状态转移模型，用于预测下一个状态。太阳多普勒差分和脉冲星 TOA 作为测量。当太阳多普勒差分速度获得后，它被用于更新 EKF 的状态(包括深空探测器位置和速度)。当获得脉冲星 TOA 时，用脉冲星 TOA 更新状态。通过这种方式，EKF 可提供高精度的导航信息。

4.2.3 仿真实验及结果分析

为体现脉冲星/太阳多普勒差分测速组合导航(简称差分组合导航)的可行性与有效性，将其与两种导航对比，即脉冲星导航、脉冲星/太阳多普勒测速组合导航。

仿真条件如表 3-1 所示。仿真时间从 1997 年 6 月 30 日 00:00:00.000 UTCG 到 1997 年 7 月 1 日 00:00:00.000 UTCG。选取 PSR B0531+21、B1821-24、B1937+21，其参数可参考 4.1 节。导航滤波器参数如表 4-1 所示。

表 4-1　导航滤波器参数

参数	数值
X 射线敏感器数量/个	3
X 射线敏感器有效接收面积/m^2	1
B0531+21 测量噪声/m	149
B1821-24 测量噪声/m	369

续表

参数	数值
B1937+21 测量噪声/m	351
光谱摄制仪数量/个	2
光谱摄制仪测量噪声/(m/s)	0.01
脉冲星观测周期/s	300
多普勒测量周期/s	5
多普勒速度常值偏差/(m/s)	−0.8
状态过程噪声协方差矩阵	$\boldsymbol{Q}=\mathrm{diag}\left[q_1^2\ q_1^2\ q_1^2\ q_2^2\ q_2^2\ q_2^2\right]$，$q_1=2\mathrm{m}$，$q_2=3\times10^{-3}\mathrm{m/s}$

本节分析不稳定太阳光谱下的脉冲星导航、传统组合导航，以及差分组合导航。太阳光谱在 20000～20600s 内不稳定，即在此时间间隔内存在一个较大速度偏差。图 4-1 所示为不稳定太阳光谱下的三种导航性能。图 4-2 所示为估计误差的标准差。从图 4-1 可以看出，脉冲星导航和差分组合导航均能较好地收敛。图 4-2 中估计误差标准差也验证了这一点。当太阳光谱不稳定时，脉冲星/太阳多普勒测速组合导航的定速精度增加到 0.8m/s。更糟糕的是，在时间间隔 20000～50000s 内，定位精度急剧下降。究其原因，大测速噪声引起大定位误差，并且多普勒测量周期小于脉冲星观测周期。因此，速度精度恢复正常后，定位精度还未能恢复。

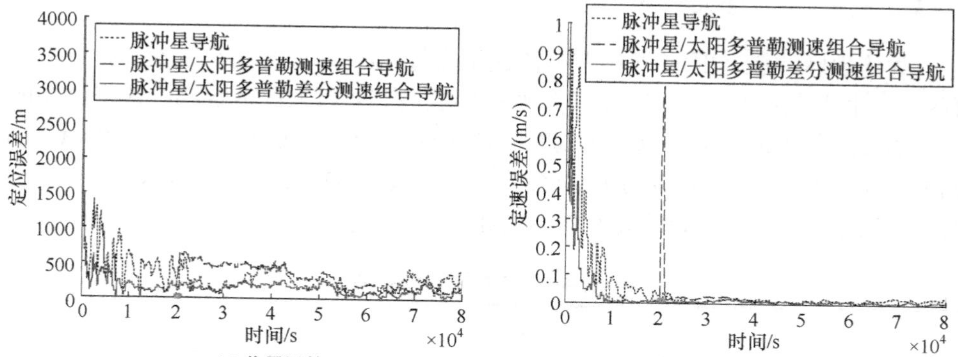

(a) 位置误差　　(b) 定速误差

图 4-1　不稳定太阳光谱下的三种导航性能

表 4-2 比较了三种导航方法。与脉冲星导航相比，差分组合导航的定位和测速精度分别提高 37.53%和 58.75%。可以看出，传统组合导航对太阳光谱不稳定较为敏感，而差分组合导航则不会。究其原因，太阳多普勒差分测速不包括不稳

定太阳光谱引起的速度偏差。

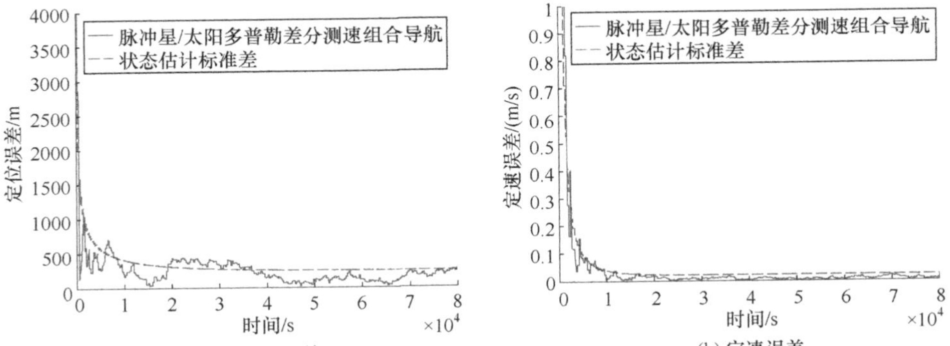

(a) 位置误差　(b) 定速误差

图 4-2　估计误差的标准差

表 4-2　三种导航方法

导航方法	位置误差/m	定速误差/(m/s)
脉冲星导航	356.32	0.01942
脉冲星/太阳多普勒测速组合导航	337.15	0.02818
脉冲星/太阳多普勒差分测速组合导航	222.61	0.00801

下面分析在稳定太阳光谱下，传统组合导航与差分组合导航二者的性能。图 4-3 比较了稳定太阳光谱下的两种导航性能。可以看出，两种导航均能较好地收敛。表 4-3 比较了两种导航方法。与传统组合导航方法相比，差分组合导航的定位和测速精度仅下降 0.80%和 1.01%，即该组合导航方法在稳定光谱条件下可保持较好的性能。究其原因，太阳多普勒差分测速噪声略高于非差分测量。这一点可从式(4-7)得到验证。由于多普勒测速噪声小，略增大多普勒测速噪声不会导致组合导航系统性能大幅下降。

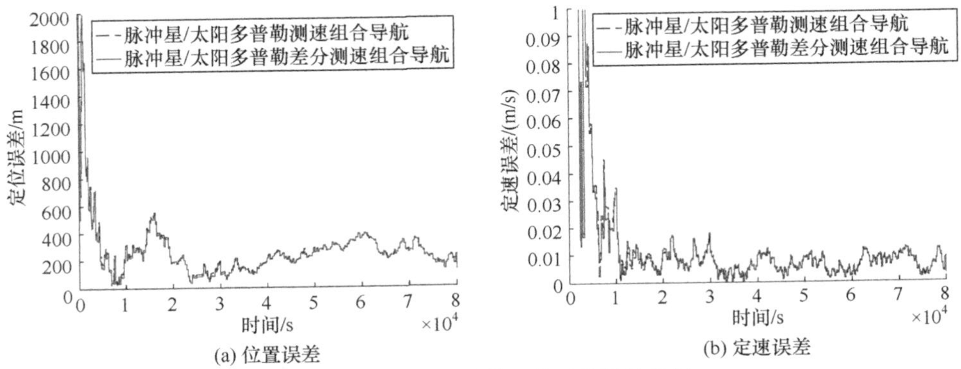

(a) 位置误差　(b) 定速误差

图 4-3　稳定太阳光谱下的两种导航性能

表 4-3　两种导航方法

导航方法	位置误差/m	定速误差/(m/s)
脉冲星/太阳多普勒测速组合导航	220.76	0.00793
脉冲星/太阳多普勒差分测速组合导航	222.53	0.00801

最后，分析 X 射线敏感器的有效接收面积对导航的影响。X 射线敏感器的有效接收面积直接决定脉冲星 TOA 的精度，进而决定脉冲星导航系统的性能。图 4-4 所示为 X 射线敏感器有效接收面积对定位精度的影响。考虑不稳定太阳光谱，随着 X 射线敏感器有效接收面积的增大，两种导航性能得到提升，并且在相同面积下，差分组合导航优于传统组合导航。

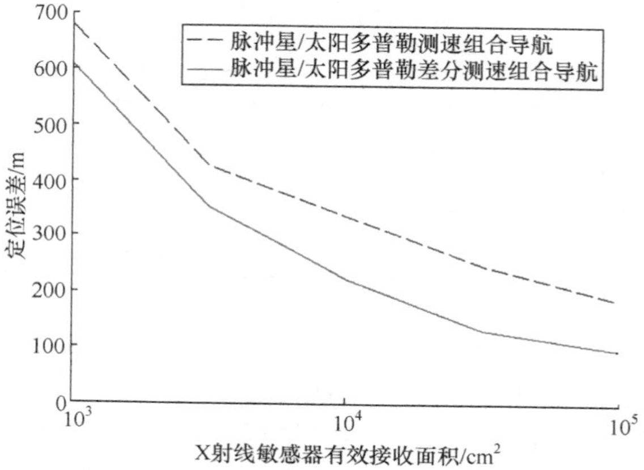

图 4-4　X 射线敏感器有效接收面积对定位精度的影响

综上所述，太阳多普勒差分测速导航可抵抗太阳光谱不稳定性的影响，提供高精度的导航信息。

4.3　误差源分析

对于天文导航系统，误差源分析是至关重要的[14]。若误差太大，导航精度将大幅下降，甚至无法正常工作。误差源可分为光学噪声、光谱摄制仪噪声和几何误差。光学噪声是由太阳光谱不稳定和火星反射测量引起的，暂不具备条件开展该研究工作。光谱摄制仪噪声约为 1cm/s，与其他误差相比较小。目前，对于太阳多普勒差分测速导航而言，几何误差是一个值得研究的课题。几何误差主要与太阳自身特征有关，即巨大的自转球体。因此，本书重点研究太阳几何误差。

太阳几何误差源分析需考虑两个方面，即直射光源与反射光源的面积重叠率，太阳自转引起的多普勒差分偏差。设能照射到深空探测器的太阳球面部分为直射光源，能照射到火星的太阳球面部分为反射光源。将二者的重合率定义为直射与反射光源的面积重合率。太阳自转是影响直射和反射太阳光谱多普勒偏移的因素之一。二者多普勒差分可以消除太阳自转引起的主要影响，定义残差为太阳多普勒差分偏差。

从几何角度出发，分析太阳多普勒差分测速导航中的误差源。根据面积重叠率，可以评估直射与反射光源是否可以视为同一光源。如果不是，太阳多普勒差分测速导航则不可行；反之，可行。我们分三步研究太阳多普勒差分偏差模型，首先将太阳视为刚体球和漫反射体；然后考虑太阳的自转轴方位；最后考虑太阳较差的自转特性，将其视为气体球和余弦反射体。此外，展开太阳小尺度活动对差分测速的影响分析。

4.3.1　刚体球

1. 建立误差分析坐标系

为了便于分析误差源，建立空间直角坐标系，并将其转换为极坐标系。为了简化问题，深空探测器被视为静止的。

建立直角坐标系(X, Y, Z)，如图 4-5 所示。其原点为太阳质心，三个点(太阳质心、火星质心和深空探测器)确立 YZ 平面。其中，Z 轴指向火星，X 轴符合右手定则。设火星质心和深空探测器分别位于$(0, 0, z_1)$和$(0, y_2, z_2)$，将空间直角坐标系转换为极坐标系(ρ, θ, φ)，如图 4-6 所示。ρ、θ 和 φ 分别表示径向距离、极角和方位角。

2. 直射光源与反射光源的面积重叠率

太阳多普勒差分测量通过比较直射和反射太阳光进行计算。因此，如果直射和反射的太阳光来自同一区域，那么二者的差分是有意义的。本节研究直射光源与反射光源的面积重叠率。

太阳是一个球体，被视为一个球体光源。并非球体表面的所有点都可以照射深空探测器和火星。我们将照射深空探测器的球面区域定义为直射光源区域 S_1，定义照射到火星的球面区域为反射光源区域 S_2。二者的交集为 $S_{12}=S_1\cap S_2$，表示能同时照射深空探测器和火星的球面区域。设 A_1、A_2 和 A_{12} 分别表示 S_1、S_2 和 S_{12} 的面积，定义 A_{12}/A_1 为直射光源和反射光源的面积重叠率。在深空探测捕获段，直射光源区域和反射光源区域近似为同一区域，面积重叠率接近 100%。

本节采用极坐标系，面积重叠率示意图如图 4-7 所示。设 R 为太阳半径，M 为火星质心，O 为太阳质心，MT_2 为切线，T_2 为切点，E 为深空探测器，ET_1 为切线，

$E_0(0, R\sin\theta_0, R\cos\theta_0)$是 E 在太阳表面上的投影，$P(R\sin\theta\cos\varphi, R\sin\theta\sin\varphi, R\cos\theta)$是太阳表面上的任意点。

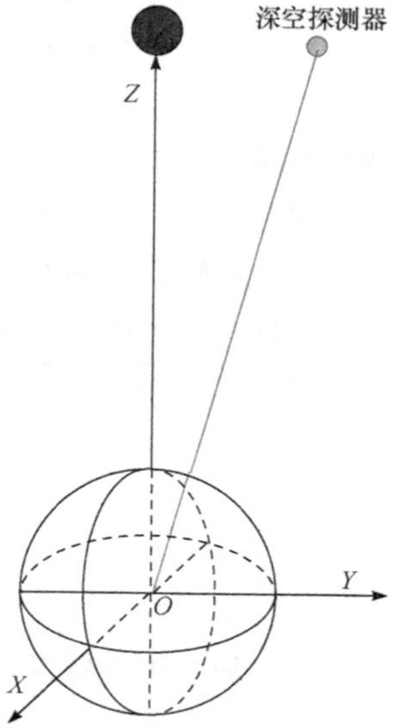

图 4-5　直角坐标系

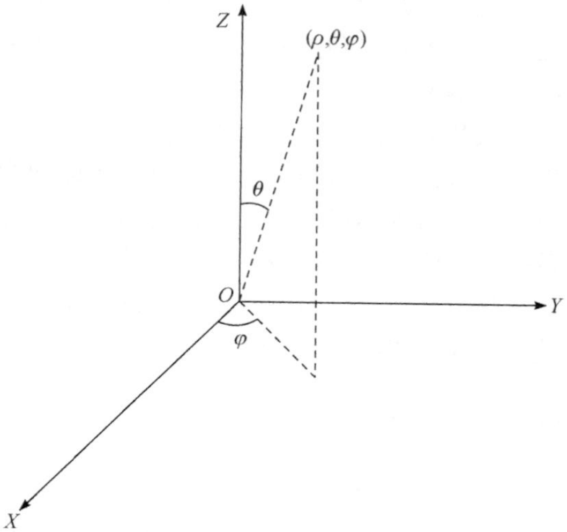

图 4-6　极坐标系

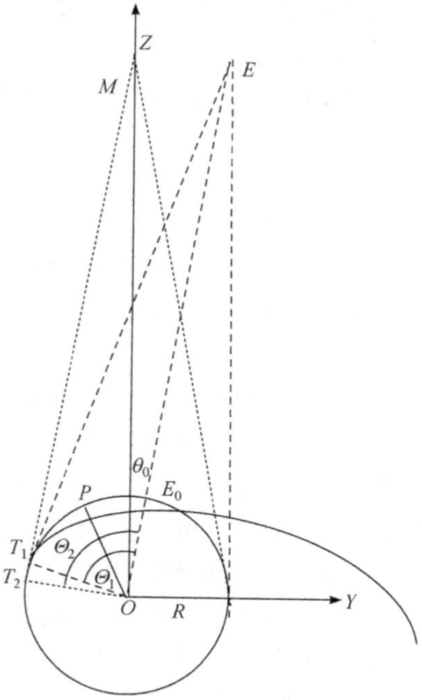

图 4-7　面积重叠率示意图

下面估计直射和反射光源的面积重叠率。

步骤 1：给出直射光区域 S_1。设∠T_1OE 为 Θ_1，令 S_1 为所有可以照射深空探测器的点的集合，即

$$S_1=\{P|\angle POE<\angle T_1OE=\Theta_1\} \tag{4-15}$$

直射光源面积 A_1 可表示为

$$A_1=\int_0^{2\pi}\int_0^{\Theta_1}R^2\sin\theta\mathrm{d}\theta\mathrm{d}\varphi=2\pi R^2(1-\cos\Theta_1) \tag{4-16}$$

步骤 2：对于反射光区域 S_2，设∠T_2OE 为 Θ_2，令 S_2 为所有可以反射到火星的点的集合，即

$$S_2=\{P|\angle POM<\angle T_2OM=\Theta_2\} \tag{4-17}$$

同理，反射光源面积 A_2 可表示为

$$A_2=2\pi R^2(1-\cos\Theta_2) \tag{4-18}$$

步骤 3：交集 $S_{12}=S_1\cap S_2$ 表示可同时照射到深空探测器和火星的球面区域，可表示为

$$S_{12}=\{P|\angle POE<\angle T_1OE=\Theta_1,\ \angle POM<\angle T_2OM=\Theta_2\} \tag{4-19}$$

式(4-17)也可表示为

$$0<\theta<\Theta_1 \tag{4-20}$$

$$|PE_0|<|T_1E_0| \tag{4-21}$$

式(4-21)也可表示为

$$(R\sin\theta\cos\varphi)^2+R^2(\sin\theta\sin\varphi-\sin\theta_0)^2+R^2(\cos\theta-\cos\theta_0)^2<2R^2-2R^2\cos\Theta_2 \tag{4-22}$$

式(4-22)可以简化为

$$\sin\varphi>\frac{\cos\Theta_2-\cos\theta\cos\theta_0}{\sin\theta_0\sin\theta} \tag{4-23}$$

根据式(4-20)和式(4-23)，可计算公共照射源的面积 A_{12}，即

$$A_{12}=\int_0^{\Theta_1}\int_{\arcsin\frac{\cos\Theta_2-\cos\theta\cos\theta_0}{\sin\theta_0\sin\theta}}^{\pi-\arcsin\frac{\cos\Theta_2-\cos\theta\cos\theta_0}{\sin\theta_0\sin\theta}}R^2\sin\theta\mathrm{d}\varphi\mathrm{d}\theta \tag{4-24}$$

步骤 4：根据式(4-16)和式(4-24)，可得直射光源与反射光源的面积重叠率 A_{12}/A_1。

由于式(4-24)复杂，可采用一种简化的公共区域估计方法。这种简化方法只能

用于估计公共区域的近似值。公共区域的精确计算仍需式(4-24)。区域重叠率的简化表达式为

$$\begin{aligned}\frac{A_{12}}{A_1}&=\frac{2\pi R^2[1-\cos(\Theta_2-\theta_0)]+\pi R^2\sin\theta_0}{2\pi R^2(1-\cos\Theta_1)}\\&=\frac{2[1-\cos(\Theta_2-\theta_0)]+\sin\theta_0}{2(1-\cos\Theta_1)}\end{aligned}\tag{4-25}$$

例如，设深空探测器-太阳-火星之间的夹角等于 0.2°(0.0033rad)，并且 $\Theta_1=\Theta_2=\pi/2$，面积重叠率为

$$\begin{aligned}\frac{A_{12}}{A_1}&=\frac{2\left[1-\cos\left(\frac{\pi}{2}-0.0033\right)\right]+\sin 0.0033}{2\left(1-\cos\frac{\pi}{2}\right)}\\&=1-\frac{1}{2}\sin 0.0033\\&=0.9984\end{aligned}\tag{4-26}$$

可以看出，直射光源与反射光源的面积重叠率非常高。因此，直射光源和反射光源在空间上可视为同一光源，而不重叠面积率非常低。

最后，研究非重叠区域引起的多普勒速度误差。设太阳震荡引起的多普勒速度噪声标准差为σ。此时，非重叠区域引起的多普勒速度误差是σ与非重叠面积率的乘积 $(1-A_{12}/A_1)\sigma$ 。

下面在深空探测捕获段，仿真直射光源与反射光源的面积重叠率。以美国火星探路者为参考。其初始轨道六要素如表 3-1 所示。仿真时间从 1997 年 7 月 1 日 00:00:00.000 UTCG 到 1997 年 7 月 4 日 16:55:00.000 UTCG。

图 4-8 所示为直射光源和反射光源面积重叠率与时间的关系。可以看出，面积重叠率高于 99.9%，并随时间的增加而增大。究其原因，一方面，重叠光源区域的面积随时间的增加而增大，而直射光源的面积保持不变；另一方面，火星与深空探测器的距离随时间的增加而缩短。

这导致探测器-太阳-火星之间的夹角不断减小。面积重叠率会随着探测器-太阳-火星之间夹角的减小不断增加，如式(4-25)所示。

理论分析和仿真结果表明，面积重叠率非常高，接近 100%。在这种条件下，直射光源区域和反射光源区域可以近似为空间中的同一光源。

估计多普勒速度误差是非重叠区域引起的。从上面的仿真结果可以看出，非重叠区域率低于 0.001。由太阳震荡引起的多普勒速度误差约为 1km/s，因此非重叠区域引起的多普勒速度误差约为 1m/s(1km/s × 0.001=1m/s)。随着火星与探测器

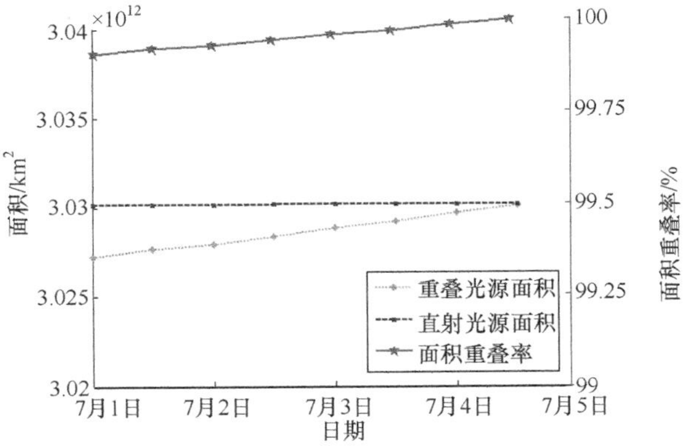

图 4-8　直射光源和反射光源面积重叠率与时间的关系

之间距离的减小，多普勒速度误差的数量级不断下降，并且低于 1m/s。与太阳震荡引起的多普勒误差相比，非重叠区域引起的多普勒速度误差可视为噪声。

3. 太阳多普勒差分偏差

太阳自转是影响太阳多普勒频移的因素之一。太阳表面不同位置的太阳自转多普勒速度误差是不同的。本节研究太阳多普勒差分偏差。

太阳自转引起多普勒速度误差的基本原理如图 4-9 所示。所用坐标系为 4.3.1

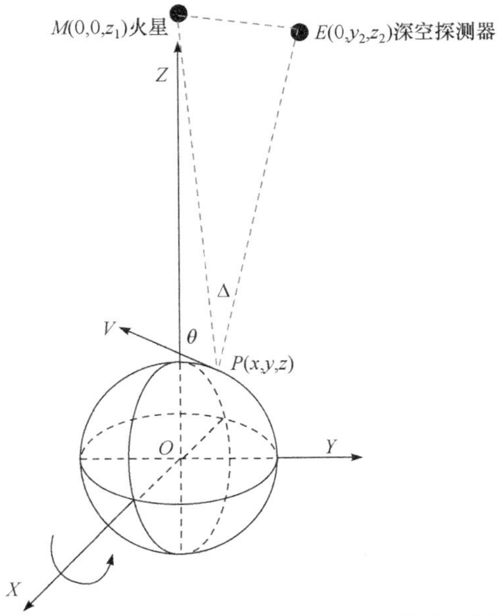

图 4-9　太阳自转引起多普勒速度误差的基本原理

节建立的空间直角坐标系。赤道处的太阳自转周期 T 约为 25.38d。太阳半径 R 约为 696000km。

设球体绕 X 轴自转，点 $P(x, y, z)$处的太阳自转多普勒速度 $\boldsymbol{v}_{\mathrm{R}}$ 可表示为

$$\boldsymbol{v}_{\mathrm{R}}(x,y,z)=\frac{2\pi\sqrt{R^2-x^2}}{T}\cdot\frac{[0,-z,y]}{\sqrt{z^2+y^2}}=\frac{2\pi}{T}[0,-z,y] \tag{4-27}$$

直射光的多普勒速度是 $\boldsymbol{v}_{\mathrm{R}}$ 在 $PE/|PE|$ 上的投影，反射光的多普勒速度是 $\boldsymbol{v}_{\mathrm{R}}$ 在 $PM/|PM|$ 上的投影，分别是 $\boldsymbol{v}_{\mathrm{R}}PE/|PE|$ 和 $\boldsymbol{v}_{\mathrm{R}}PM/|PM|$。二者差 $\Delta\boldsymbol{v}_{\mathrm{R}}(x,y,z)$，可表示为

$$\begin{aligned}\Delta\boldsymbol{v}_{\mathrm{R}}(x,y,z)&=\boldsymbol{v}_{\mathrm{R}}\cdot(PM/|PM|-PE/|PE|)\\&\approx\frac{2\pi}{T}[0,-z,y]\cdot\left(\frac{[x,y,z-z_1]}{\|[x,y,z-z_1]\|}-\frac{[x,y-y_2,z-z_2]}{\|[x,y-y_2,z-z_2]\|}\right)\end{aligned} \tag{4-28}$$

下面研究 $\Delta\boldsymbol{v}_{\mathrm{R}}(x,y,z)$ 的数学期望值。由于火星和太阳之间的距离远大于太阳半径，可得

$$PM/|PM|-PE/|PE|\approx OM/|OM|-OE/|OE| \tag{4-29}$$

根据式(4-29)，式(4-28)可以简化为

$$\begin{aligned}\Delta\boldsymbol{v}_{\mathrm{R}}(x,y,z)&=\boldsymbol{v}_{\mathrm{R}}\cdot(PM/|PM|-PE/|PE|)\\&\approx\frac{2\pi}{T}[0,-z,y]\cdot\left([0,0,1]-\frac{[0,y_2,z_2]}{\sqrt{y_2^2+z_2^2}}\right)\end{aligned} \tag{4-30}$$

$\Delta\boldsymbol{v}_{\mathrm{R}}(x,y,z)$ 的数学期望值可表示为

$$\begin{aligned}\Delta\overline{v}_{\mathrm{R}}&=\frac{\displaystyle\int_{-R}^{R}\int_{-\sqrt{R^2-y^2}}^{\sqrt{R^2-y^2}}\Delta\boldsymbol{v}_{\mathrm{R}}(x,y,z)\frac{R}{\sqrt{R^2-x^2-y^2}}\mathrm{d}x\mathrm{d}y}{2\pi R^2}\\&=\frac{\dfrac{2\pi^2R^3}{T}\dfrac{y_2}{\sqrt{y_2^2+z_2^2}}}{2\pi R^2}=\frac{\pi R}{T}\frac{y_2}{\sqrt{y_2^2+z_2^2}}\end{aligned} \tag{4-31}$$

然后，估计 $\Delta\boldsymbol{v}_{\mathrm{R}}(x,y,z)$ 的最大值。设矢量 $[0,0,z_1]$ 和 $[0,y_2,z_2]$ 之间的夹角为 Δ，矢量 $[0,-z,y]$ 和 $[0,0,z_1]$ 之间的夹角为 θ，式(4-30)可表示为

$$\Delta \boldsymbol{v}_{\mathrm{R}}(x,y,z) \approx \frac{2\pi\sqrt{R^2-x^2}}{T}\cdot\frac{[0,-z,y]}{\sqrt{z^2+y^2}}\cdot\left([0,0,1]-\frac{[0,y_2,z_2]}{\sqrt{y_2^2+z_2^2}}\right)$$
$$\approx \frac{2\pi\sqrt{R^2-x^2}}{T}[\cos\theta-\cos(\theta+\Delta)]$$
$$=\frac{4\pi\sqrt{R^2-x^2}}{T}\sin\frac{\Delta}{2}\sin\left(\theta+\frac{\Delta}{2}\right) \tag{4-32}$$

可以看出，当 $\theta=\pi/2$ 且 $x=0(x=y=0)$时，$\Delta \boldsymbol{v}_{\mathrm{R}}(x,y,z)$ 达到最大值，$\Delta v_{\mathrm{R}}^{\mathrm{MAX}}$ 为

$$\Delta v_{\mathrm{R}}^{\mathrm{MAX}}=\frac{2\pi R}{T}\Delta=\frac{2\pi R}{T}\cdot\frac{y_2}{\sqrt{y_2^2+z_2^2}} \tag{4-33}$$

根据式(4-31)和式(4-33)，可以看出 $\Delta v_{\mathrm{R}}(x,y,z)$ 的最大值是数学期望值的两倍。

最后，研究太阳多普勒差分偏差模型的精度。式(4-33)可用于补偿太阳多普勒差分测量，以减小太阳自转引入的误差。包括 y_2、z_2 在内的先验位置信息可由其他天文导航方法提供。在捕获段，$\sqrt{y_2^2+z_2^2}$ 约为火星的半长轴，约为 2.28×10^8km。即使其他天文导航方法提供的先验位置信息的精度低，我们建立的太阳多普勒差分偏差模型的精度仍能很高。例如，Rosetta 和“信使号”的先验位置精度约为 20km，而其造成的补偿误差仍小于 0.2mm/s。此外，式(4-33)的计算量很小，因此该模型可在器载计算机上运行。

图 4-10 所示为太阳自转多普勒偏差。太阳多普勒差分偏差形成一个半椭球。二者的唯一不同是幅值。图 4-10(c)所示为太阳多普勒偏差与时间的关系。最大值与数学期望值均随时间减小。究其原因，火星和深空探测器之间的距离随时间减小，该距离正比于太阳多普勒差分偏差。这也验证了式(4-32)的结论。此外，最大值是最小值的两倍。

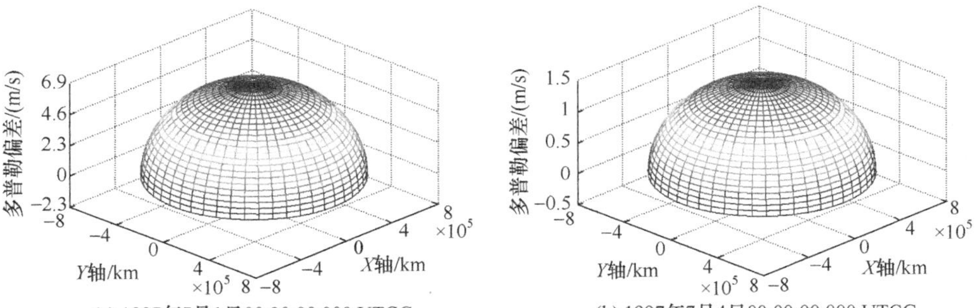

(a) 1997年7月1日00:00:00.000 UTCG　(b) 1997年7月4日00:00:00.000 UTCG

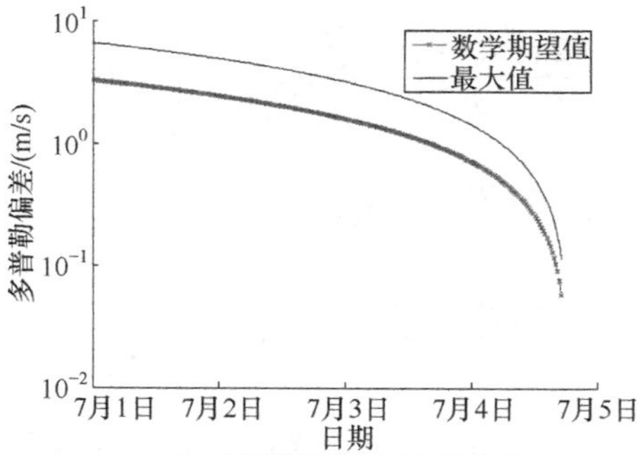

(c) 多普勒偏差与时间的关系

图 4-10　太阳自转多普勒偏差

以上结果为太阳自转多普勒差分测量的误差补偿提供了参考。太阳自转多普勒差分模型对深空探测器的先验位置精度要求较低。因此，可以利用其他天文导航方法提供的位置信息，获得高精度的太阳自转多普勒差分补偿。

4.3.2　太阳自转轴

上节设太阳自转轴为 X 轴，但实际上，太阳自转轴并非精确指向 X 轴。本节考虑太阳自转轴方位的影响。

1. 三个特殊的自转模型

图 4-5 和图 4-6 所示为空间直角坐标系和球极坐标系，二者关系为

$$\begin{cases} x = r\cos\varphi\cos\theta \\ y = r\cos\varphi\sin\theta \\ z = r\sin\varphi \end{cases} \tag{4-34}$$

$$\begin{aligned} r &= \sqrt{x^2+y^2+z^2} \\ \varphi &= \arcsin\frac{z}{\sqrt{x^2+y^2+z^2}} \\ \theta &= \arctan\frac{y}{x} \end{aligned} \tag{4-35}$$

赤道处的太阳自转周期 T 约为 25.38d，太阳的半径 R 约为 696000km。

2. 绕 X 轴自转模型

$P(x,y,z)$或 $P(\theta, \varphi, r)$是位于太阳表面上的任意点，点 P 的太阳自转多普勒速度 $V_{\mathrm{T}}(x, y, z, \theta, \varphi)$可表示为

$$\boldsymbol{V}_{\mathrm{T}}(x,y,z,0,0)=\frac{2\pi\sqrt{R^2-x^2}}{T}\frac{[0,-z,y]}{\sqrt{z^2+y^2}}=\frac{2\pi}{T}[0,-z,y] \tag{4-36}$$

其中，θ 和 φ 为自转轴方位角，当自转轴为 X 轴时，θ 和 φ 均为零。

火星坐标和深空探测器坐标分别为$(x_{\mathrm{M}}, y_{\mathrm{M}}, z_{\mathrm{M}})$和$(x_{\mathrm{E}}, y_{\mathrm{E}}, z_{\mathrm{E}})$。直射光的多普勒速度是 $\boldsymbol{V}_{\mathrm{T}}$ 在直线 PE 上的投影，其值为$\boldsymbol{V}_{\mathrm{T}}\cdot PE/|PE|$。反射光的多普勒速度是 $\boldsymbol{V}_{\mathrm{T}}$ 在直线 PM 的投影，其值为$\boldsymbol{V}_{\mathrm{T}}\cdot PM/|PM|$。这二者的差分可表示为

$$\begin{aligned}\Delta\boldsymbol{V}(x,y,z,0,0)&=\boldsymbol{V}_{\mathrm{T}}(PM/|PM|-PE/|PE|)\\&\approx\frac{2\pi[0,-z,y]}{T}\left(\frac{[x-x_{\mathrm{M}},y-y_{\mathrm{M}},z-z_{\mathrm{M}}]}{|[x-x_{\mathrm{M}},y-y_{\mathrm{M}},z-z_{\mathrm{M}}]|}-\frac{[x-x_{\mathrm{E}},y-y_{\mathrm{E}},z-z_{\mathrm{E}}]}{|[x-x_{\mathrm{E}},y-y_{\mathrm{E}},z-z_{\mathrm{E}}]|}\right)\end{aligned} \tag{4-37}$$

设$\Delta\boldsymbol{V}(x,y,z,0,0)$的数学期望值为$\Delta\bar{V}(0,0)$，可表示为

$$\begin{aligned}\Delta\bar{V}(0,0)&=\frac{\displaystyle\int_{-R}^{R}\int_{-\sqrt{R^2-y^2}}^{\sqrt{R^2-y^2}}\Delta\boldsymbol{V}(x,y,z,0,0)\frac{R}{\sqrt{R^2-x^2-y^2}}\mathrm{d}x\mathrm{d}y}{2\pi R^2}\\&=\frac{2\pi^2R^3\dfrac{y_{\mathrm{E}}}{\sqrt{y_{\mathrm{E}}^2+z_{\mathrm{E}}^2}}}{2\pi R^2}\\&=\frac{\pi R}{T}\frac{y_{\mathrm{E}}}{\sqrt{y_{\mathrm{E}}^2+z_{\mathrm{E}}^2}}\end{aligned} \tag{4-38}$$

根据太阳绕 X 轴自转的原理，下面分析太阳自转轴为两个特殊的自转轴，即坐标轴情况下的太阳多普勒差分偏差。

3. 绕 Y 轴自转模型

当自转轴为 Y 轴时，点 P 的太阳自转多普勒速度 $\boldsymbol{V}_{\mathrm{T}}$ 为

$$\boldsymbol{V}_{\mathrm{T}}\left(x,y,z,\frac{\pi}{2},0\right)=\frac{2\pi\sqrt{R^2-y^2}}{T}\frac{[-z,0,x]}{\sqrt{z^2+x^2}}=\frac{2\pi}{T}[-z,0,x] \tag{4-39}$$

直射光与反射光的多普勒速度的差值$\Delta\boldsymbol{V}(x,y,z,\frac{\pi}{2},0)$可表示为

$$\begin{aligned}\Delta\boldsymbol{V}\left(x,y,z,\frac{\pi}{2},0\right)&=\boldsymbol{V}_{\mathrm{T}}(PM/|PM|-PE/|PE|)\\&\approx\frac{2\pi[-z,0,x]}{T}\left(\frac{[x-x_{\mathrm{M}},y-y_{\mathrm{M}},z-z_{\mathrm{M}}]}{|[x-x_{\mathrm{M}},y-y_{\mathrm{M}},z-z_{\mathrm{M}}]|}-\frac{[x-x_{\mathrm{E}},y-y_{\mathrm{E}},z-z_{\mathrm{E}}]}{|[x-x_{\mathrm{E}},y-y_{\mathrm{E}},z-z_{\mathrm{E}}]|}\right)\end{aligned} \tag{4-40}$$

其数学期望值 $\Delta\bar{V}(\pi/2,0)$ 可表示为

$$\Delta\bar{V}\left(\frac{\pi}{2},0\right)=\frac{\int_{-R}^{R}\int_{-\sqrt{R^2-y^2}}^{\sqrt{R^2-y^2}}\Delta\boldsymbol{V}\left(x,y,z,\frac{\pi}{2},0\right)\frac{R}{\sqrt{R^2-x^2-y^2}}\mathrm{d}x\mathrm{d}y}{2\pi R^2}=0 \tag{4-41}$$

4. 绕 Z 轴自转模型

当自转轴为 Z 轴时，点 $\boldsymbol{P}(x, y, z)$的太阳自转多普勒速度 $\boldsymbol{V}_{\mathrm{T}}$ 为

$$\boldsymbol{V}_{\mathrm{T}}\left(x,y,z,0,\frac{\pi}{2}\right)=\frac{2\pi\sqrt{R^2-z^2}}{T}\frac{[-y,x,0]}{\sqrt{y^2+x^2}}=\frac{2\pi}{T}[-y,x,0] \tag{4-42}$$

直射光与反射光多普勒速度的差值 $\Delta\boldsymbol{V}(x,y,z,0,\pi/2)$ 可表示为

$$\begin{aligned}\Delta\boldsymbol{V}(x,y,z,0,\frac{\pi}{2})&=\boldsymbol{V}_{\mathrm{T}}(PM/|PM|-PE/|PE|)\\&\approx\frac{2\pi[-y,x,0]}{T}\left(\frac{[x-x_{\mathrm{M}},y-y_{\mathrm{M}},z-z_{\mathrm{M}}]}{|[x-x_{\mathrm{M}},y-y_{\mathrm{M}},z-z_{\mathrm{M}}]|}-\frac{[x-x_{\mathrm{E}},y-y_{\mathrm{E}},z-z_{\mathrm{E}}]}{|[x-x_{\mathrm{E}},y-y_{\mathrm{E}},z-z_{\mathrm{E}}]|}\right)\end{aligned} \tag{4-43}$$

其数学期望值 $\Delta\bar{V}(0,\pi/2)$ 可表示为

$$\Delta\bar{V}\left(0,\frac{\pi}{2}\right)=\frac{\int_{-R}^{R}\int_{-\sqrt{R^2-y^2}}^{\sqrt{R^2-y^2}}\Delta\boldsymbol{V}\left(x,y,z,0,\frac{\pi}{2}\right)\frac{R}{\sqrt{R^2-x^2-y^2}}\mathrm{d}x\mathrm{d}y}{2\pi R^2}=0 \tag{4-44}$$

从太阳绕 Y 轴和 Z 轴自转的太阳多普勒差分偏差可以得出，自转轴方位的变化会对模型产生影响。

5. 任意自转轴下的太阳多普勒差分偏差

设太阳绕任意自转轴自转，太阳上有任意点 P，点 P 绕自转轴 $l_{\mathrm{r}}(\theta,\varphi,r)$自转一周，作自转轴的垂面 C，垂足为点 Q。任意自转轴下的太阳多普勒差分偏差的基本原理如图 4-11 所示。

P 在太阳表面，满足下式，即

$$x^2+y^2+z^2=R^2 \tag{4-45}$$

设自转轴上有任意点$(x_{\mathrm{r}},y_{\mathrm{r}},z_{\mathrm{r}})$，自转轴的方位矢量为$[x_{\mathrm{r}}, y_{\mathrm{r}}, z_{\mathrm{r}}]$，设球上有任意点 $P(x, y, z)$，过点 P 作垂直于轴 l_{r} 的垂面 C，垂足为 Q，满足

$$\begin{cases} x_q = tx_r \\ y_q = ty_r \\ z_q = tz_r \\ x_r(x_q - x) + y_r(y_q - y) + z_r(z_q - z) = 0 \end{cases} \tag{4-46}$$

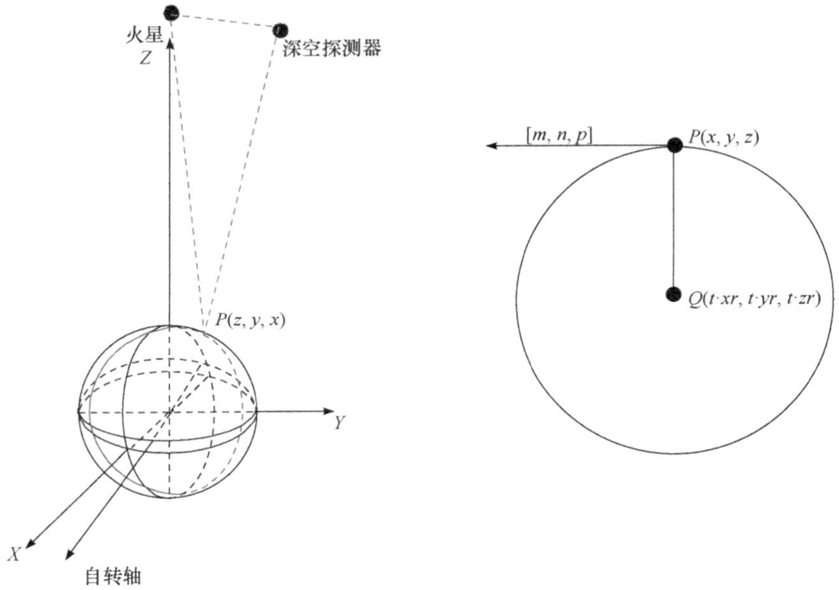

(a) 三维图　　(b) 剖面图

图 4-11　任意自转轴下的太阳多普勒差分偏差的基本原理

可得

$$t = \frac{xx_r + yy_r + zz_r}{x_r^2 + y_r^2 + z_r^2} \tag{4-47}$$

由此可得，轴线与面 C 的交点 $Q(tx_r, ty_r, tz_r)$。

下面求点 P 的速度方位矢量$[m, n, p]$。PQ 的单位矢量为$[x-tx_r, y-ty_r, z-tz_r]$。P 至太阳自转轴的距离为 PQ，其长度为

$$r_{PQ} = \sqrt{R^2 - t^2(x_r^2 + y_r^2 + z_r^2)} \tag{4-48}$$

在面 C 内求垂直于 PQ 的矢量$[m, n, p]$，满足

$$\begin{cases} m(x - tx_r) + n(y - ty_r) + p(z - tz_r) = 0 \\ x_r m + y_r n + z_r p = 0 \end{cases} \tag{4-49}$$

不难看出，$[m, n, p]$既垂直于 PQ 的方位矢量，又垂直于自转轴的方位矢量，

即满足以下方程组，即

$$\begin{cases} mtx_{\mathrm{r}} + nty_{\mathrm{r}} + ptz_{\mathrm{r}} = 0 \\ m(x - tx_{\mathrm{r}}) + n(y - ty_{\mathrm{r}}) + p(z - tz_{\mathrm{r}}) = 0 \end{cases} \tag{4-50}$$

式(4-50)可化简为

$$\begin{cases} mtx_{\mathrm{r}} + nty_{\mathrm{r}} + ptz_{\mathrm{r}} = 0 \\ mx + ny + pz = 0 \end{cases} \tag{4-51}$$

由式(4-50)可得

$$\begin{aligned} & \left[n\left(z - tz_{\mathrm{r}}\right) - p(y - ty_{\mathrm{r}})\right]tx_{\mathrm{r}} + \left[-m\left(z - tz_{\mathrm{r}}\right) + p(x - tx_{\mathrm{r}})\right]ty_{\mathrm{r}} \\ & \quad + \left[-n\left(x - tx_{\mathrm{r}}\right) + m(y - ty_{\mathrm{r}})\right]tz_{\mathrm{r}} \\ & = p(-tx_{\mathrm{r}}y + xty_{\mathrm{r}}) + m(-zty_{\mathrm{r}} + ytz_{\mathrm{r}}) + n(tx_{\mathrm{r}}z - xtz_{\mathrm{r}}) \\ & = \frac{1}{p}\left[p^2(-tx_{\mathrm{r}}y + xty_{\mathrm{r}}) + m^2(-tx_{\mathrm{r}}y + xty_{\mathrm{r}}) + n^2(-tx_{\mathrm{r}}y + xty_{\mathrm{r}})\right] \\ & = \frac{1}{p}(-tx_{\mathrm{r}}y + xty_{\mathrm{r}}) \\ & > 0 \end{aligned} \tag{4-52}$$

对 P 进行分类讨论。

① 当满足下式时，有

$$x_{\mathrm{r}}y - xy_{\mathrm{r}} = 0 \tag{4-53}$$

此时，p=0。如果 $x = y = 0$，并且 $x_{\mathrm{r}} = y_{\mathrm{r}} = 0$，$P$ 处的太阳多普勒差分偏差为 0。如果 $x = y = 0$，那么

$$\begin{cases} m = -y_{\mathrm{r}} \\ n = x_{\mathrm{r}} \end{cases} \tag{4-54}$$

此时，P 处的太阳自转线速度方向为$[m, n, 0]$。该处的太阳多普勒差分偏差为

$$\begin{aligned} \boldsymbol{V}_{\mathrm{T}}(x,y,z,\theta,\varphi) &= \frac{2\pi\sqrt{R^2 - t^2(x_{\mathrm{r}}^2 + y_{\mathrm{r}}^2 + z_{\mathrm{r}}^2)}}{T}\frac{[m,n,0]}{\|[m,n,0]\|} \\ &= \frac{2\pi\sqrt{R^2 - (xx_{\mathrm{r}} + yy_{\mathrm{r}} + zz_{\mathrm{r}})^2/R^2}}{T}\frac{[m,n,0]}{\|[m,n,0]\|} \end{aligned} \tag{4-55}$$

如果均不满足，并且 $z<tz_{\mathrm{r}}$，将 $p = 0$ 代入式(4-49)，可得

$$\begin{cases} m(x - tx_{\mathrm{r}}) + n(y - ty_{\mathrm{r}}) = 0 \\ x_{\mathrm{r}}m + y_{\mathrm{r}}n = 0 \end{cases} \tag{4-56}$$

可得

$$\begin{cases} m = -y \\ n = x \end{cases} \tag{4-57}$$

P 处的太阳多普勒差分偏差为

$$\begin{aligned} \boldsymbol{V}_{\mathrm{T}}(x,y,z,\theta,\varphi) &= \operatorname{sign}(xx_{\mathrm{r}} + yy_{\mathrm{r}}) \frac{2\pi\sqrt{R^2 - t^2({x_{\mathrm{r}}}^2 + {y_{\mathrm{r}}}^2 + {z_{\mathrm{r}}}^2)}}{T} \frac{[m,n,0]}{\|[m,n,0]\|} \\ &= \operatorname{sign}(xx_{\mathrm{r}} + yy_{\mathrm{r}}) \frac{2\pi\sqrt{R^2 - (xx_{\mathrm{r}} + yy_{\mathrm{r}} + zz_{\mathrm{r}})^2 / R^2}}{T} \frac{[m,n,0]}{\|[m,n,0]\|} \end{aligned} \tag{4-58}$$

如以上条件均不满足，P 处的太阳多普勒差分偏差为

$$\begin{aligned} \boldsymbol{V}_{\mathrm{T}}(x,y,z,\theta,\varphi) &= -\operatorname{sign}(xx_{\mathrm{r}} + yy_{\mathrm{r}}) \frac{2\pi\sqrt{R^2 - t^2(x_{\mathrm{r}}^2 + y_{\mathrm{r}}^2 + z_{\mathrm{r}}^2)}}{T} \frac{[m,n,0]}{\|[m,n,0]\|} \\ &= -\operatorname{sign}(xx_{\mathrm{r}} + yy_{\mathrm{r}}) \frac{2\pi\sqrt{R^2 - (xx_{\mathrm{r}} + yy_{\mathrm{r}} + zz_{\mathrm{r}})^2 / R^2}}{T} \frac{[m,n,0]}{\|[m,n,0]\|} \end{aligned} \tag{4-59}$$

② 对于式(4-52)，当满足下式时，即

$$x_{\mathrm{r}} y - x y_{\mathrm{r}} > 0 \tag{4-60}$$

将 p=1 代入式(4-49)，可得

$$\begin{cases} m(x - tx_{\mathrm{r}}) + n(y - ty_{\mathrm{r}}) + (z - tz_{\mathrm{r}}) = 0 \\ x_{\mathrm{r}} m + y_{\mathrm{r}} n + z_{\mathrm{r}} = 0 \end{cases} \tag{4-61}$$

m 和 n 可表示为

$$\begin{cases} m = \dfrac{z_{\mathrm{r}} y - z y_{\mathrm{r}}}{x y_{\mathrm{r}} - x_{\mathrm{r}} y} \\ n = \dfrac{z_{\mathrm{r}} x - z x_{\mathrm{r}}}{x_{\mathrm{r}} y - x y_{\mathrm{r}}} \end{cases} \tag{4-62}$$

矢量$[m,n,1]$即点 P 的速度方位矢量，则点 P 的多普勒速度为

$$\boldsymbol{V}_{\mathrm{T}}(x,y,z,\theta,\varphi) = \frac{2\pi\sqrt{R^2 - (xx_{\mathrm{r}} + yy_{\mathrm{r}} + zz_{\mathrm{r}})^2 / R^2}}{T} \frac{[m,n,1]}{\|[m,n,1]\|} \tag{4-63}$$

③ 对于式(4-52)，当满足下式时，即

$$x_{\mathrm{r}} y - x y_{\mathrm{r}} < 0 \tag{4-64}$$

将 p=−1 代入式(4-50)，可得

$$\begin{cases} m(x - tx_{\mathrm{r}}) + n(y - ty_{\mathrm{r}}) - (z - tz_{\mathrm{r}}) = 0 \\ x_{\mathrm{r}} m + y_{\mathrm{r}} n - z_{\mathrm{r}} = 0 \end{cases} \tag{4-65}$$

m 和 n 可表示为

$$\begin{cases} m = \dfrac{y_r z - y z_r}{x y_r - x_r y} \\ n = \dfrac{x_r z - x z_r}{x_r y - x y_r} \end{cases} \tag{4-66}$$

矢量$[m,n,-1]$即点 P 的速度方位矢量，则点 P 的多普勒速度为

$$\boldsymbol{V}_{\mathrm{T}}(x,y,z,\theta,\varphi) = \frac{2\pi\sqrt{R^2-(xx_r+yy_r+zz_r)^2/R^2}}{T}\frac{[m,n,-1]}{\|[m,n,-1]\|} \tag{4-67}$$

P 相对于火星和深空探测器的方位矢量差分为

$$\frac{PM}{|PM|}-\frac{PE}{|PE|}=\left(\frac{[x-x_{\mathrm{M}},y-y_{\mathrm{M}},z-z_{\mathrm{M}}]}{\|[x-x_{\mathrm{M}},y-y_{\mathrm{M}},z-z_{\mathrm{M}}]\|}-\frac{[x-x_{\mathrm{E}},y-y_{\mathrm{E}},z-z_{\mathrm{E}}]}{\|[x-x_{\mathrm{E}},y-y_{\mathrm{E}},z-z_{\mathrm{E}}]\|}\right) \tag{4-68}$$

太阳多普勒差分速度的表达式为

$$\Delta\boldsymbol{V}(x,y,z,\theta,\varphi) = \frac{2\pi\sqrt{R^2-(xx_r+yy_r+zz_r)^2/R^2}}{T}\frac{[m,n,p]}{\|[m,n,p]\|} \times\left(\frac{[x-x_{\mathrm{M}},y-y_{\mathrm{M}},z-z_{\mathrm{M}}]}{\|[x-x_{\mathrm{M}},y-y_{\mathrm{M}},z-z_{\mathrm{M}}]\|}-\frac{[x-x_{\mathrm{E}},y-y_{\mathrm{E}},z-z_{\mathrm{E}}]}{\|[x-x_{\mathrm{E}},y-y_{\mathrm{E}},z-z_{\mathrm{E}}]\|}\right) \tag{4-69}$$

综上所述，分情况计算太阳多普勒差分速度。

① 当满足式(4-53)时，$p=0$，可分为四种情况。

② 当满足式(4-60)时，$p=1$。P 处的太阳多普勒差分按式(4-63)计算。

③ 当满足式(4-64)时，$p=-1$。P 处的太阳多普勒差分按式(4-67)计算。

由于太阳自转轴方位无法确定，太阳并非绕 X 轴、Y 轴、Z 轴转动。为此，我们建立太阳绕任意轴自转的太阳多普勒差分偏差模型，以便对太阳多普勒差分偏差进行补偿。

6. 模型性质分析

本节分析深空探测器与火星之间的距离，以及深空探测器-火星-太阳夹角对太阳多普勒差分偏差的影响。

在深空探测捕获段中，由于深空探测器相对于深空探测器-火星-太阳的夹角 α，以及深空探测器到火星之间的距离 r_{MS} 不断变化，我们以 α 和 r_{MS} 为变量，考察太阳多普勒差分偏差。z_{M}、y_{E} 和 z_{E} 可表示为

$$\begin{cases} z_{\mathrm{M}} = r_{\mathrm{M}} \\ y_{\mathrm{E}} = r_{\mathrm{MS}} \sin\alpha \\ z_{\mathrm{E}} = r_{\mathrm{M}} - r_{\mathrm{MS}} \cos\alpha \end{cases} \tag{4-70}$$

首先，保持深空探测器与火星之间的距离 r_{MS} 不变，以深空探测器-火星-太阳的夹角 α 为自变量，在太阳绕任意轴自转的情况下，太阳多普勒差分偏差为

$$\begin{aligned}
&\Delta \boldsymbol{V}(x,y,z,\theta,\varphi) \\
&= \frac{2\pi\sqrt{R^2-(xx_{\mathrm{r}}+yy_{\mathrm{r}}+zz_{\mathrm{r}})^2/R^2}}{T}\frac{[m,n,p]}{\|[m,n,p]\|} \\
&\quad\times\left(\frac{[x-x_{\mathrm{M}},y-y_{\mathrm{M}},z-z_{\mathrm{M}}]}{\|[x-x_{\mathrm{M}},y-y_{\mathrm{M}},z-z_{\mathrm{M}}]\|}-\frac{[x-x_{\mathrm{E}},y-y_{\mathrm{E}},z-z_{\mathrm{E}}]}{\|[x-x_{\mathrm{E}},y-y_{\mathrm{E}},z-z_{\mathrm{E}}]\|}\right) \\
&= \frac{2\pi\sqrt{R^2-(xx_{\mathrm{r}}+yy_{\mathrm{r}}+zz_{\mathrm{r}})^2/R^2}}{T}\frac{[m,n,p]}{\|[m,n,p]\|} \\
&\quad\times\left(\frac{[x,y,z-r_{\mathrm{M}}]}{\|[x,y,z-r_{\mathrm{M}}]\|}-\frac{[x,y-r_{\mathrm{MS}}\sin\alpha,z-(r_{\mathrm{M}}-r_{\mathrm{MS}}\cos\alpha)]}{\|[x,y-r_{\mathrm{MS}}\sin\alpha,z-(r_{\mathrm{M}}-r_{\mathrm{MS}}\cos\alpha)]\|}\right) \\
&\approx \frac{2\pi\sqrt{R^2-(xx_{\mathrm{r}}+yy_{\mathrm{r}}+zz_{\mathrm{r}})^2/R^2}}{T}\frac{[m,n,p]}{\|[m,n,p]\|}\frac{[0,r_{\mathrm{MS}}\sin\alpha,-r_{\mathrm{MS}}\cos\alpha]}{\|[x,y-r_{\mathrm{MS}}\sin\alpha,z-(r_{\mathrm{M}}-r_{\mathrm{MS}}\cos\alpha)]\|} \\
&\approx \frac{2\pi\sqrt{R^2-(xx_{\mathrm{r}}+yy_{\mathrm{r}}+zz_{\mathrm{r}})^2/R^2}}{T}\frac{nr_{\mathrm{MS}}\sin\alpha-pr_{\mathrm{MS}}\cos\alpha}{\|[m,n,p]\|\|[x,y-r_{\mathrm{MS}}\sin\alpha,z-(r_{\mathrm{M}}-r_{\mathrm{MS}}\cos\alpha)]\|}
\end{aligned} \tag{4-71}$$

球面上 $A(x_0, y_0, z_0)$关于平面 $x_{\mathrm{r}}y-xy_{\mathrm{r}}=0$ 的对称点为 $A_1(x_1, y_1, z_0)$，即

$$\begin{cases} x_1 = \dfrac{x_0x_{\mathrm{r}}^2+2x_{\mathrm{r}}y_0y_{\mathrm{r}}-x_0y_{\mathrm{r}}^2}{x_{\mathrm{r}}^2+y_{\mathrm{r}}^2} \\ y_1 = \dfrac{y_0y_{\mathrm{r}}^2+2x_{\mathrm{r}}x_0y_{\mathrm{r}}-y_0x_{\mathrm{r}}^2}{x_{\mathrm{r}}^2+y_{\mathrm{r}}^2} \end{cases} \tag{4-72}$$

A_1 必在球面上，两个点到平面的距离是相等的，即

$$x_0x_{\mathrm{r}}+y_0y_{\mathrm{r}}+z_0z_{\mathrm{r}} = x_1x_{\mathrm{r}}+y_1y_{\mathrm{r}}+z_0z_{\mathrm{r}} \tag{4-73}$$

假设下式成立，即

$$\begin{cases} x_{\mathrm{r}}y_0 - x_0y_{\mathrm{r}} > 0 \\ x_{\mathrm{r}}y_1 - x_1y_{\mathrm{r}} < 0 \end{cases} \tag{4-74}$$

将点 A 和 A_1 代入式(4-62)和式(4-66)，可得(m_0, n_0)和(m_1, n_1)。易证明二者满足下式，即

$$m_0^2 + n_0^2 = m_1^2 + n_1^2 \tag{4-75}$$

A 处太阳多普勒速度偏差的数学期望值为

$$\begin{aligned}
&\Delta\bar{V}(x_0, y_0, z_0, \theta, \varphi) \\
&= \frac{\int_{-R}^{R}\int_{-\sqrt{R^2-y^2}}^{\sqrt{R^2-y^2}} \frac{2\pi\sqrt{R^2-(x_0x_r+y_0y_r+z_0z_r)^2/R^2}}{T} \frac{n_0 r_{MS}\sin\alpha - r_{MS}\cos\alpha}{\|[m_0,n_0,1]\|\|[x, y-r_{MS}\sin\alpha, z-(r_M-r_{MS}\cos\alpha)]\|}\frac{R}{\sqrt{R^2-x^2-y^2}}\mathrm{d}x\mathrm{d}y}{2\pi R^2} \\
&\approx \frac{\sqrt{R^2-(x_0x_r+y_0y_r+z_0z_r)^2/R^2}}{TR\|[m_0,n_0,1]\|}\frac{r_{MS}}{r_M}\int_{-R}^{R}\int_{-\sqrt{R^2-y^2}}^{\sqrt{R^2-y^2}}\frac{1}{\sqrt{R^2-x^2-y^2}}\mathrm{d}x\mathrm{d}y(n_0\sin\alpha-\cos\alpha)
\end{aligned} \tag{4-76}$$

A_1 处太阳多普勒速度偏差的数学期望值为

$$\begin{aligned}
&\Delta\bar{V}(x_1, y_1, z_0, \theta, \varphi) \\
&= \frac{\int_{-R}^{R}\int_{-\sqrt{R^2-y^2}}^{\sqrt{R^2-y^2}} \frac{2\pi\sqrt{R^2-(x_1x_r+y_1y_r+z_0z_r)^2/R^2}}{T} \frac{n_1 r_{MS}\sin\alpha + r_{MS}\cos\alpha}{\|[m_1,n_1,-1]\|\|[x, y-r_{MS}\sin\alpha, z-(r_M-r_{MS}\cos\alpha)]\|}\frac{R}{\sqrt{R^2-x^2-y^2}}\mathrm{d}x\mathrm{d}y}{2\pi R^2} \\
&\approx \frac{\sqrt{R^2-(x_1x_r+y_1y_r+z_0z_r)^2/R^2}}{TR\|[m_1,n_1,-1]\|}\frac{r_{MS}}{r_M}\int_{-R}^{R}\int_{-\sqrt{R^2-y^2}}^{\sqrt{R^2-y^2}}\frac{1}{\sqrt{R^2-x^2-y^2}}\mathrm{d}x\mathrm{d}y(n_1\sin\alpha+\cos\alpha)
\end{aligned} \tag{4-77}$$

由此可得

$$\begin{aligned}
&\Delta\bar{V}(x_0, y_0, z_0, \theta, \varphi) + \Delta\bar{V}(x_1, y_1, z_0, \theta, \varphi) \\
&= \frac{\sqrt{R^2-(x_0x_r+y_0y_r+z_0z_r)^2/R^2}}{TR\|[m_0,n_0,1]\|}\frac{r_{MS}}{r_M}\int_{-R}^{R}\int_{-\sqrt{R^2-y^2}}^{\sqrt{R^2-y^2}}\frac{1}{\sqrt{R^2-x^2-y^2}}\mathrm{d}x\mathrm{d}y(n_0\sin\alpha-\cos\alpha) \\
&\quad + \frac{\sqrt{R^2-(x_1x_r+y_1y_r+z_0z_r)^2/R^2}}{TR\|[m_1,n_1,-1]\|}\frac{r_{MS}}{r_M}\int_{-R}^{R}\int_{-\sqrt{R^2-y^2}}^{\sqrt{R^2-y^2}}\frac{1}{\sqrt{R^2-x^2-y^2}}\mathrm{d}x\mathrm{d}y(n_1\sin\alpha+\cos\alpha) \\
&= \frac{\sqrt{R^2-(x_0x_r+y_0y_r+z_0z_r)^2/R^2}}{TR\sqrt{m_0{}^2+n_0{}^2+1}}\frac{(n_0+n_1)}{r_M}\int_{-R}^{R}\int_{-\sqrt{R^2-y^2}}^{\sqrt{R^2-y^2}}\frac{1}{\sqrt{R^2-x^2-y^2}}\mathrm{d}x\mathrm{d}y\, r_{MS}\sin\alpha
\end{aligned} \tag{4-78}$$

鉴于式(4-78)与 P 无关，太阳多普勒速度偏差的数学期望值为

$$
\begin{aligned}
&\Delta\bar{V}(\theta,\varphi)\\
&=\int_{-R}^{R}\int_{-\sqrt{R^2-y^2}}^{\sqrt{R^2-y^2}}\Delta V(x,y,z,\theta,\phi)\frac{R}{\sqrt{R^2-x^2-y^2}}\mathrm{d}x\mathrm{d}y\\
&=\frac{\int_{-R}^{R}\int_{-\sqrt{R^2-y^2}}^{\sqrt{R^2-y^2}}\frac{2\pi\sqrt{R^2-(x_0x_r+y_0y_r+z_0z_r)^2/R^2}}{T\|[m,n,p]\|}\frac{nr_{MS}\sin\alpha-pr_{MS}\cos\alpha}{\|[x,y-r_{MS}\sin\alpha,z-(r_M-r_{MS}\cos\alpha)]\|}\frac{R}{\sqrt{R^2-x^2-y^2}}\mathrm{d}x\mathrm{d}y}{2\pi R^2}\\
&\approx\frac{\int_{-R}^{R}\int_{-\sqrt{R^2-y^2}}^{\sqrt{R^2-y^2}}\frac{2\pi\sqrt{R^2-(x_0x_r+y_0y_r+z_0z_r)^2/R^2}\,n(x,y)}{T\|[m,n,p]\|r_M}\frac{R}{\sqrt{R^2-x^2-y^2}}\mathrm{d}x\mathrm{d}y}{2\pi R^2}r_{MS}\sin\alpha
\end{aligned}
\tag{4-79}
$$

可以看出，太阳多普勒速度偏差的数学期望值$\Delta\bar{V}(\theta,\phi)$可近似为一个关于 α 的正弦函数，与距离呈线性关系。随着深空探测器接近火星，太阳多普勒速度偏差减小。这一性质有利于捕获段精度的提高。

7. 仿真实验及结果分析

本节研究太阳自转对多普勒差分速度的影响。仿真以美国火星探路者作为参考。仿真时间为 1997 年 7 月 1 日 00:00:00.000UTCG 至 1997 年 7 月 4 日 16:55:00.000 UTCG。

图 4-12～图 4-14 所示为 X 轴、Y 轴、Z 轴为太阳自转轴的太阳多普勒差分偏差。可以看出，三个自转轴对应的太阳多普勒差分偏差波形明显不同。相对于 X 轴和 Z 轴，Y 轴对太阳多普勒差分偏差的影响小。Y 轴和 Z 轴对应的太阳多普勒差分偏差数学期望值为 0。以上结果表明，自转轴方位的变化会对偏差产生影响，因此考虑太阳自转轴方位是极其必要的。

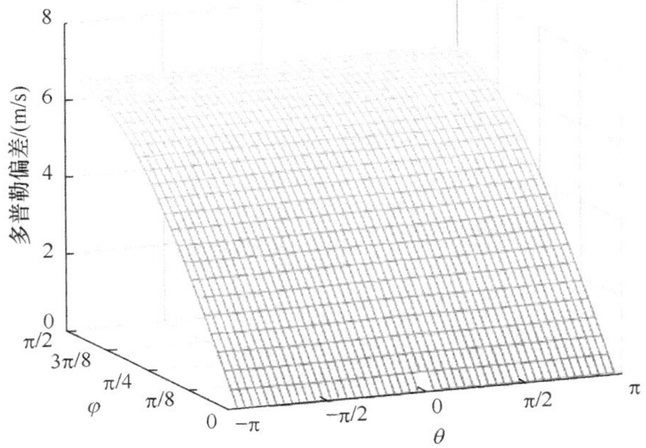

图 4-12　X 轴为太阳自转轴

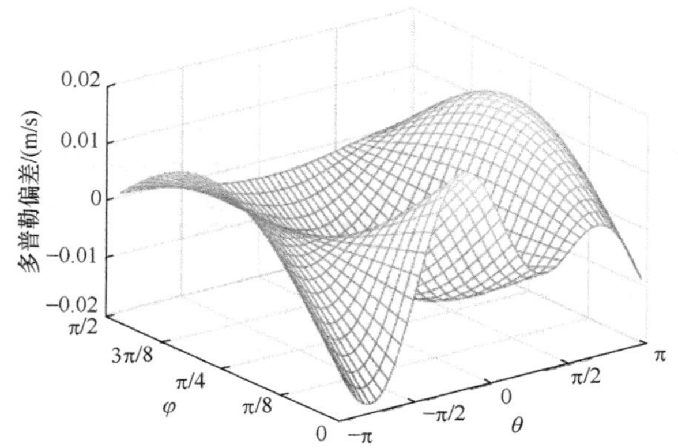

图 4-13　*Y* 轴为太阳自转轴

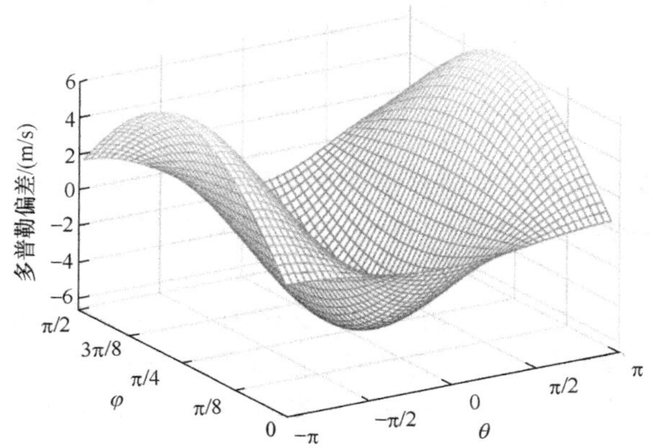

图 4-14　*Z* 轴为太阳自转轴

下面考察不同太阳自转轴方位下的太阳自转轴多普勒差分偏差。太阳绕任意轴自转的多普勒差分偏差如图 4-15 所示。太阳自转轴多普勒差分偏差与太阳自转

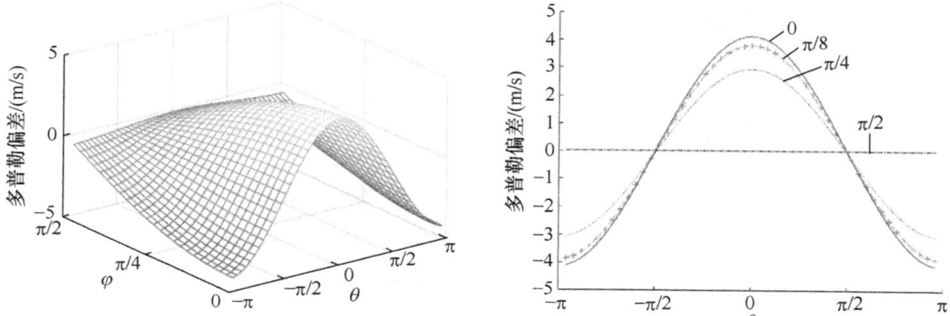

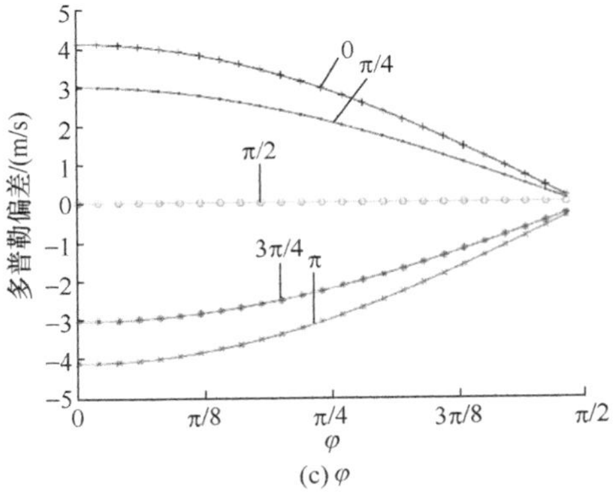

(c) φ

图 4-15　太阳绕任意轴自转的多普勒差分偏差

轴方位有关。太阳自转轴多普勒差分偏差的数学期望值与 θ 呈现余弦关系。随着 φ 的增长，余弦幅值减小。当 $\varphi=\pi/2$ 时，太阳自转轴多普勒差分偏差的数学期望值为零。当 $\theta=\pi/2$ 或 $-\pi/2$ 时，太阳自转轴多普勒差分偏差的数学期望值为零。以上结果表明，当太阳自转轴为 Y 轴或 Z 轴时，太阳自转轴多普勒差分偏差的数学期望值为零。这与本节理论分析和仿真实验相符。当 φ 和 θ 均为 0 时，太阳自转轴多普勒差分偏差的数学期望值达到最大值。这表明，当太阳自转轴为 X 轴时，太阳自转轴多普勒差分偏差的数学期望值为最大值。轮廓关于 $\theta=0$ 镜像对称。

在实际情况中，太阳自转轴的方位是固定的。它指向紫微左垣五。以黄道面为参考，地球自转倾角为 23.5°，称为黄赤交角 ε；太阳自转轴的倾角小于 6°，几乎垂直于黄道面。用赤经 RA 和赤纬 Dec 表示太阳自转轴，垂直于黄道面的轴转换为赤经和赤纬，即 RA=90°和 Dec=66.56°。太阳绕真实轴自转的多普勒差分偏差如图 4-16 所示。

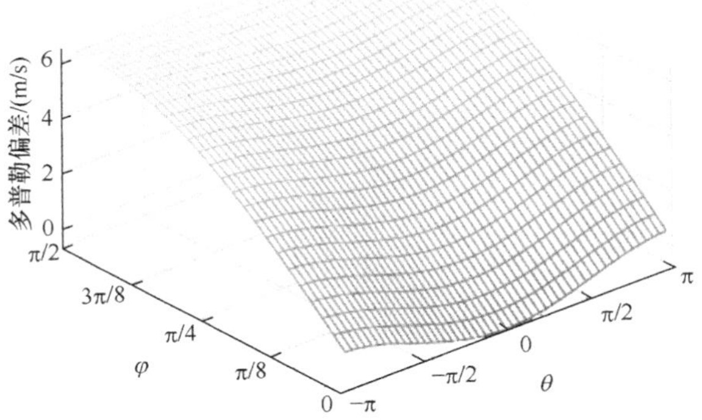

图 4-16　太阳绕真实轴自转的多普勒差分偏差

图 4-17 研究了自转轴和 X 轴的多普勒差分偏差。由图 4-17(a)可知，X 轴和实际轴的太阳多普勒差分偏差均随时间的增加而减小，并且二者的差值也减小。实际轴与 X 轴不重合，而是存在一个小夹角。这导致实际轴与 X 轴下的太阳多普勒差分偏差波形不完全吻合。二者差值如图 4-17(b)所示。二者最大值和最小值分别为 0.692m/s 和−0.683m/s，数学期望值为 0.054m/s。该值虽小，但随时间累积之后也会造成较大的定位误差。深空 1 号的天文自主定速精度达到 0.2m/s。但是，两个模型之差的最大值约为 0.7m/s，数学期望值约为 0.05m/s。与 0.2m/s 相比，0.05m/s

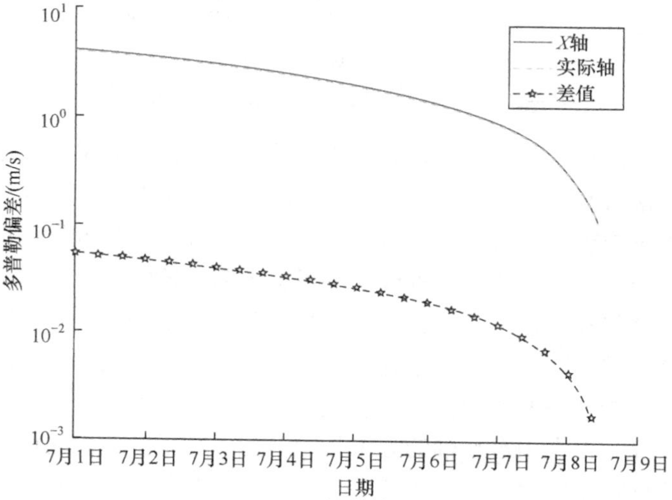

(a) 时间

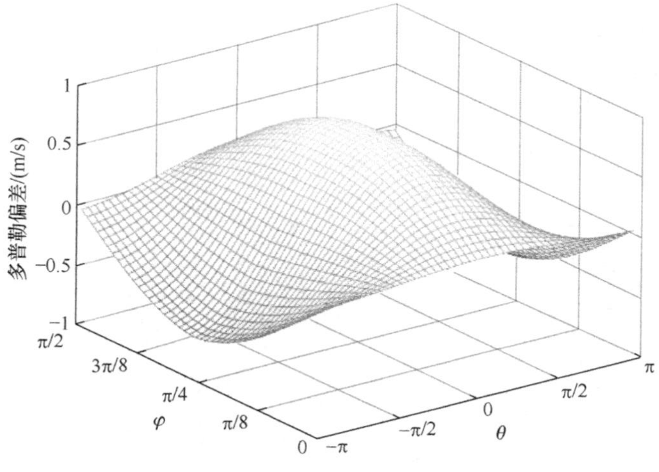

(b) 差值

图 4-17　自转轴和 X 轴的多普勒差分偏差

小。但是，该模型偏差是一个常值。小常值偏差会导致卡尔曼滤波器发散，进而影响导航性能。因此，任意自转轴下的太阳多普勒差分偏差建模是必要的。

将太阳表面活动引起的速度视为噪声，分析噪声及其三轴分量对太阳多普勒差分偏差的影响。太阳表面被分为 2601 个子块，每个子块设置一个速度噪声值。太阳多普勒差分偏差是这些噪声共同作用的结果。表 4-4 所示不考虑太阳自转的情况下，噪声水平与太阳多普勒差分偏差之间的关系。可以看出，X 轴分量对太阳多普勒差分偏差无影响，Z 轴分量的影响可以忽略不计，Y 轴分量起决定作用。此外，噪声水平与太阳多普勒差分偏差成正比。在实际工程中，小尺度太阳表面活动速度的典型值为 10km/s，对应的太阳多普勒差分偏差约为 0.47m/s，与太阳自转引起的偏差(约为 1m/s)相比。该值虽小，但对导航系统有较大影响。总之，太阳表面活动 Y 轴分量的估计是一个值得研究的问题。

表 4-4　噪声水平与太阳多普勒差分偏差

噪声水平/(km/s)	偏差/(m/s)			
	X 轴	Y 轴	Z 轴	综合
0.01	0	4.500×10^{-4}	8.197×10^{-7}	4.500×10^{-4}
0.1	0	4.380×10^{-3}	9.000×10^{-6}	4.379×10^{-3}
1	0	4.653×10^{-2}	7.626×10^{-5}	4.653×10^{-2}
10	0	4.746×10^{-1}	8.039×10^{-4}	4.745×10^{-1}
100	0	4.853	8.817×10^{-3}	4.853

太阳自转轴方位不可避免地存在噪声。图 4-18 所示为太阳自转轴方位噪声的影响。由图 4-18(a)～图 4-18(d)可以看出，对于不同的太阳自转轴方位，噪声引起的太阳多普勒差分偏差是不同的。此外，太阳多普勒差分偏差与噪声存在线性关系，如图 4-18(e)所示。除了幅值外，太阳多普勒差分偏差的波形基本保持不变。

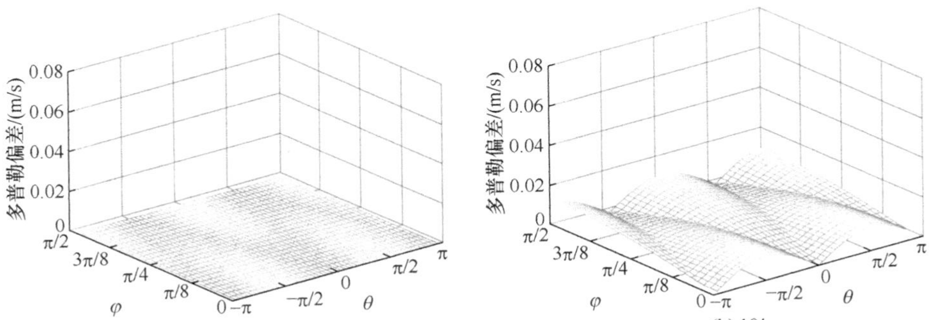

(a) 1′　　(b) 10′

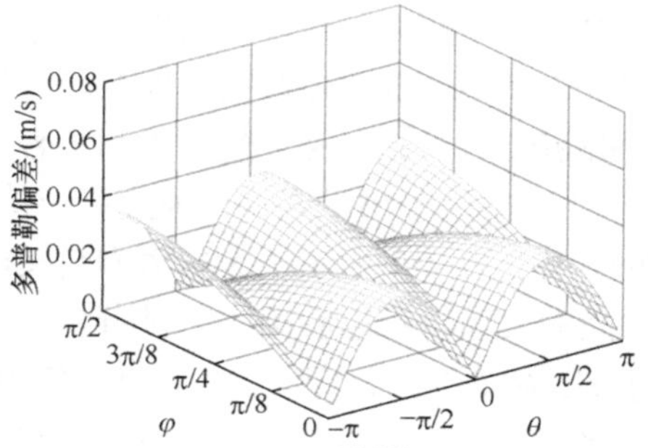

(c) 30′

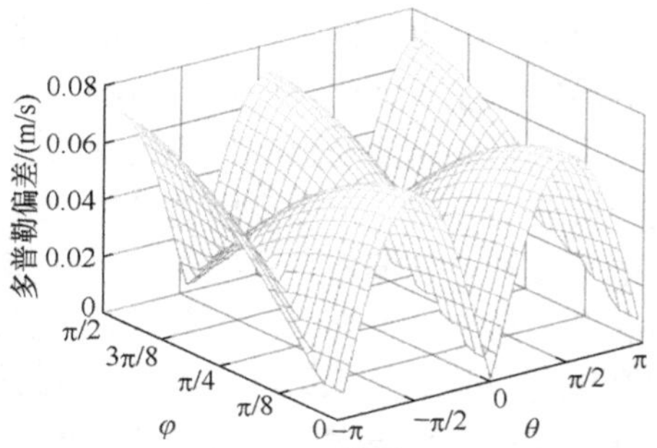

(d) 1°

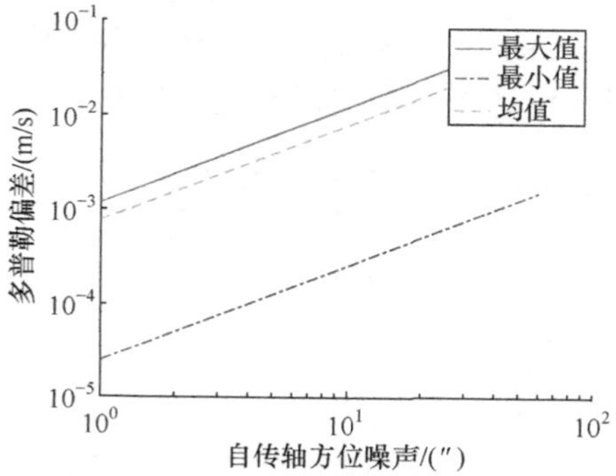

(e) 极值与均值

图 4-18　太阳自转轴方位噪声的影响

从图 4-18 可以看出，在深空探测器向火星接近的过程中，太阳多普勒差分偏差随时间减小。在实际情况中，太阳的自转轴方位与计算坐标系的 X 轴并不重合，而是存在一定的倾角。将自转轴的多普勒差分偏差与 X 轴的多普勒差分偏差进行对比，如图 4-17 和图 4-18 所示。在实际情况下，二者存在偏差。对于不同的深空探测器飞行轨道，太阳多普勒差分偏差不同。

图 4-19 研究了深空探测器-太阳-火星夹角。从图 4-19(a)～图 4-19(e)可以看出，当深空探测器与火星之间的距离 r_{MS} 保持不变时，随着深空探测器-火星-太阳的夹角 α 的变化，太阳多普勒差分偏差的波形仅幅值发生变化，并且呈现为深空探测器相对于火星的方位的函数，如图 4-19(f)所示。这与理论分析结果一致。太阳多普勒差分偏差与深空探测器-太阳-火星夹角呈正弦关系。

图 4-20 所示为深空探测器与火星之间的距离。可以看出，当深空探测器-火星-太阳的夹角 α 不变时，太阳多普勒差分偏差的波形不受深空探测器与火星之间的距离 r_{MS} 影响，且与 r_{MS} 呈线性关系，仅幅值发生变化。这与理论分析结果一致。太阳多普勒差分偏差与深空探测器到火星之间的距离呈线性关系，随着深空探测器到火星之间的距离减小，太阳多普勒差分偏差随之减小，且其精度约为 0.005m/s。

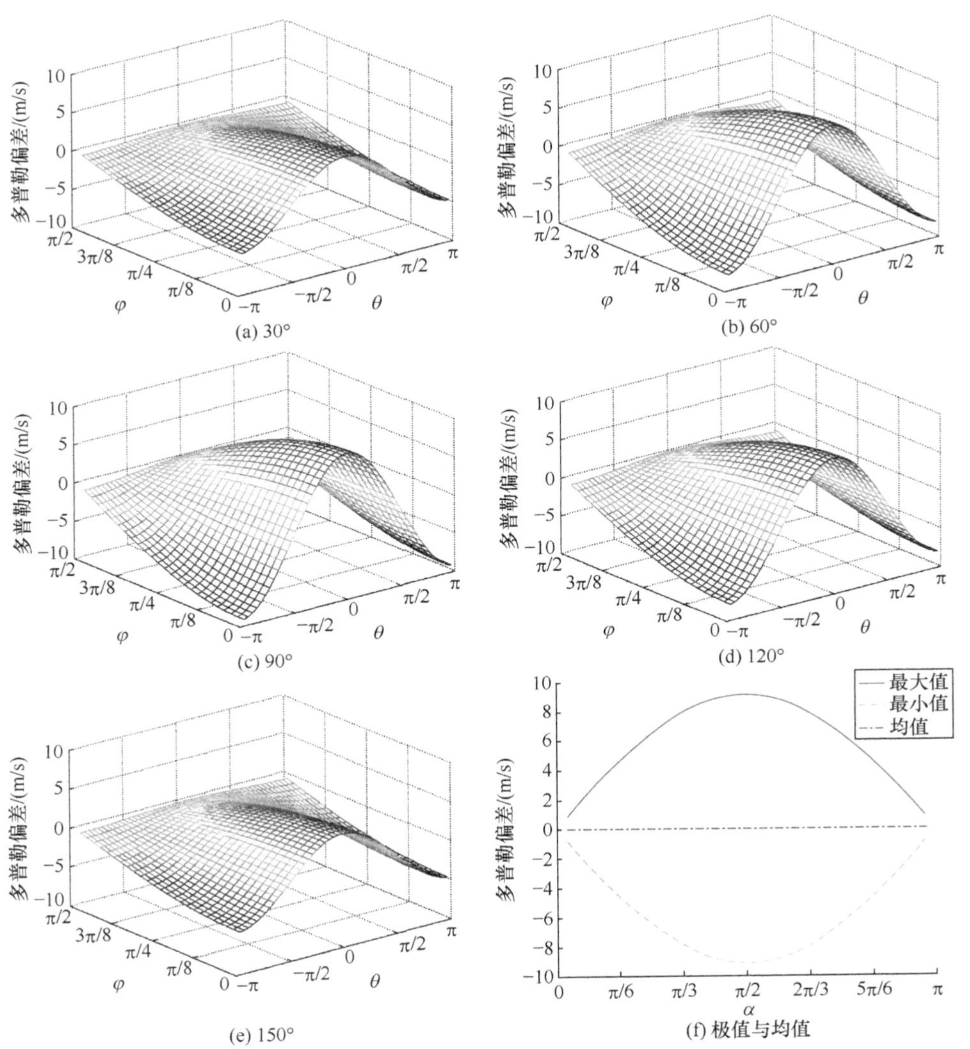

(a) 30°　(b) 60°　(c) 90°　(d) 120°　(e) 150°　(f) 极值与均值

图 4-19　深空探测器-太阳-火星夹角

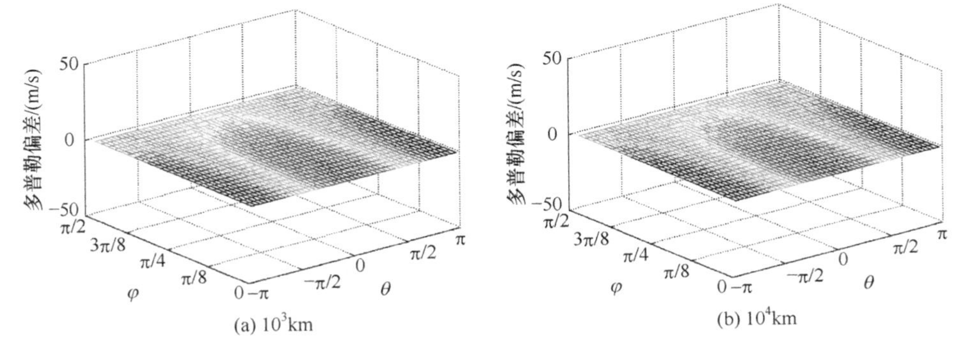

(a) 10^3km　(b) 10^4km

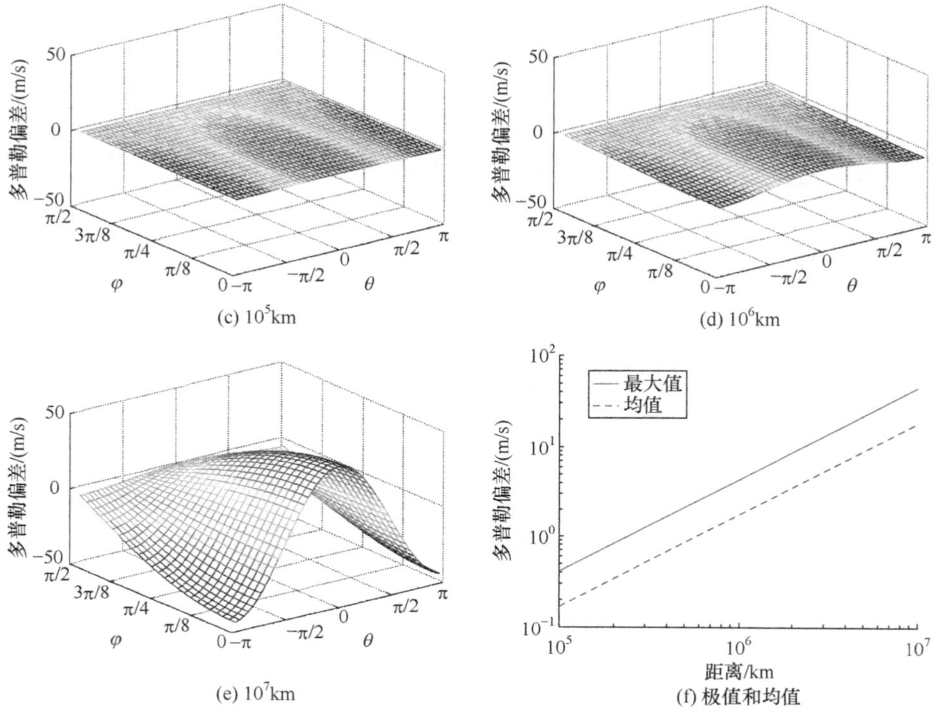

(c) 10^5km　(d) 10^6km

(e) 10^7km　(f) 极值和均值

图 4-20　深空探测器与火星之间的距离

综上所述，太阳自转轴方位对太阳多普勒差分偏差模型有影响。为此，本节建立具有普适性的太阳多普勒差分偏差模型，为捕获段的太阳多普勒差分测速导航系统设计提供参考。

4.3.3　气体球

在上节，太阳被认为是一个刚体球。事实上，太阳是一个气体球，其特性与刚体球不同。此时，传统太阳多普勒差分偏差精度低。

本节考虑 3 个太阳特性，包括太阳较差自转、余弦辐射体和太阳小尺度活动。在此基础上，利用数学推导对太阳多普勒差分偏差模型进行改进，并重建更符合实际情况的偏差模型。此外，将太阳小尺度活动作为太阳多普勒差分测量中的噪声，并研究它们对的太阳多普勒差分偏差模型的影响。

1. 坐标系

为了便于分析误差源，需建立空间直角坐标系。本节参考文献[4]建立的空间直角坐标系，如图 4-21 所示。可以看出，坐标系的原点在太阳质心，火星质心在 Z 轴，深空探测器在 YZ 平面。火星和深空探测器分别位于坐标$(0, 0, z_M)$和$(0, y_S, z_S)$，

任意点 $P(x, y, z)$位于太阳表面，太阳球围绕 X 轴自转。φ 是 PO 与 $P(x, y, z)$到 X 轴的垂直线的夹角。事实上，深空探测器和火星在太阳的黄道面飞行，φ 近似于太阳的纬度，θ 为 OP 与 Z 轴的夹角，ϕ 为 OS 与 Z 轴的夹角。在捕获段时，ϕ 较小。

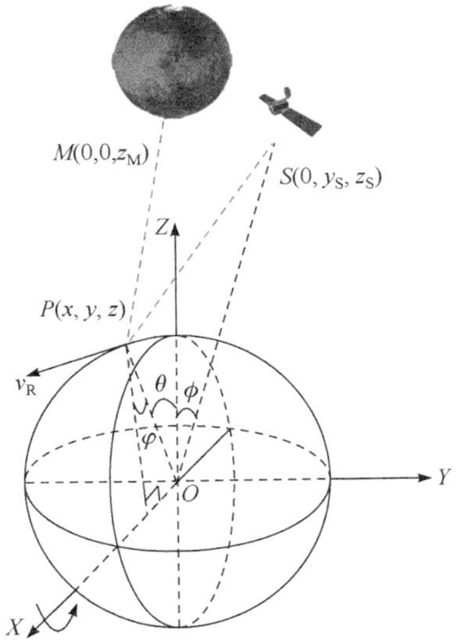

图 4-21　空间直角坐标系

2. 太阳较差自转

与固体球不同，太阳是气体球，存在较差自转现象，即自转角速率与纬度有关。传统方法把太阳视为固体球，建立太阳自转引起的多普勒差分偏差模型。本节将太阳视为气体球，建立更加符合实际情况的太阳多普勒差分偏差模型。

太阳较差自转表现为自转角速度与日面纬度有关。太阳自转角速度 ω 为

$$\omega(\varphi) = A + B\sin^2\varphi + C\sin^4\varphi \tag{4-80}$$

其中，φ 为太阳对应点纬度；$\sin\varphi = x/R$；太阳的半径 R 约为 696000km，A、B、C 为常值，但是不同分析者所得的数值不同。

三组具有代表性的 A、B、C 如表 4-5 所示。

表 4-5　三组具有代表性的 *A*、*B*、*C*

A/(°/d)	B/(°/d)	C/(°/d)	文献
14.240	−3.710	/	Plaskett[15]
14.050	−1.492	−2.606	Snodgrass[16]
13.540	−1.500	/	Dupree 等[17]

如果把太阳看成刚体球，那么式(4-80)中的ω是常值。太阳表面位置$P(x,y,z)$对应的太阳多普勒速度差分$\Delta v_{\mathrm{R}}(x,y,z)$可表示为

$$\Delta \boldsymbol{v}_{\mathrm{R}}(x,y,z)=\omega[0,-z,y]\left([0,0,1]-\frac{[0,y_2,z_2]}{\sqrt{y_2^2+z_2^2}}\right) \tag{4-81}$$

但是，太阳是一个气体球，设ω为自转角速度，那么气态球的太阳多普勒速度差分$\Delta \boldsymbol{v}_{\mathrm{G}}(x,y,z)$可表示为

$$\Delta \boldsymbol{v}_{\mathrm{GR}}(x,y,z)=(A+B\sin^2\varphi+C\sin^4\varphi)[0,-z,y]\left([0,0,1]-\frac{[0,y_{\mathrm{S}},z_{\mathrm{S}}]}{\sqrt{y_{\mathrm{S}}^2+z_{\mathrm{S}}^2}}\right) \tag{4-82}$$

受深空探测器和火星高速飞行的影响，A 的观测值会发生变化。A_{S} 和 A_{M} 分别为在深空探测器和火星上观测值，即

$$A_{\mathrm{S}}=A-v_y^{\mathrm{S}}/\sqrt{y_{\mathrm{S}}^2+z_{\mathrm{S}}^2} \tag{4-83}$$

$$A_{\mathrm{M}}=A-v_y^{\mathrm{M}}/z_{\mathrm{M}} \tag{4-84}$$

其中，v_y^{S}和v_y^{M}为深空探测器和火星速度的 y 分量；$v_y^{\mathrm{S}}/\sqrt{y_{\mathrm{S}}^2+z_{\mathrm{S}}^2}$ 和$v_y^{\mathrm{M}}/z_{\mathrm{M}}$为深空探测器和火星飞行引起的太阳角速度的变化量。

式(4-82)也可表示为

$$\begin{aligned}
&\Delta \boldsymbol{v}_{\mathrm{R}}(x,y,z)\\
&=[0,-z,y]\left[(A_{\mathrm{M}}+B\sin^2\varphi+C\sin^4\varphi)[0,0,1]-(A_{\mathrm{S}}+B\sin^2\varphi+C\sin^4\varphi)\frac{[0,y_2,z_2]}{\sqrt{y_2^2+z_2^2}}\right]\\
&=\left[A_{\mathrm{M}}-\frac{A_{\mathrm{S}}z_2}{\sqrt{y_2^2+z_2^2}}+\left(B\frac{x^2}{R^2}+C\frac{x^4}{R^4}\right)\left(1-\frac{z_2}{\sqrt{y_2^2+z_2^2}}\right)\right]y+\left(A_{\mathrm{S}}+B\frac{x^2}{R^2}+C\frac{x^4}{R^4}\right)\frac{y_2 z}{\sqrt{y_2^2+z_2^2}}
\end{aligned} \tag{4-85}$$

全日面积分的$\Delta \boldsymbol{v}_{\mathrm{G}}(x,y,z)$的数学期望值被定义为$\Delta \overline{v}_{\mathrm{G}}$，即

$$\Delta \overline{v}_{\mathrm{G}}=\frac{\displaystyle\int_{-R}^{R}\int_{-\sqrt{R^2-x^2}}^{\sqrt{R^2-x^2}}\left\{\begin{aligned}&\left[A_{\mathrm{M}}-\frac{A_{\mathrm{S}}z_2}{\sqrt{y_2^2+z_2^2}}+\left(B\frac{x^2}{R^2}+C\frac{x^4}{R^4}\right)\left(1-\frac{z_2}{\sqrt{y_2^2+z_2^2}}\right)\right]\frac{Ry}{\sqrt{R^2-x^2-y^2}}\\&+\left(A_{\mathrm{S}}+B\frac{x^2}{R^2}+C\frac{x^4}{R^4}\right)\frac{y_2 z}{\sqrt{y_2^2+z_2^2}}\frac{R}{\sqrt{R^2-x^2-y^2}}\end{aligned}\right\}\mathrm{d}y\mathrm{d}x}{2\pi R^2}$$

$$
=\frac{\int_{-R}^{R}\int_{-\sqrt{R^2-x^2}}^{\sqrt{R^2-x^2}}\left(A_S+B\frac{x^2}{R^2}+C\frac{x^4}{R^4}\right)\frac{y_2R}{\sqrt{y_2^2+z_2^2}}\mathrm{d}y\mathrm{d}x}{2\pi R^2}
$$

$$
=\frac{y_2R}{2\sqrt{y_2^2+z_2^2}}\left(A_S+\frac{B}{4}+\frac{C}{8}\right) \tag{4-86}
$$

这表明，与刚体球不同，气体球受 B、C 的影响，但是二者影响较小。

下面考察较差自转对多普勒差分模型引入的影响。以火星探测器作参考，其初始轨道六要素如表 4-6 所示。轨道初始时间为 2018 年 5 月 15 日 23:59:56.000 UTCG。仿真时间为 2019 年 1 月 28 日 00:00:00.000 UTCG 至 2019 年 2 月 1 日 00:00:00.000 UTCG。

表 4-6　火星探测器的初始轨道六要素

轨道六要素	数值
半长轴/km	8.85552×10^8
偏心率	0.831317
倾角/(°)	21.7902
升交点赤经/(°)	353.168
近地点幅角/(°)	254.541
真近点角/(°)	346.612

研究 A、B、C 对太阳多普勒差分偏差的影响。三组代表性的 A、B、C 对应的太阳多普勒差分偏差如图 4-22 所示。如表 4-7 所示，三组代表性的 A、B、C

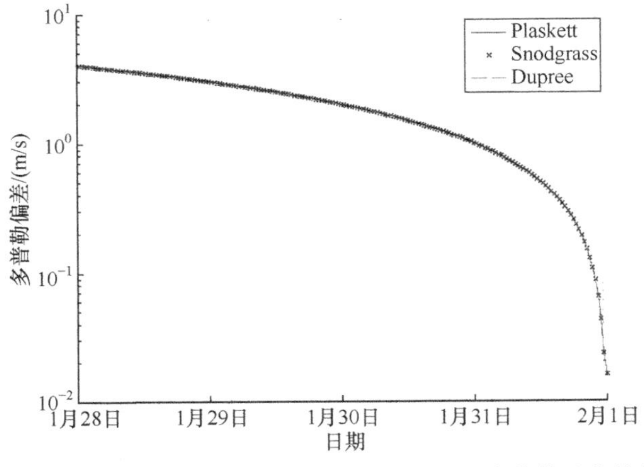

图 4-22　三组代表性的 A、B、C 对应的太阳多普勒差分偏差

对应的多普勒偏差之间的差距小，小于 0.06m/s。这表明，A、B、C 的选择对太阳多普勒差偏的影响较小。Snodgrass 采用高阶模型，计算的结果精度较高。因此，本节选择 Snodgrass 提供的 A、B、C。此外，由于火星与深空探测器之间的距离随时间减小，太阳多普勒差分偏差的数学期望值，以及差值都会随时间减小。这一性质有利于提高捕获段的测速精度。

表 4-7　2019 年 1 月 28 日 00:00:00.000UTCG 的气体球太阳多普勒偏差

分析者	多普勒偏差/(m/s)
Plaskett	3.9757
Snodgrass	3.9877
Dupree	3.9300

图 4-23(a)和图 4-23(b)所示为将太阳视为刚体球时，在太阳表面不同位置的太阳多普勒差分偏差。图 4-23(b)考虑火星和深空探测器的飞行，而图 4-23(a)未考虑。与图 4-23(a)相比，图 4-23(b)中刚体球的倾角约 45°。这表明，考虑火星和深空探测器的飞行是相当有意义的。图 4-23(b)和图 4-23(c)所示为当太阳被视为刚体球或气体球时，在太阳表面不同位置的太阳多普勒差分偏差。在这两种情况下，太阳

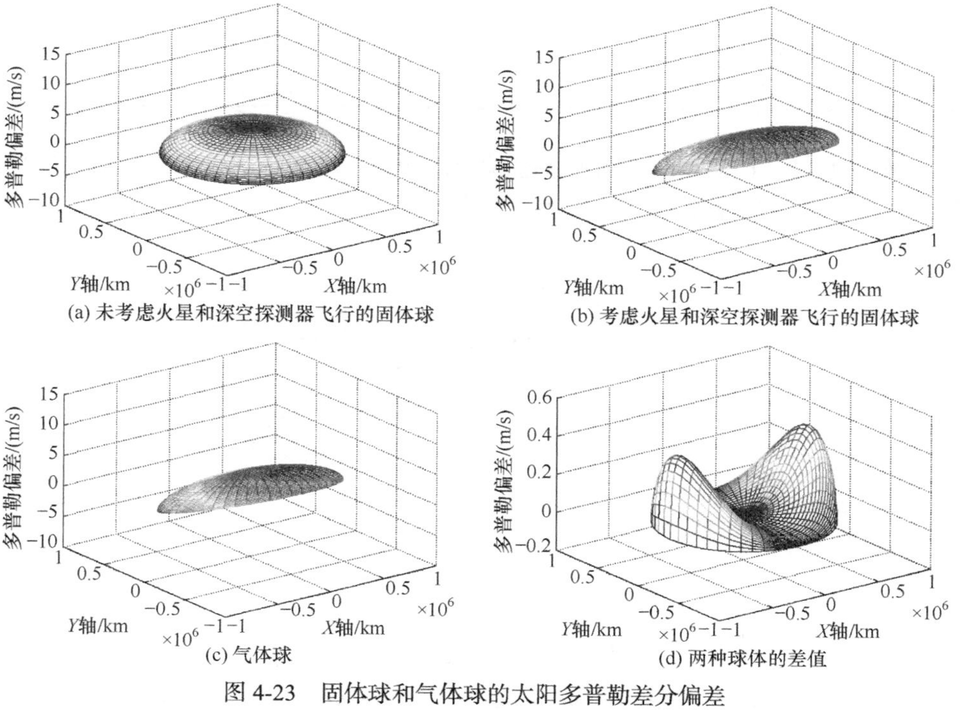

(a) 未考虑火星和深空探测器飞行的固体球
(b) 考虑火星和深空探测器飞行的固体球
(c) 气体球
(d) 两种球体的差值

图 4-23　固体球和气体球的太阳多普勒差分偏差

多普勒差分偏差近似于平底锅形状，且二者相似。图 4-23(d)所示为刚体球和气体球之间的区别，差分模型为鞍形。这表明，*B* 和 *C* 对太阳多普勒差分偏差有影响，而且影响程度与太阳表面的位置有关，差值小于 0.4m/s。此外，刚性球体的太阳多普勒差分偏差比气体球高。

图 4-24 所示为三组太阳多普勒差分偏差与时间的关系。对于每组太阳多普勒差分偏差，我们考察太阳较差自转产生的太阳多普勒差分偏差、匀速自转的太阳多普勒差分偏差，以及两种自转模式之间的差值。可以看出，太阳多普勒差分偏差的数学期望值随时间减小。两种自转模式之间的差值小，其数量级为 0.1m/s。在三组 *A*、*B*、*C* 中，Snodgrass 的气体球和刚体球的差值最小，这是选择 Snodgrass 的另一个原因。该偏差变化缓慢，可视为常值，所以导航滤波器会发散。为了消除这一常值，有必要重建一个更真实的模式。因此，用气体球代替刚体球具有重要意义。

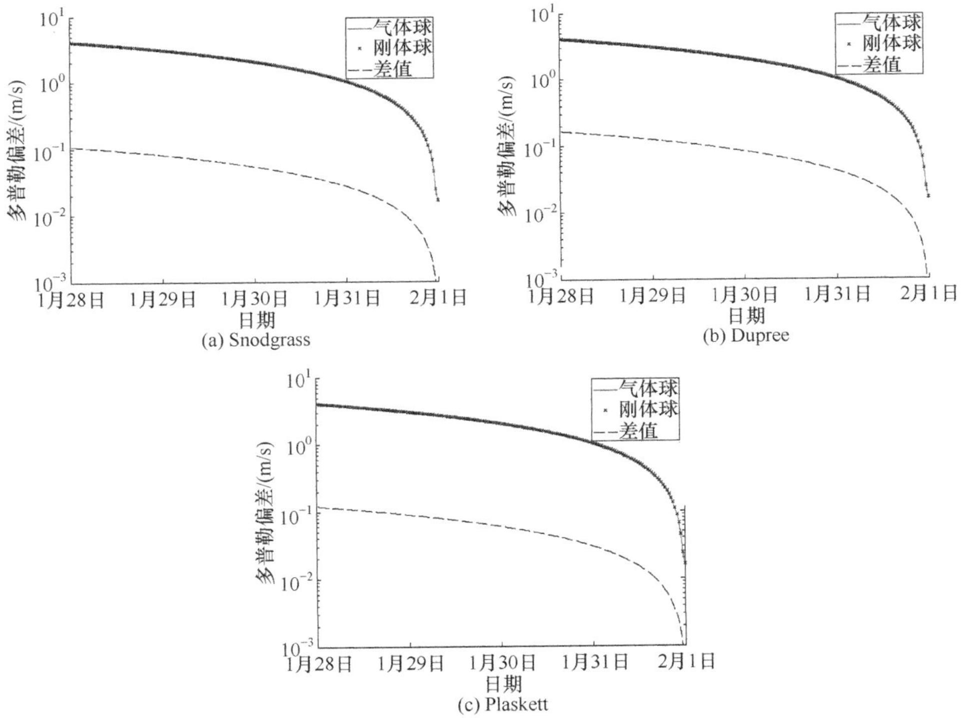

图 4-24　三组太阳多普勒差分偏差与时间的关系

3. 朗伯辐射体

太阳是一个余弦辐射体或朗伯辐射体。其辐射强度符合余弦定律，但是传统模型未考虑太阳这一特性，因此应该把太阳视为余弦辐射体，修正多普勒差分偏差模型。

余弦辐射体的亮度值在各方向上不等，设对于任意点 $P(x,y,z)$，d_s 为发光面，I_0 为 d_s 法线方向的光辐照度，I_θ 为太阳到火星方向的光辐照度，由于火星和太阳之间的距离远，该方向几乎平行于 Z 轴，即法线方向与光照方向的夹角近似于 θ。余弦辐射体的 θ 角如图 4-25 所示。由余弦辐射体特性可知，I_θ 与 I_0 的关系为

$$I_\theta = I_0 \cos\theta \tag{4-87}$$

其中

$$\cos\theta = \frac{z}{R} = \frac{\sqrt{R^2 - x^2 - y^2}}{R} \tag{4-88}$$

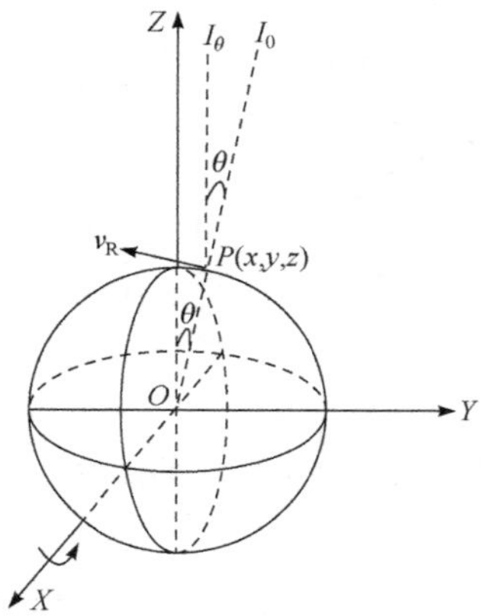

图 4-25　余弦辐射体的 θ 角

根据式(4-85)，作为一个余弦辐射体，太阳多普勒差分速度 $\Delta \boldsymbol{v}_{\mathrm{GL}}(x,y,z)$ 为

$$\begin{aligned}
\Delta \boldsymbol{v}_{\mathrm{GL}}(x,y,z) &= \frac{R}{z}\left\{\left[A_{\mathrm{M}} - \frac{A_{\mathrm{S}} z_{\mathrm{S}}}{\sqrt{y_{\mathrm{S}}^2 + z_{\mathrm{S}}^2}} + \left(B\frac{x^2}{R^2} + C\frac{x^4}{R^4}\right)\left(1 - \frac{z_{\mathrm{S}}}{\sqrt{y_{\mathrm{S}}^2 + z_{\mathrm{S}}^2}}\right)\right] y \frac{\sqrt{R^2 - x^2 - y^2}}{R}\right. \\
&\quad \left. + \left(A_{\mathrm{S}} + B\frac{x^2}{R^2} + C\frac{x^4}{R^4}\right)\frac{y_{\mathrm{S}} z}{\sqrt{y_{\mathrm{S}}^2 + z_{\mathrm{S}}^2}} \frac{\sqrt{R^2 - x^2 - y^2}}{R}\right\} \\
&= \left[A_{\mathrm{M}} - \frac{A_{\mathrm{S}} z_{\mathrm{S}}}{\sqrt{y_{\mathrm{S}}^2 + z_{\mathrm{S}}^2}} + \left(B\frac{x^2}{R^2} + C\frac{x^4}{R^4}\right)\left(1 - \frac{z_{\mathrm{S}}}{\sqrt{y_{\mathrm{S}}^2 + z_{\mathrm{S}}^2}}\right)\right] y \\
&\quad + \left(A_{\mathrm{S}} + B\frac{x^2}{R^2} + C\frac{x^4}{R^4}\right)\frac{y_{\mathrm{S}} z}{\sqrt{y_{\mathrm{S}}^2 + z_{\mathrm{S}}^2}}
\end{aligned} \tag{4-89}$$

式(4-85)和式(4-89)的差别在于系数 R/z。这表明，R/z 会导致太阳多普勒差分的形状发生变化。

根据式(4-89)，令 $\Delta\overline{v}_{\mathrm{GL}}$ 为余弦辐射体的太阳多普勒差分速度，可由下式计算，即

$$
\begin{aligned}
\Delta\overline{v}_{\mathrm{GL}} &= \frac{\int_{-R}^{R}\int_{-\sqrt{R^2-x^2}}^{\sqrt{R^2-x^2}} \Delta\boldsymbol{v}_{\mathrm{GL}}(x,y,z)\,\mathrm{d}y\mathrm{d}x}{\pi R^2} \\
&= \frac{\int_{-R}^{R}\int_{-\sqrt{R^2-x^2}}^{\sqrt{R^2-x^2}} [A_{\mathrm{M}} - \frac{A_{\mathrm{S}} z_{\mathrm{S}}}{\sqrt{y_{\mathrm{S}}^2+z_{\mathrm{S}}^2}} + \left(B\frac{x^2}{R^2}+C\frac{x^4}{R^4}\right)(1-\frac{z_{\mathrm{S}}}{\sqrt{y_{\mathrm{S}}^2+z_{\mathrm{S}}^2}})]y + (A_{\mathrm{S}}+B\frac{x^2}{R^2}+C\frac{x^4}{R^4})\frac{y_{\mathrm{S}} z}{\sqrt{y_{\mathrm{S}}^2+z_{\mathrm{S}}^2}}\mathrm{d}y\mathrm{d}x}{\pi R^2} \\
&= \frac{\int_{-R}^{R}\int_{-\sqrt{R^2-x^2}}^{\sqrt{R^2-x^2}} (A_{\mathrm{S}}+B\frac{x^2}{R^2}+C\frac{x^4}{R^4})\frac{y_{\mathrm{S}}\sqrt{R^2-x^2-y^2}}{\sqrt{y_{\mathrm{S}}^2+z_{\mathrm{S}}^2}}\mathrm{d}y\mathrm{d}x}{\pi R^2} \\
&= \frac{2y_{\mathrm{S}}R}{\sqrt{y_{\mathrm{S}}^2+z_{\mathrm{S}}^2}}\left(\frac{A_{\mathrm{S}}}{3}+\frac{B}{15}+\frac{C}{35}\right)
\end{aligned} \tag{4-90}
$$

其中，分子是太阳赤道面上 $\Delta\boldsymbol{v}_{\mathrm{GL}}(x,y,z)$ 的积分，分母是太阳赤道面的面积。

太阳赤道平面是图 4-25 中太阳和 XY 平面相交的部分。式(4-90)和式(4-86)之间的唯一区别是系数 A_{S}、B、C。可以看出，式(4-86)的分母是式(4-90)的两倍，这使式(4-86)的值较小。此外，由于 A_{S} 是主要成分，因此余弦辐射体的多普勒偏差大于漫反射体的多普勒差分偏差。

图 4-26 所示为漫反射体与余弦辐射体的太阳多普勒差分偏差。漫反射体的太阳多普勒差分偏差是平底锅形状，而余弦辐射体是一个墨西哥帽和椭球的合体。这表明，偏差模型的形状发生了显著变化。此外，图 4-26(c)所示为两个模型之间的差值。偏差模型为贝壳状，取值范围较大。这说明，辐射体的类型对太阳多普勒差分偏差有较大的影响，而且影响程度与太阳表面的位置有关。

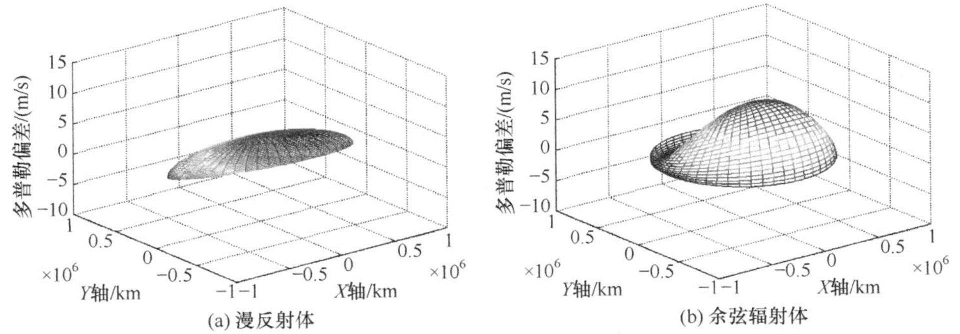

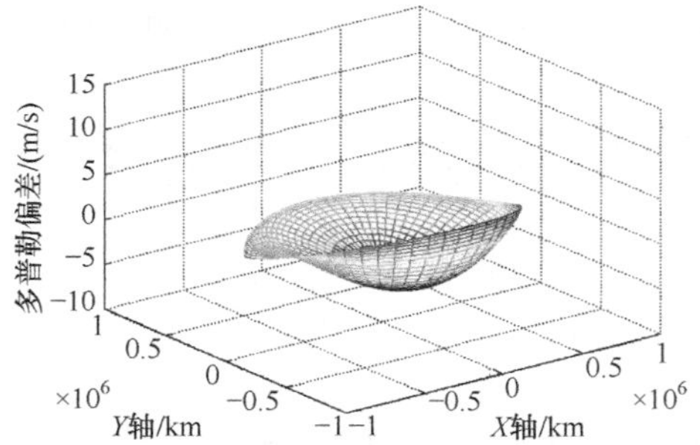

(c) 漫反射体与余弦辐射体之差

图 4-26　漫反射体与余弦辐射体的太阳多普勒差分偏差

图 4-27 所示为两个辐射体的多普勒差分偏差与时间的关系。这些值随时间减小。此外，二者差值在 1m/s 的数量级以下。这导致导航滤波器的发散。固体球和气体球之间的差值在 0.1m/s 的数量级以下。仿真结果表明，与气体球相比，余弦辐射体更重要。此外，余弦辐射体的多普勒差分偏差大于漫反射体的。因此，把太阳视为余弦辐射体是有意义的。

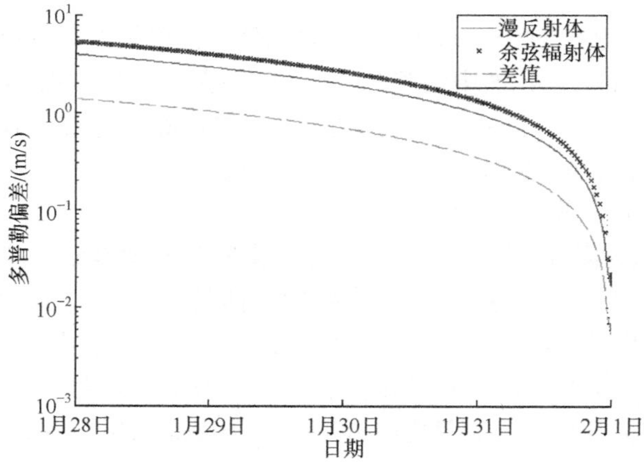

图 4-27　两个辐射体的多普勒差分偏差与时间的关系

4. 太阳小尺度速度场

太阳色球-日冕过渡区存在多种小尺度活动，如双向喷流、网络增亮、极端紫外线针状物。这导致太阳光谱的不稳定性，进而使太阳多普勒差分偏差存在较大的噪声。本节研究小尺度太阳活动引起的速度场对太阳多普勒差分偏差模型的影响。

分析太阳小尺度活动引起的速度场对太阳多普勒差分测量的影响。为了研究它们对偏差模型的影响，将小尺度活动引起的太阳速度场按空间直角坐标系中的三个轴(X 轴、Y 轴和 Z 轴)分解，水平速度场由 X 轴和 Y 轴组成，径向速度分量在 Z 轴处。

在 X 轴上，太阳较差自转和太阳小尺度活动引起的速度场分别为 v_x 和 δ_x，则 X 轴方向的速度场引起的太阳多普勒差分速度可由下式计算，即

$$\Delta v_x(x,y,z) = v_x\left(\frac{PM}{|PM|} - \frac{PE}{|PE|}\right) \approx [v_x + \delta_x, 0, 0]\left([0,0,1] - \frac{[0, y_S, z_S]}{\sqrt{y_S^2 + z_S^2}}\right) = 0 \quad (4\text{-}91)$$

由此可知，太阳多普勒差分速度在 X 轴方向上为零。同理，在 Y 轴，太阳较差自转和太阳小尺度活动引起的速度场分别为 v_y 和 δ_y，则 Y 轴方向的速度场引起的太阳多普勒差分速度可表示为

$$\begin{aligned}\Delta v_y(x,y,z) &= v_y\left(\frac{PM}{|PM|} - \frac{PE}{|PE|}\right) \\ &\approx [0, v_y + \delta_y, 0]\left([0,0,1] - \frac{[0, y_S, z_S]}{\sqrt{y_S^2 + z_S^2}}\right) \\ &= -(v_y + \delta_y)\sin\phi \\ &\approx -(v_y + \delta_y)\phi \end{aligned} \quad (4\text{-}92)$$

其中

$$\sin\phi = \frac{y_S}{\sqrt{y_S^2 + z_S^2}} \quad (4\text{-}93)$$

在 Z 轴，太阳较差自转和太阳小尺度活动引起的速度场分别为 v_z 和 δ_z。相应地，Z 轴方向的速度场引起的太阳多普勒差分速度可表示为

$$\begin{aligned}\Delta v_z(x,y,z) &= v_z\left(\frac{PM}{|PM|} - \frac{PE}{|PE|}\right) \\ &\approx [0, 0, v_z + \delta_z]\left([0,0,1] - \frac{[0, y_S, z_S]}{\sqrt{y_S^2 + z_S^2}}\right) \\ &= (v_z + \delta_z)(1 - \cos\phi) \\ &\approx \frac{(v_z + \delta_z)\phi^2}{2} \end{aligned} \quad (4\text{-}94)$$

在捕获段，ϕ 的值小于 0.2°。太阳小尺度活动引起的径向速度噪声约 2m/s，这使太阳多普勒差分速度的噪声在 Z 轴方向约为 10^{-5}m/s。可以看出，小尺度活动引起的径向速度场对太阳多普勒差分测速导航系统干扰小。

综上所述，速度场引起的太阳多普勒差分速度 $\Delta v_{xyz}(x,y,z)$ 可简化为

$$\begin{aligned}\Delta v_{xyz}(x,y,z) &= \Delta v_x(x,y,z)+\Delta v_y(x,y,z)+\Delta v_z(x,y,z)\\ &= -(v_y+\delta_y)\phi+\frac{(v_z+\delta_z)\phi^2}{2}\\ &\approx -v_y\phi+v_z\phi^2/2+\delta_y\phi\end{aligned} \tag{4-95}$$

因此，噪声主要受经度方向小尺度活动的影响。

本节利用 HS(Horn-Schunk)光流法[18]对小尺度活动引起的水平速度场的噪声水平进行估计，选择太阳表面上部分特征像素点用于水平速度场计算。特征像素点是指该像素及其周围像素的标准差大于阈值，本节将阈值设为 3。为了验证 HS 光流法的有效性，把 Y 分量的数学期望值与水平速度场的数学期望值进行比较。设观察者在地球上，A_E 是地球上观测到的值，受地球高速飞行的影响，A_E 可用下式表示，即

$$A_E = A-\omega_E \tag{4-96}$$

其中，地球的自转速度 ω_E 约为 0.9856°/天。

Y 轴方向的太阳多普勒速度 v_y 可表示为

$$v_y = (A_E+B\sin^2\theta+C\sin^4\theta)[0,z,-y][0,1,0] = -(A_E+B\sin^2\theta+C\sin^4\theta)z \tag{4-97}$$

鉴于 $\sin\varphi = x/R$，可将式(4-97)转化为

$$v_y = -\left(A_E+B\frac{x^2}{R^2}+C\frac{x^4}{R^4}\right)z \tag{4-98}$$

由太阳较差自转 Y 轴方向引起的速度场的数学期望值 $\overline{v_y}$ 可表示为

$$\overline{v_y} = \frac{\iint v_y\mathrm{d}x\mathrm{d}y}{\pi R^2} = -\frac{\iint\left(A_E+B\frac{x^2}{R^2}+C\frac{x^4}{R^4}\right)\sqrt{R^2-x^2-y^2}\,\mathrm{d}x\mathrm{d}y}{\pi R^2} = -2\left(\frac{A_E}{3}+\frac{B}{15}+\frac{C}{35}\right)R \tag{4-99}$$

本节研究水平速度场，以及小尺度活动引起的噪声。太阳动力学观测台[19]可以提供太阳图像。波长为 171Å，仿真时间是从 2020 年 2 月 25 日 00:00:00.000 UTCG 至 2020 年 2 月 27 日 00:00:00.000 UTCG。图像采集周期约为 15min。

下面利用 HS 光流法计算小尺度活动引起的水平速度场。理论值与 HS 估计值如表 4-8 所示。HS 光流法得到的水平速度场的均值近似于理论分析得到的数学期望值，它们的差值是 10m/s。这表明，HS 光流法的精度较高。此外，由小尺度活动引起的水平速度场的标准差约为 50m/s。与标准差相比，HS 光流法的均值与数学期望值之间的差值小。可以看出，HS 光流法的估计值是可信的。

表 4-8　理论值与 HS 估计值

轴	理论值	HS 估计值	
	数学期望值/(m/s)	均值/(m/s)	标准差/(m/s)
X 轴	0	–22.48	51.43
Y 轴	1170	1180	48.23

下面研究小尺度活动引起的速度场对太阳多普勒差分测量的干扰。小尺度活动的随机性导致太阳多普勒差分测量噪声。

图 4-28 所示为多普勒差分测量噪声与速度场的关系。小尺度活动引起的多普勒噪声随 ϕ 增大。多普勒噪声与夹角 ϕ 近似成正比。此外，不同夹角之间的噪声均在 2 m/s 内，即使速度场的噪声达到 100 m/s。通过卡尔曼滤波，可以将速度误差减小到 0.2 m/s。深空 1 号的速度误差可降至 0.2 m/s。这表明，在实际导航工程应用中，该测量噪声水平是可接受的。此外，与径向速度场相比，水平速度场对太阳多普勒差分测量的影响更大。综上所述，经度方向的水平速度场起主要作用。

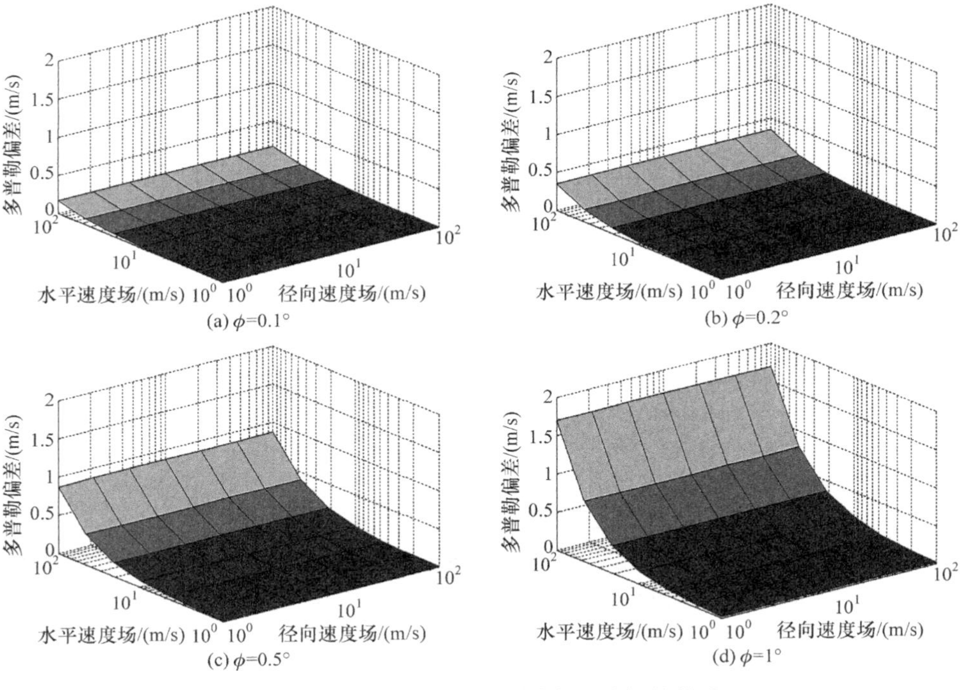

(a) ϕ=0.1°　(b) ϕ=0.2°　(c) ϕ=0.5°　(d) ϕ=1°

图 4-28　多普勒差分测量噪声与速度场的关系

在导航系统中，给出对于速度场产生噪声的两种解决方案。一种是用卡尔曼滤波来抑制噪声，这样噪声水平降低一个数量级。另一种是利用 HS 光流法估计水平速度场，然后补偿太阳多普勒差分偏差。在深空探测器计算资源有限的情况下，卡尔曼滤波是一个好的选择。

本节考虑太阳活动与辐射特性，包括太阳较差自转、朗伯辐射体和小尺度活动，进一步优化太阳多普勒差分偏差模型。

4.4　面向编队飞行的太阳径向差分测速相对导航

面向捕获段的太阳多普勒差分测速导航方法需要精确建模，而相对导航则无须精确建模。考虑这一点，将其用于相对导航。为了在深空探测器速度的测量中有效利用太阳频移，减少太阳表面小尺度活动的影响，我们提出一种太阳径向差分测速相对导航。这种方法是在编队中的每个深空探测器都观测太阳频移，得到的径向测速包含由太阳表面小尺度活动引起的速度噪声。太阳径向差分测速不受该噪声的影响，但是太阳径向差分测速相对导航系统不具备完全可观性。为了使编队飞行导航系统具备完全可观性，将太阳径向差分测速和脉冲星 TOA 相结合，我们提出太阳径向差分测速/脉冲星组合导航。

4.4.1　太阳径向差分测速基本原理

深空探测器相对于太阳的速度是深空探测器相对于太阳方位矢量的速度。由于光谱摄制仪的高性能，测速精度高，可以达到 0.01m/s。测速模型可表示为

$$v_{\mathrm{s}}^{\mathrm{a}} = \frac{\boldsymbol{r}}{|\boldsymbol{r}|}\boldsymbol{v} \tag{4-100}$$

其中，$\boldsymbol{r}$ 和 $\boldsymbol{v}$ 为深空探测器的位置和速度；$\boldsymbol{r}/|\boldsymbol{r}|$为深空探测器相对于太阳的方位矢量。

因此，测速模型可表示为

$$v_{\mathrm{s}}^{\mathrm{a}} = \frac{\boldsymbol{r}}{|\boldsymbol{r}|}\boldsymbol{v} + \Delta v_{\mathrm{e}} \tag{4-101}$$

其中，Δv_{e} 为太阳表面活动引起的强噪声。

Δv_{e} 不是常值，而是变化和不可预测的，其标准差约为 1km/s。从式(4-96)可以看出，太阳径向方向上的预测速度为 $\boldsymbol{r}/|\boldsymbol{r}|\boldsymbol{v}+\Delta v_{\mathrm{e}}$。因此，鉴于径向测速中存在强噪声，太阳径向测速不能应用于绝对测速。

若要在测速模型中消除 Δv_{e}，通过式(4-101)中的 $\boldsymbol{r}/|\boldsymbol{r}|\boldsymbol{v}$ 可以精确估计 $v_{\mathrm{s}}^{\mathrm{a}}$。太

阳径向差分测速模型可为编队飞行消除太阳径向测速强噪声。这种测量方法的基本原理如图 4-34 所示。两个深空探测器组成一个编队，$\boldsymbol{v}_A$ 和 $\boldsymbol{v}_B$ 分别是深空探测器 A 和 B 的速度，$\boldsymbol{r}_A$ 和 $\boldsymbol{r}_B$ 分别是深空探测器 A 和 B 的位置，$\boldsymbol{r}_A/|\boldsymbol{r}_A|\boldsymbol{v}_A+\Delta\boldsymbol{v}_\text{e}$ 和 $\boldsymbol{r}_B/|\boldsymbol{r}_B|\boldsymbol{v}_B+\Delta\boldsymbol{v}_\text{e}$ 分别是深空探测器 A 和 B 相对于太阳的速度。这两个速度分别由两个光谱摄制仪测量。由式(4-101)可以看出，径向速度存在强噪声，因此即使测速精度高，v_A 和 v_B 的精度仍然低。

所幸的是，可以通过差分法消去 Δv_e，得到两个深空探测器的太阳径向差分测速 v_s^r，其表达式为

$$v_\text{s}^\text{r}=\left(\frac{\boldsymbol{r}_A}{|\boldsymbol{r}_A|}\boldsymbol{v}_A+\Delta v_\text{e}\right)-\left(\frac{\boldsymbol{r}_B}{|\boldsymbol{r}_B|}\boldsymbol{v}_B+\Delta v_\text{e}\right)=\frac{\boldsymbol{r}_A}{|\boldsymbol{r}_A|}\boldsymbol{v}_A-\frac{\boldsymbol{r}_B}{|\boldsymbol{r}_B|}\boldsymbol{v}_B \tag{4-102}$$

可以看出，v_s^r 不受速度强噪声的影响。换言之，v_s^r 不受太阳表面小尺度活动的影响。

考虑强噪声干扰，建立太阳径向差分测速模型。设 w_{vA} 和 w_{vB} 分别是深空探测器 A 和 B 上的光谱摄制仪造成的测量噪声，太阳径向差分测速 v_s^r 可表示为

$$v_\text{s}^\text{r}=\left(\frac{\boldsymbol{r}_A}{|\boldsymbol{r}_A|}\boldsymbol{v}_A+\Delta v_\text{e}+w_{vA}\right)-\left(\frac{\boldsymbol{r}_B}{|\boldsymbol{r}_B|}\boldsymbol{v}_B+\Delta v_\text{e}+w_{vB}\right)=\frac{\boldsymbol{r}_A}{|\boldsymbol{r}_A|}\boldsymbol{v}_A-\frac{\boldsymbol{r}_B}{|\boldsymbol{r}_B|}\boldsymbol{v}_B+w_{vA}-w_{vB} \tag{4-103}$$

太阳径向差分测速模型可以描述为

$$Y^\text{s}(t)=h^\text{s}(\boldsymbol{X},t)+w_{vA}-w_{vB} \tag{4-104}$$

其中，太阳径向差分测速值 $Y^\text{s}(t)$ 和测量模型 $h^\text{s}(\boldsymbol{X},t)$ 分别为

$$Y^\text{s}(t)=v_\text{s}^\text{r} \tag{4-105}$$

$$h^\text{s}(\boldsymbol{X},t)=\frac{\boldsymbol{r}_A}{|\boldsymbol{r}_A|}\boldsymbol{v}_A-\frac{\boldsymbol{r}_B}{|\boldsymbol{r}_B|}\boldsymbol{v}_B\boldsymbol{r} \tag{4-106}$$

其中，$\boldsymbol{X}$ 为状态矢量，即

$$\boldsymbol{X}=\begin{bmatrix}\boldsymbol{X}_A\\\boldsymbol{X}_B\end{bmatrix} \tag{4-107}$$

$$\boldsymbol{X}_A=\begin{bmatrix}\boldsymbol{r}_A\\\boldsymbol{v}_A\end{bmatrix} \tag{4-108}$$

$$\boldsymbol{X}_B=\begin{bmatrix}\boldsymbol{r}_B\\\boldsymbol{v}_B\end{bmatrix} \tag{4-109}$$

4.4.2　仿真实验及结果分析

为了验证太阳径向差分测速相对导航的可行性和有效性，利用它来辅助脉冲星导航，我们设计了一个具备完全可观性的太阳径向差分测速/脉冲星组合导航系统。

仿真参考美国的火星探路者的轨道，设计编队飞行的轨道。编队飞行的轨道六要素如表 4-9 所示。3 颗 X 射线脉冲星参数如表 4-10 所示。X 射线背景辐射流量噪声是 0.005ph/cm^2/s；X 射线敏感器的有效接收面积是 400cm^2；观测时间是 2000s。导航滤波器参数如表 4-11 所示。

表 4-9　编队飞行的轨道六要素

轨道六要素	深空探测器 *A*	深空探测器 *B*
半长轴/km	193216365.381	193216365.381
偏心率	0.236386	0.236386
倾角/(°)	23.455	23.455
升交点赤经/(°)	0.258	0.258
近地点幅角/(°)	71.347	71.347
真近点角/(°)	85.152	85.153

表 4-10　脉冲星参数

参数	B0531+21	B1821-24	B1937+21
赤经/(°)	83.63	276.13	294.92
赤纬/(°)	22.01	−24.87	21.58
测量精度/m	175.57	515.52	545.15

表 4-11　导航滤波器参数

参数	值
X 射线敏感器数量/个	3
光谱摄制仪数量/个	1
光谱摄制仪精度/(m/s)	0.01
脉冲星观测周期/s	2000
X 射线敏感器有效接收面积/cm^2	400
太阳测速周期/s	5

续表

参数	值
初始状态误差	$\delta X_A(0)=[5200\quad -5200\quad 5200\quad 19\quad -19\quad 14]$ $\delta X_B(0)=[6000\quad -6000\quad 6000\quad 20\quad -20\quad 15]$
状态过程噪声协方差矩阵	$Q=\mathrm{diag}\left[q_1^2\ q_1^2\ q_1^2\ q_2^2\ q_2^2\ q_2^2\ q_1^2\ q_1^2\ q_1^2\ q_2^2\ q_2^2\ q_2^2\right]$, $q_1=2\mathrm{m}$，$q_2=3\times10^{-3}\mathrm{m/s}$

将太阳径向差分测速/脉冲星组合导航(本书简称组合导航)和脉冲星导航作比较。图 4-29 比较了脉冲星导航与组合导航。可以看出，这两种方法都能收敛，其中组合导航的性能更好。组合导航的逆测量耦合矩阵的迹比脉冲星导航更小。这表明，组合导航优于脉冲星导航。表 4-12 比较了组合导航和脉冲星导航。组合导航系统的绝对位置和绝对速度比脉冲星导航提高 17.86%和 16.34%，相对位置和相对速度提高 42.60%和 40.44%。可以看出，组合导航可以明显提高导航性能，尤其是相对导航。究其原因，太阳径向差分测速相对导航可以提供高精度的太阳径向上的相对速度信息。因此，太阳径向差分测速相对导航是一个有效的辅助导航方法。

表 4-12　组合导航和脉冲星导航

导航方法	绝对位置/m	绝对速度/(m/s)	相对位置/m	相对速度/(m/s)
脉冲星导航	1796.78	0.1143	2541.36	0.1621
组合导航	1475.80	0.0956	1458.64	0.0965

从图 4-29 可以看出，定位误差波形存在锯齿现象。究其原因，更新脉冲星 TOA 可提高精度。X 射线脉冲星提供了位置信息，当获得脉冲星 TOA 后，组合导航就可以提高定位精度。但是，当脉冲星 TOA 更新结束后，太阳径向差分测速相对导航只能提供径向速度差分信息。这会导致定位估计误差的积累。

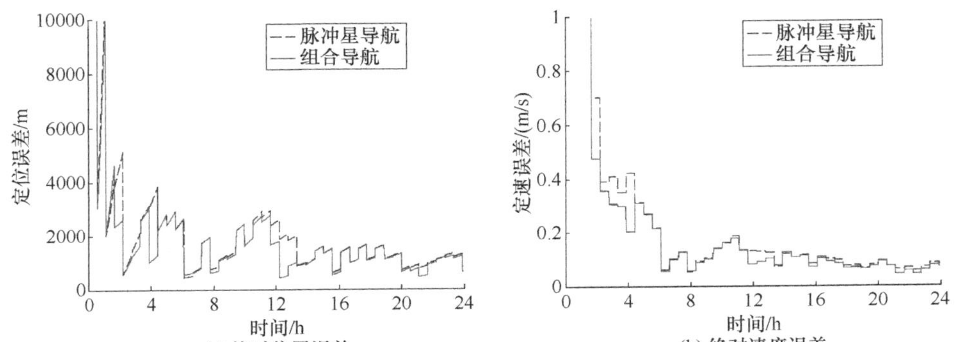

(a) 绝对位置误差　　(b) 绝对速度误差

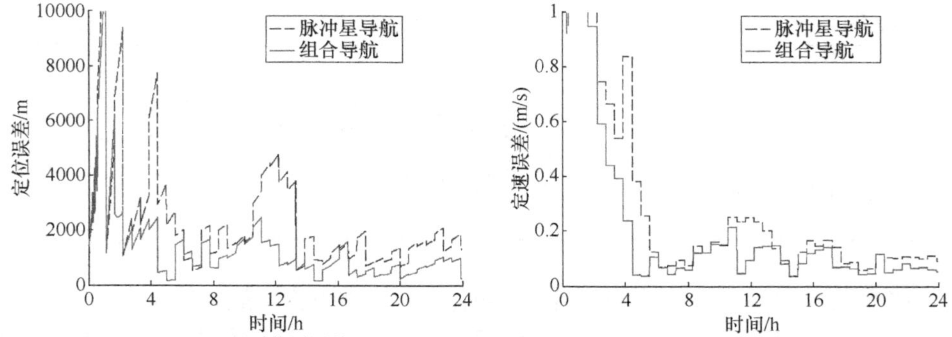

(c) 相对位置误差　　(d) 相对速度误差

图 4-29　脉冲星导航与组合导航的比较

此外，当脉冲星 TOA 更新时，速度误差并未减小。究其原因，太阳径向差分测速只能提供在径向方向上的相对速度信息。

图 4-30 所示为 X 射线敏感器有效接收面积对组合导航和脉冲星导航的影响。可以看出，两种导航的性能都随着有效接收面积的增大而提高。在有效接收面积

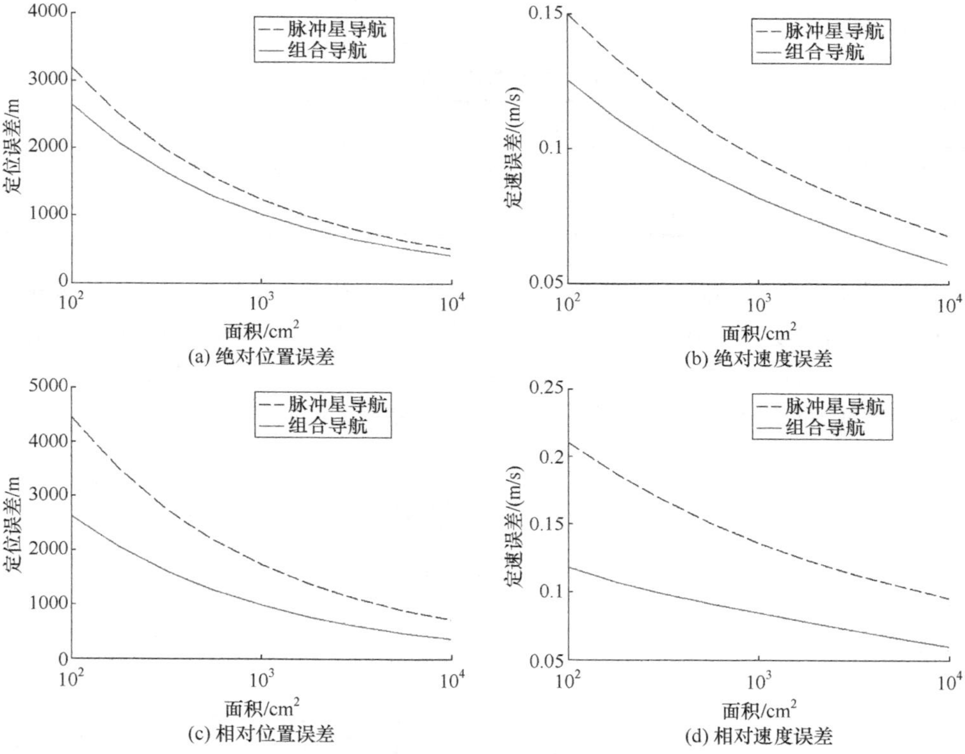

(a) 绝对位置误差　　(b) 绝对速度误差

(c) 相对位置误差　　(d) 相对速度误差

图 4-30　X 射线敏感器有效接收面积对组合导航和脉冲星导航的影响

相等的情况下，组合导航性能优于脉冲星导航，尤其是相对导航精度。因此，为了达到相同的精度，组合导航需要的有效接收面积小于脉冲星导航。

图 4-31 所示为太阳测速噪声对组合导航的影响。当测量精度大于 1m/s 时，绝对和相对导航性能几乎无变化；当测量精度低于 1m/s 时，导航性能随着测量噪声的增大而下降，尤其是相对导航。从图 4-31 和表 4-12 可以看出，当测速噪声小于 1m/s 时，组合导航的精度高于脉冲星导航；当测速噪声大于 1m/s 时，组合导航的性能急剧下降；当测速噪声达到 10m/s 时，太阳径向差分测速无法提高组合导航的性能。太阳表面活动引起的测速噪声约为 1km/s。在这种情况下，这个测速噪声必须消除，因此太阳径向差分测速相对导航是一个好的选择。

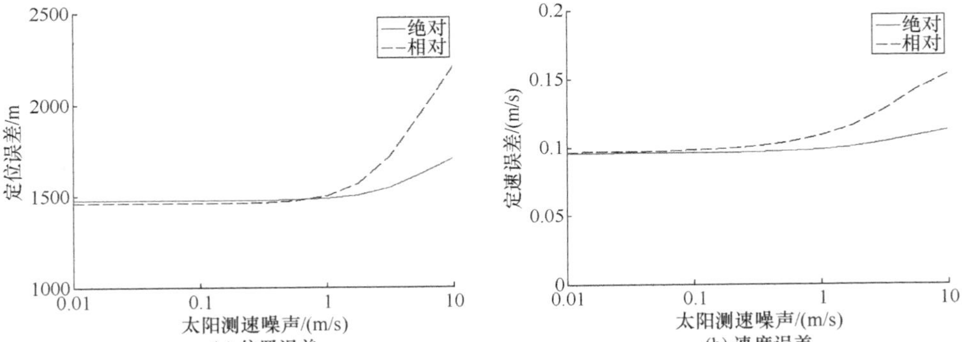

(a) 位置误差　(b) 速度误差

图 4-31　太阳测速噪声对组合导航的影响

图 4-32 所示为太阳测速周期对组合导航的影响。随着太阳测速周期的缩短，绝对和相对导航性能略微提高。与绝对导航相比，相对导航对测量周期更敏感。从图 4-32 和表 4-12 可以看出，在多个测速周期里，组合导航的精度优于脉冲星导航。

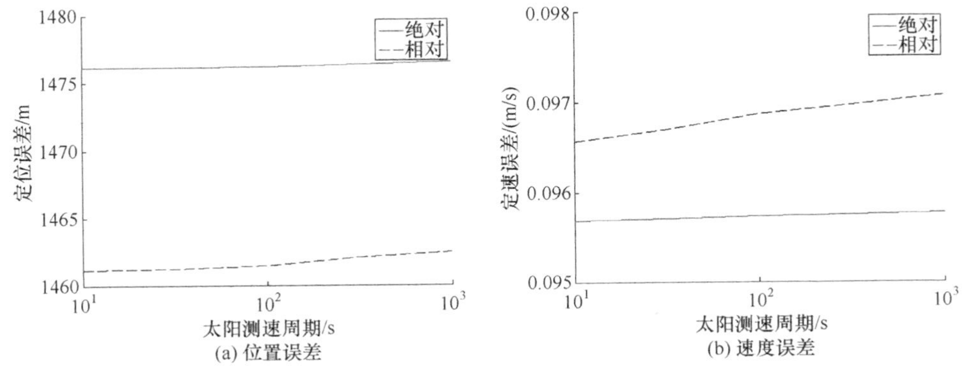

(a) 位置误差　(b) 速度误差

图 4-32　太阳测速周期对组合导航的影响

以上结果表明，在不同的测量周期内，组合导航性能是稳定的。因此，太阳径向差分测速/脉冲星组合导航对仪器的要求更低。

为体现该组合导航的普适性，研究不同场景下的导航性能，三种场景的编队飞行初始轨道六要素如表 4-13 所示。仿真时间从 2007 年 7 月 1 日 12:00:00.00 UTCG 到 2007 年 7 月 2 日 12:00:00.00 UTCG。

表 4-13　三种场景的编队飞行初始轨道六要素

轨道六要素	场景 1		场景 2		场景 3	
	A	B	A	B	A	B
半长轴/km	10000	10000	20000	15000	21000	14000
偏心率	0.2	0.1	0.2	0.3	0.3	0.3
倾角/(°)	45	45	60	80	60	10
升交点赤经/(°)	30	0	30	40	30	0
近地点幅角/(°)	30	0	30	40	30	40
真近点角/(°)	10	0	10	70	50	50

表 4-14 比较了三种场景的导航性能。可以看出，组合导航优于脉冲星导航。这也表明，在不同的轨道下，太阳径向差分测速相对导航可以提高导航性能。

表 4-14　三种场景的导航性能

评价指标	脉冲星导航			组合导航		
	场景 1	场景 2	场景 3	场景 1	场景 2	场景 3
绝对位置/m	4593.81	1566.34	1628.77	3301.40	1239.21	1247.00
绝对速度/(m/s)	1.0556	0.1837	0.1886	0.7678	0.1555	0.1770
相对位置/m	4613.22	2285.43	2269.50	2338.75	1726.16	1744.22
相对速度/(m/s)	1.2872	0.2921	0.2733	0.7338	0.2306	0.2355

面向编队飞行的太阳径向差分测速/脉冲星组合导航不受太阳表面小尺度活动的影响，便于开展太阳多普勒测速导航的工程验证。

4.5　测角/测速/测距深度组合导航

自 1961 年以来，各国多次执行金星探测任务。金星探测失败 5 次，其中捕获段是 3 次。天文导航可提供实时、高精度的导航信息，并提高金星探测任务的成功率。当前，天文导航受到越来越多的关注。天文导航系统通过测量天体获得导航信息。天文导航的测量方法可以分为测角、测距、测速。以上 3 种测量方法各有优缺点。考虑这一点，多名学者提出测向/测距(direction/distance measurements，DD)组合导航[20]，测距/测速组合导航[10]。但是，这些现有方法都未考虑接收到的脉冲星信号中的多普勒效应。多普勒效应导致以上组合导航系统无法正常运行，尤其是在金星捕获段。

在金星捕获段，测角只能确定深空探测器所在的一条线，原因是金星无天然卫星，深空探测器离金星较远。测距可以确定深空探测器所在的平面。因此，当将测角与测距结合时，由于一条线和一个平面具有一个相交点，因此可以确定深空探测器的位置。从可观性分析的角度来看，DD 组合导航系统是可观测的。从理论上讲，这种组合导航可以提供高精度的导航信息。但是，在多普勒补偿之后，由于定速的精度低，因此在脉冲星 TOA 中存在较大的偏差。究其原因，在脉冲星观测周期中，测角不能直接或间接提供三维速度信息。此外，捕获段的轨道动力学模型可视为强非线性时变系统。大的 TOA 偏差导致组合导航滤波器的发散。

为了解决这个问题，我们提出测向/测距/测速(direction/distance/velocity measurements，DDV)深度组合导航。深度组合导航是指方向和测速不仅是导航测量值，还是多普勒补偿信息，可用来抑制脉冲星观测周期的多普勒效应。在脉冲星观测周期内，测向和测速可以提供高精度的三维速度信息。该信息用于补偿多普勒效应，因此脉冲星 TOA 偏差减小到可忽略的水平。DDV 深度组合导航滤波器不受 TOA 偏差的影响。3 种测量均可用于更新状态估计。导航滤波器可收敛。

4.5.1　轨道动力学模型与测量模型

1. 金星捕获段的轨道动力学模型

在太阳坐标系下，地金转移轨道动力学模型可表示为

$$\begin{cases}\dot{\boldsymbol{r}}=\boldsymbol{v}\\ \dot{\boldsymbol{v}}=\boldsymbol{a}_{\mathrm{sun}}+\boldsymbol{a}_{\mathrm{venus}}+\boldsymbol{a}_{\mathrm{earth}}+\Delta\boldsymbol{F}\end{cases}\tag{4-110}$$

其中，$\Delta\boldsymbol{F}$ 为考虑日光压和其他行星的摄动加速度干扰；$\boldsymbol{v}=[v_x, v_y, v_z]$为金星快车的速度；$\boldsymbol{a}_{\mathrm{sun}}$、$\boldsymbol{a}_{\mathrm{venus}}$ 和 $\boldsymbol{a}_{\mathrm{earth}}$ 为太阳、金星和地球的重力加速度矢量，即

$$\boldsymbol{a}_{\mathrm{sun}}=-\mu_{\mathrm{s}}\boldsymbol{r}/\boldsymbol{r}^3\tag{4-111}$$

$$\boldsymbol{a}_{\mathrm{venus}}=-\mu_{\mathrm{v}}\left[\boldsymbol{r}_{\mathrm{pv}}/\left|\boldsymbol{r}_{\mathrm{pv}}^3\right|-\boldsymbol{r}_{\mathrm{sv}}/\left|\boldsymbol{r}_{\mathrm{sv}}^3\right|\right]\tag{4-112}$$

$$\boldsymbol{a}_{\mathrm{earth}}=-\mu_{\mathrm{e}}\left[\boldsymbol{r}_{\mathrm{pe}}/\left|\boldsymbol{r}_{\mathrm{pe}}^3\right|-\boldsymbol{r}_{\mathrm{se}}/\left|\boldsymbol{r}_{\mathrm{se}}^3\right|\right]\tag{4-113}$$

其中，μ_s、μ_v和μ_e为太阳、金星和地球的引力常值；$\boldsymbol{r}$=[x, y, z]为金星快车的位置；$\boldsymbol{r}_{pv}$和$\boldsymbol{r}_{pe}$为金星快车相对于金星和地球的位置；$\boldsymbol{r}_{sv}$和$\boldsymbol{r}_{se}$为金星和地球相对于太阳质心的位置。

式(4-110)可简写为

$$\dot{\boldsymbol{X}}(t) = f(\boldsymbol{X}, t) + \boldsymbol{\omega}(t) \tag{4-114}$$

其中，$\boldsymbol{X}=[x, y, z, v_x, v_y, v_z]^{\mathrm{T}}$为状态矢量；$\dot{\boldsymbol{X}}(t)$为$\boldsymbol{X}$关于$t$的导数；$\boldsymbol{\omega}$为状态过程噪声。

轨道动力学模型的特征与飞行段有关。本节分析转移轨道和捕获轨道。

在转移轨道上，$\boldsymbol{a}_{\mathrm{sun}}$起主要作用，其值属于[0.006m/s^2，0.011m/s^2]，即在5个月内，其值增加0.005m/s^2。在此期间，该模型可以视为弱非线性系统。

在金星的捕获轨道中，当$\mu_s/r^2 \ll \mu_v/r_{pv}^2$成立时，$\boldsymbol{a}_{\mathrm{vernus}}$起主要作用。金星捕获段的深空探测器加速度如图4-33所示。$\boldsymbol{a}_{\mathrm{vernus}}$在19h内从0.0026m/s^{2}增加到7.8m/s^2。在此期间，该模型可视为强非线性时变系统。在这种情况下，状态估计误差会引起非线性预测误差$\Delta\boldsymbol{X}$。本节定义非线性预测误差$\delta\boldsymbol{X}$，其表达式为

$$\delta\boldsymbol{X} = \int_{T_0}^{T_1} f(\boldsymbol{X}+\Delta\boldsymbol{X}, t)\mathrm{d}t - \int_{T_0}^{T_1} f(\boldsymbol{X}, t)\mathrm{d}t - \Delta\boldsymbol{X}\begin{bmatrix} \boldsymbol{I}_{3\times3} & (T_1 - T_0)\boldsymbol{I}_{3\times3} \\ \boldsymbol{0}_{3\times3} & \boldsymbol{I}_{3\times3} \end{bmatrix} \tag{4-115}$$

可以看出，对于线性系统，$\delta\boldsymbol{X}$等于零；对于非线性系统，$\delta\boldsymbol{X}$非零。特别是，在强非线性系统中，$\delta\boldsymbol{X}$大且严重影响导航系统的性能。显然，强非线性轨道动力学模型对导航性能是不利的。

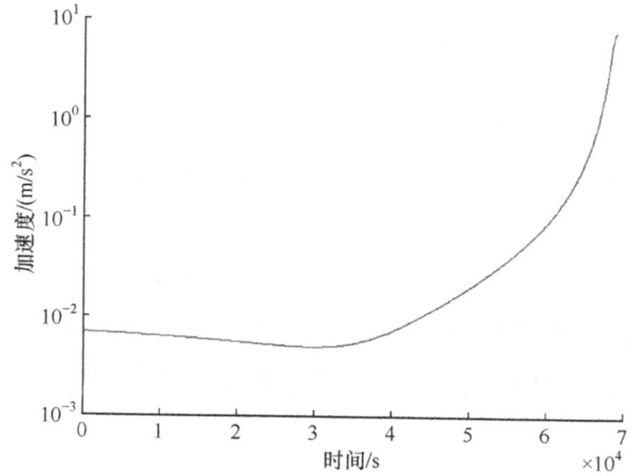

图4-33　金星捕获段的深空探测器加速度

2. 高动态环境下的测距模型和多普勒效应补偿

X 射线脉冲星测量值为脉冲星 TOA。设 t 和 t_b 分别是深空探测器和 SSB 处脉冲星 TOA，$\boldsymbol{n}$ 是脉冲星方位，t_b-t 体现 $\boldsymbol{r}$ 在 $\boldsymbol{n}$ 上的投影。考虑相对论效应和几何效应，脉冲星测量模型可表示为

$$t_{\mathrm{b}}-t=\frac{1}{c}\boldsymbol{nr}+\frac{1}{2cD_0}\left[-|\boldsymbol{r}|^2+(\boldsymbol{nr})^2-2\boldsymbol{br}+2(\boldsymbol{nb})(\boldsymbol{nr})\right]+\frac{2\mu_{\mathrm{s}}}{c^3}\ln\left|\frac{\boldsymbol{nr}+|\boldsymbol{r}|}{\boldsymbol{nb}+|\boldsymbol{b}|}+1\right|+\sigma \tag{4-116}$$

其中，D_0 为 X 射线脉冲星与 SSB 之间的距离；$\boldsymbol{b}$ 为 SSB 相对于太阳的位置矢量；σ 为 TOA 噪声。

脉冲星 TOA 是通过将脉冲星累积轮廓与脉冲星标准轮廓进行比较获得的。为了提高脉冲星累积轮廓的信噪比，通常使用 EF。但是，受深空探测器高速飞行的影响，脉冲星光子 TOA 必然受到多普勒效应的影响。因此，必须对脉冲星光子 TOA 补偿。

下面给出基于多普勒补偿的 EF 方法来抑制这种影响。为了减少计算量，以一个脉冲星周期为单位补偿每个 X 射线光子的 TOA。设第 i 个脉冲星周期为 p_i，在脉冲星观测周期内的脉冲数为 N，则第 i 个脉冲星周期的深空探测器速度为 V_i。第 i 个脉冲补偿的子 TOA 可表示为 $\hat{T}_i$

$$\hat{T}_i=t_i-\sum_{k=i+1}^{N}\left(\frac{\boldsymbol{n}^{\mathrm{T}}\hat{\boldsymbol{v}}_k P_k}{c}\right) \tag{4-117}$$

在基于多普勒补偿的 EF 方法中，TOA 偏差会受到速度预测误差的影响。下面构建 TOA 偏差模型，记

$$\beta=\frac{1}{N_p}\sum_{i=1}^{N}\hat{T}_i=\frac{1}{N_p}\sum_{i=1}^{N}\left(t_i-\sum_{k=i+1}^{N_p}\frac{\boldsymbol{n}^{\mathrm{T}}\hat{\boldsymbol{v}}_k P_k}{c}\right) \tag{4-118}$$

脉冲星观测周期表示为 $T=N\times P_0$。在转移轨道中，估计速度可视为常值。因此，以上模型可以简化，详见参考文献[21]。但是，在金星捕获轨道上，轨道动力学模型是强非线性、时变的，即深空探测器处于高动态环境中。因此，估计速度变化大。在这种情况下，无法简化该模型。为了解决这个问题，可以利用其他测量方法在脉冲星观测周期提供高精度的定速。这种使用其他测量值的多普勒补偿方法体现了深度组合导航。

4.5.2 深度组合导航与性能分析

本节给出 DDV 深度组合导航的流程图，并分析其性能。用于深空探测器的自主导航系统是非线性的，尤其是在金星捕获段。因此，由于其良好的非线性性

能和较小的计算量，可以将 EKF 用作导航滤波器。

DDV 深度组合导航系统的示意图如图 4-34 所示。轨道动力学模型可表示为式(4-110)。由于测角、测距和测速不同步，因此在 3 种情况下设计测量模型。

① 金星相对于深空探测器的方位是由光学导航相机确定的。在这种情况下，相应的测量模型 $\boldsymbol{h}_{\mathrm{D}}(\boldsymbol{X},t)$和 $\boldsymbol{Y}_{\mathrm{D}}$ 值可表示为

$$\boldsymbol{h}_{\mathrm{D}}(\boldsymbol{X},t)=\frac{\boldsymbol{r}-\boldsymbol{r}_{\mathrm{sv}}}{|\boldsymbol{r}-\boldsymbol{r}_{\mathrm{sv}}|} \tag{4-119}$$

$$\boldsymbol{Y}_{\mathrm{D}}=\boldsymbol{Z} \tag{4-120}$$

② 相对于太阳的多普勒速度由光谱摄制仪测量。测量模型 $\boldsymbol{h}_{\mathrm{V}}(\boldsymbol{X},t)$和 $\boldsymbol{Y}_{\mathrm{V}}$ 可表示为

$$\boldsymbol{h}_{\mathrm{V}}(\boldsymbol{X},t)=\frac{\boldsymbol{r}\boldsymbol{v}}{|\boldsymbol{r}|} \tag{4-121}$$

$$\boldsymbol{Y}_{\mathrm{V}}=V \tag{4-122}$$

③ 由 X 射线敏感器收集脉冲星的 X 射线光子，并估计脉冲星 TOA。它将被作为导航测量值。相应的测量模型 $\boldsymbol{h}_{\mathrm{X}}(\boldsymbol{X},t)$和 Y_{X} 的值可表示为

$$\boldsymbol{h}_{\mathrm{X}}(\boldsymbol{X},t)=\frac{1}{c}\boldsymbol{n}\boldsymbol{r}+\frac{1}{2cD_0}\left[-|\boldsymbol{r}|^2+(\boldsymbol{n}\boldsymbol{r})^2-2\boldsymbol{b}\boldsymbol{r}+2(\boldsymbol{n}\boldsymbol{b})(\boldsymbol{n}\boldsymbol{r})\right]+\frac{2\mu_{\mathrm{s}}}{c^3}\ln\left|\frac{\boldsymbol{n}\boldsymbol{r}+|\boldsymbol{r}|}{\boldsymbol{n}\boldsymbol{b}+|\boldsymbol{b}|}+1\right| \tag{4-123}$$

$$Y_{\mathrm{X}}=t_{\mathrm{b}}-t \tag{4-124}$$

在导航滤波器中，金星捕获段的轨道动力学模型为式(4-110)，被用来预测下一个状态。测距周期远大于测角和测速，并且由测角和测速更新的状态估计有两个作用，即作为导航滤波器的输出；利用状态估计的速度分量来补偿 X 射线脉冲星信号中的多普勒效应。X 射线脉冲星光子用于累积脉冲星轮廓，并获得脉冲星 TOA 估计。获得脉冲星 TOA 后，利用其更新状态估计。通过这种方式，EKF 可以提供高精度的导航信息，并且可以分两种情况设计 $\boldsymbol{h}(\boldsymbol{X},t)$和 $\boldsymbol{Y}$，即当获得脉冲星 TOA 后，$\boldsymbol{h}(\boldsymbol{X},t)$和 $\boldsymbol{Y}$ 分别为式(4-123)和式(4-124)；否则，$\boldsymbol{h}(\boldsymbol{X},t)$和 $\boldsymbol{Y}$ 为

$$\boldsymbol{h}(\boldsymbol{X},t)=\begin{bmatrix}\boldsymbol{h}_{\mathrm{D}}(\boldsymbol{X},t)\\ h_{\mathrm{V}}(\boldsymbol{X},t)\end{bmatrix} \tag{4-125}$$

$$\boldsymbol{Y}=\begin{bmatrix}\boldsymbol{Y}_{\mathrm{D}}\\ \boldsymbol{Y}_{\mathrm{V}}\end{bmatrix} \tag{4-126}$$

对于 DD，采用深度组合导航，$\boldsymbol{h}(\boldsymbol{X},t)$和 $\boldsymbol{Y}$ 分两种情况设计，即当获得脉冲星TOA 时，$\boldsymbol{h}(\boldsymbol{X},t)$和 $\boldsymbol{Y}$ 分别为式(4-123)和式(4-124)；否则，$\boldsymbol{h}(\boldsymbol{X},t)$和 $\boldsymbol{Y}$ 分别为式(4-119)和式(4-120)。

图 4-34 所示为 DDV 深度组合导航流程图。可以看出，利用测角、测距和测速作为测量值。这意味着，深度组合导航中“深”体现在测角和测速，不但有助于 X 射线脉冲星信号的采集，而且还用作测量信息来更新状态估计。

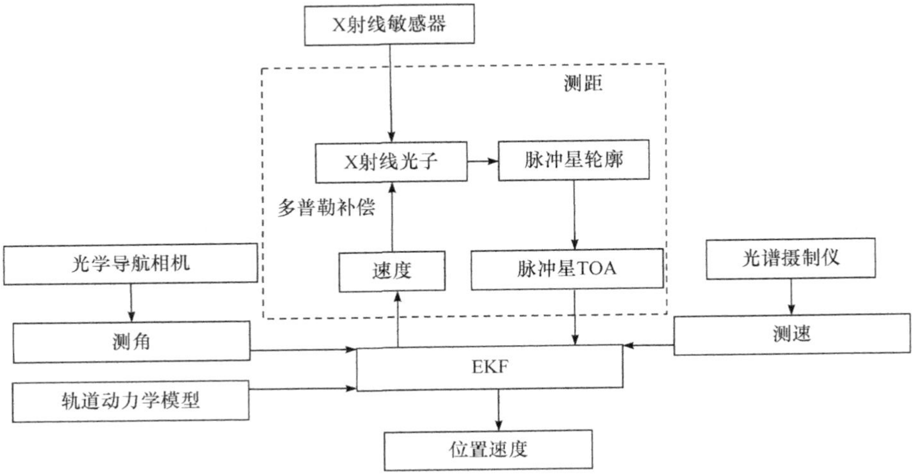

图 4-34　DDV 深度组合导航流程图

4.5.3　仿真实验及结果分析

以金星快车为例，其初始轨道六要素如表 4-15 所示。仿真时间从 2006 年 4 月 10 日 12:00:00.000 UTCG 到 2006 年 4 月 11 日 07:10:00.000 UTCG。导航滤波器的参数如表 4-16 所示。我们选择 Crab 脉冲星作为导航 X 射线脉冲星。

表 4-15　金星快车的初始轨道六要素

轨道六要素	值
半长轴/km	−50830.980
偏心率	1.136898392
倾角/(°)	50.625
升交点赤经/(°)	111.275
近地点幅角/(°)	56.022
真近点角/(°)	147.9164

表 4-16　导航滤波器的参数

参数	值
测角噪声/(°)	0.01
测角周期/s	120
多普勒测速噪声/(m/s)	0.01
多普勒测量周期/s	120
X 射线敏感器有效接收面积/m²	1
脉冲星观测周期/s	600
状态过程噪声协方差矩阵	$\boldsymbol{Q}=\mathrm{diag}\left[q_1^2\ \ q_1^2\ \ q_1^2\ \ q_2^2\ \ q_2^2\ \ q_2^2\right]$， $q_1=40\mathrm{m}$ ， $q_2=6\times10^{-2}\mathrm{m/s}$

如图 4-35 所示，在 60000s 之前，两个导航系统收敛。DDV 深度组合导航优于 DD 深度组合导航。在 60000s 之后，DD 深度组合导航性能下降，而 DDV 深度组合导航性能提高。随着金星与深空探测器之间距离的减小，深度组合导航中的 DDV 精度会提高。

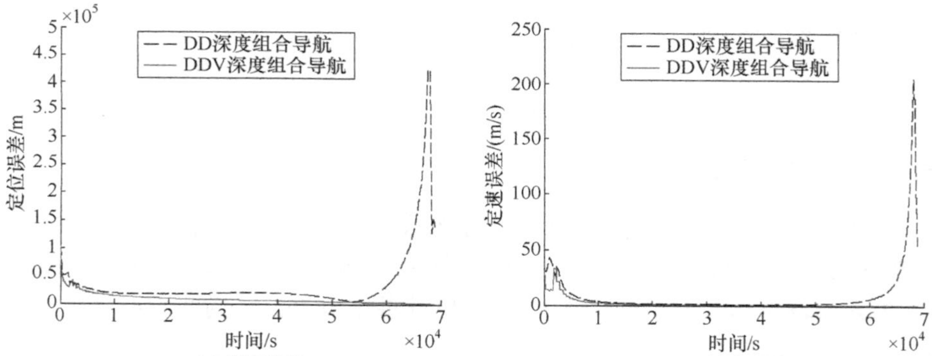

(a) 位置误差　　(b) 速度误差

图 4-35　两种深度组合导航性能

由于组合导航性能与时间有关，因此需要研究多个时段的组合导航性能。我们给出以下三个时段，即 2×10^4～6×10^4s、6×10^4～6.9×10^4s、捕获段末期。如表 4-17 所示，在前期(2×10^4～6×10^4s)，与 DD 深度组合导航相比，DDV 深度组合导航的位置和速度分别提高约 66.5%和 76.2%。究其原因，测速可以提供更多的导航信息。在后期(6×10^4～6.9×10^4s)，该方法的位置和速度分别提高约 98.7%和 99.4%。在 DD 深度组合导航中，定速误差引起脉冲星 TOA 偏差增加，并导致滤波器发散。

表 4-17　两种深度组合导航性能

测量	2×10⁴～6×10⁴s		6×10⁴～6.9×10⁴s		捕获段末期	
	位置/m	速度/(m/s)	位置/m	速度/(m/s)	位置/m	速度/(m/s)
DD	16381	1.6353	145550	43.6231	138698	53.9662
DDV	5488	0.3886	1889	0.2786	352	0.2971

下面验证，测速可以抑制多普勒效应引起的 TOA 偏差。DD 组合导航在捕获段的前期收敛，后期下降。究其原因，轨道动力学模型的非线性预测误差逐渐增大，尤其是在后期。

设状态估计误差的位置和速度分量分别为 10km 和 0.02km/s，预测周期为 120s。如图 4-36 所示，在 60000s 之前，非线性位置和速度误差小于 30m 和 0.01m/s。在 60000s 之后，非线性位置和速度预测误差大幅增加，甚至超过 100m 和 1m/s。非线性预测误差随着状态估计误差的增加而增加。因此，60000s 后非线性误差大。

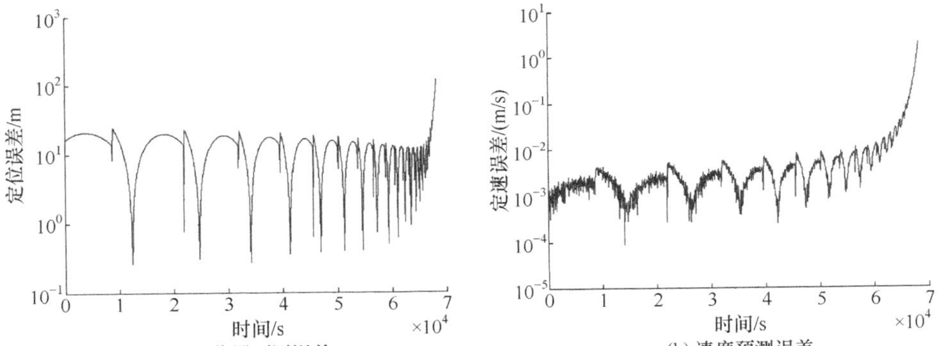

(a) 位置预测误差　(b) 速度预测误差

图 4-36　轨道动力学模型的非线性预测误差

大的非线性预测误差将导致大的 TOA 偏差，引起卡尔曼滤波器发散，进而导致更大的状态估计误差和更大的非线性预测误差。在捕获段，这将形成恶性循环。

如图 4-37 所示，在 DD 深度组合导航中，多普勒效应引起的 TOA 偏差约为 10^{-5}s，在 60000s 之后甚至大于 10^{-4}s。相应地，位置测量噪声约为 3000m，在 60000s 后甚至达到 30000～150000m。在 DDV 深度组合导航中，多普勒效应引起的 TOA 偏差约为 10^{-8}s。相应地，位置测量噪声约为 3m，微乎其微。以上结果表明，方向和测速测量值在脉冲星观测周期内能抑制 TOA 偏差。

DDV 深度组合导航系统具有三个测量值，即方向、距离和测速值，其误差会影响导航性能。

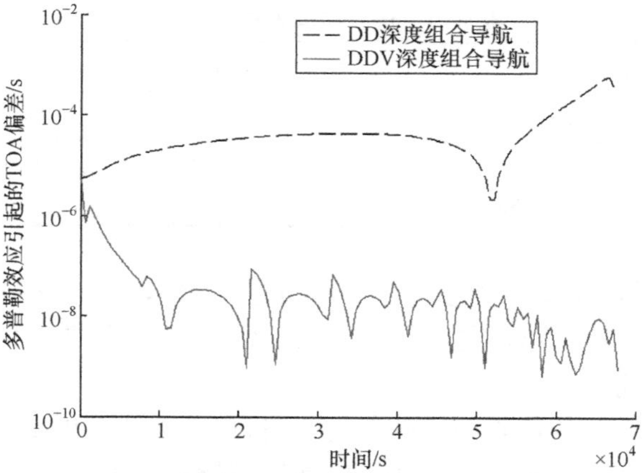

图 4-37 多普勒效应引起的脉冲星 TOA 偏差

如图 4-38 所示，导航性能随着测角误差的减小而提高。在捕获段末期，即使测角噪声水平为 100″，导航定位精度也能达到 700m，可以满足深空探测的要求。测量噪声由光学导航摄像机确定。100″的光学导航摄像机早已实现。当前，光学导航摄像机的精度约为 10″或更小。因此，在当前的光学导航摄像机技术的条件下，深度组合导航可正常工作。

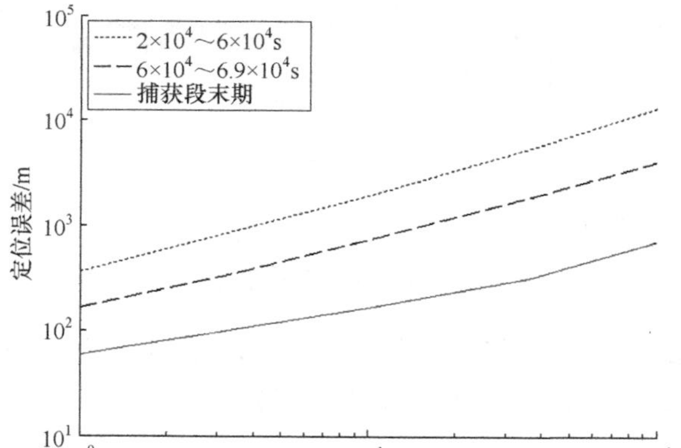

图 4-38 测角噪声水平

图 4-39 所示为 X 射线敏感器有效接收面积对导航性能的影响。可以看出，导航性能随着 X 射线敏感器有效接收面积的增加而提高。与图 4-39(a)相比，图 4-39(b)的导航精度对 X 射线敏感器的有效接收面积更为敏感。究其原因，X 射线敏感器的有效接收面积的影响与测角精度有关。测角产生的切向误差为 $\xi\left|\boldsymbol{r}-\boldsymbol{r}_{\mathrm{sv}}\right|$。测距误差为 $c\sigma$。当 $\xi\left|\boldsymbol{r}-\boldsymbol{r}_{\mathrm{sv}}\right|$ 远大于 $c\sigma$ 时，导航性能主要取决于测角

误差，反之则不然。例如，测距误差为 100～1000m 时，深空探测器与金星之间的距离约为 10^5km。当测角误差分别为 36″和 1″时，由测角引起的切向误差分别为 17km 和 500m。与 17km 的切向误差相比，测距误差非常小。测距误差的改善对导航性能的影响小。因此，测角误差较大的情况下，X 射线敏感器的有效接收面积对导航的影响小。

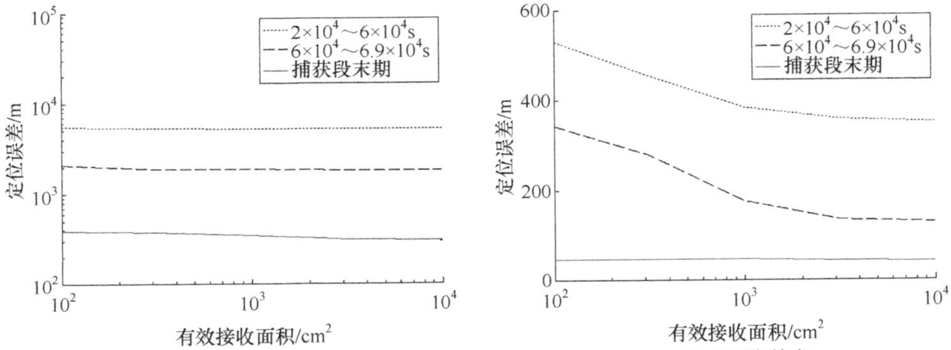

(a) 36″测角精度　(b) 1″测角精度

图 4-39　X 射线敏感器有效接收面积

如图 4-40 所示，导航性能随着多普勒测速误差的增加而略有下降。究其原因，测角误差在三个测量中最大。多普勒测速噪声水平由光谱摄制仪精度确定。因此，低精度的光谱摄制仪并不会导致导航性能的大幅下降。此外，低精度意味着降低光谱摄制仪的技术难度。

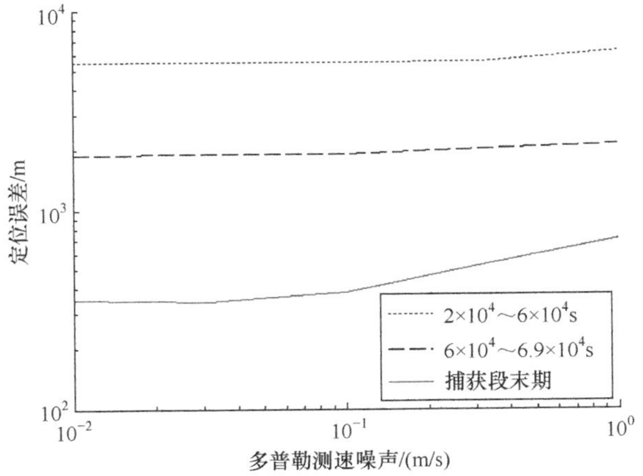

图 4-40　多普勒测速噪声水平

图 4-41 所示为脉冲星导航与 DDV 深度组合导航。其中，测角误差设为 2″，X 射线敏感器有效接收面积设为 384cm^2。两个导航系统均收敛。随着金星与深空

探测器之间距离的减小，DDV 深度组合导航的 DDV 精度提高，脉冲星导航性能保持不变。

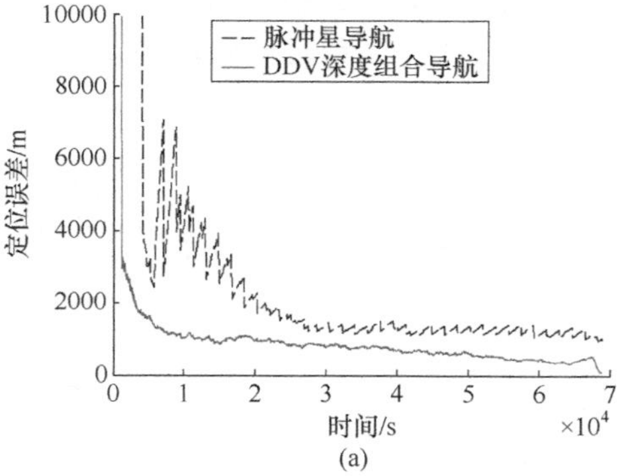

(a)

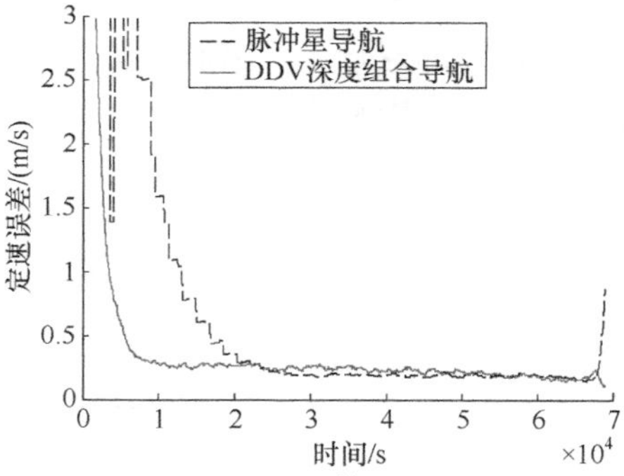

(b)

图 4-41　脉冲星导航与 DDV 深度组合导航

表 4-18 所示为脉冲星导航与 DDV 深度组合导航。与脉冲星导航相比，DDV 深度组合导航的位置精度在前期、后期和末期分别提高约 48%、66%和 91%。在捕获段末期，脉冲星导航的测速精度下降。究其原因，捕获段末期的轨道动力学模型具有强非线性和时变特性。在脉冲星导航中，定速误差引起的脉冲星 TOA 偏差增加，并导致滤波器发散。

表 4-18　脉冲星导航与 DDV 深度组合导航

导航方式	$2\times10^4\sim6\times10^4$s		$6\times10^4\sim6.9\times10^4$s		捕获段末期	
	位置/m	速度/(m/s)	位置/m	速度/(m/s)	位置/m	速度/(m/s)
脉冲星导航	1356	0.2043	1153	0.2127	966	0.8587
DDV 深度组合导航	706	0.2316	390	0.1701	84	0.1000

DDV 深度组合导航对导航敏感器的要求较低。目前，光学导航摄像机的精度可满足自主导航的要求，小面积的 X 射线敏感器和低精度的光谱摄制仪即可满足要求。这减小了深空探测器载重和技术难度。

综上所述，在金星探测捕获段，DDV 深度组合导航具有成本低、精度高等优点。

4.6　小　　结

本章系统阐述天文差分测速导航这一新的天文导航方法。之所以采用差分，天文差分测速能抑制太阳光谱不稳定造成的误差，使太阳多普勒测速导航成为可能。在误差源分析方面，从太阳自转的特性出发，建立高精度的测量偏差模型。为便于实现，建议将天文差分测速导航先应用于编队飞行，实现相对导航。鉴于测速导航系统不具备完全可观性，可将其与测角、脉冲星导航组合。

参 考 文 献

[1] 张伟, 黄庆龙, 陈晓. 基于天文测角测速组合的小行星探测器自主导航方法. 中国科学: 物理学 力学 天文学, 2019, 49(8): 84510.

[2] 况银丽, 方亮, 彭翔, 等. 基于多普勒非对称空间外差光谱技术的多普勒测速仿真. 物理学报, 2018, 67(14): 140703.

[3] Liu J, Fang J C, Yang Z H, et al. X-ray pulsar/Doppler difference integrated navigation for deep space exploration with unstable solar spectrum. Aerospace Science and Technology, 2015, 41: 142-150.

[4] Liu J, Ning X L, Ma X, et al. Geometry error analysis in solar Doppler difference navigation for the capture phase. IEEE Transactions on Aerospace and Electronic Systems, 2019, 55(5): 2554-2567.

[5] Liu J, Li Y Y, Ning X L, et al. Modeling and analysis of solar Doppler difference bias with arbitrary rotation axis. Chinese Journal of Aeronautics, 2020, 33(12): 3331-3343.

[6] Liu J, Wang T, Ning X L, et al. Modelling and analysis of celestial Doppler difference velocimetry navigation considering solar characteristics. IET Radar, Sonar and Navigation, 2020, 14(12): 1897-1904.

[7] Liu J, Fang J C, Liu G. Solar frequency shift-based radial velocity difference measurement for formation flight and its integrated navigation. Journal of Aerospace Engineering, 2017, 30(5): 4017049.

[8] Liu J, Ning X L, Ma X, et al. Direction/distance/velocity measurements deeply integrated navigation for Venus capture period. Journal of Navigation, 2018, 71(4): 861-877.

[9] Yim J R, Crassidis J L, Junkins J L. Autonomous orbit navigation of interplanetary spacecraft //AIAA/AAS Astrodynamics Specialist Conference, Denver, 2000: 53-61.

[10] Liu J, Kang Z W, Paul W, et al. Doppler/XNAV-integrated navigation system using small-area X-ray sensor. IET Radar, Sonar and Navigation, 2011, 5(9): 1010-1017.

[11] Fang C, Hiei E, Okamoto T. Caii K line asymmetries in two well-observed solar flares of October 18, 1990. Solar Physics, 1991, 135(1): 89-97.

[12] Ichimoto K, Kurokawa H. Hα red asymmetry of solar flares. Solar Physics, 1984, 93(1): 103-121.

[13] Ding M D, Fang C. The propagation of chromospheric condensations and the asymmetry of spectral lines in solar flares. Acta Astrophy Sinica, 1994, 18(3): 355.

[14] Carozza L, Bevilacqua A. Error analysis of satellite attitude determination using a vision-based approach. ISPRS Journal of Photogrammetry & Remote Sensing, 2013, 83: 19-29.

[15] Plaskett J S. The spectroscopic determination of the solar rotation at Ottawa. The Astrophysical

Journal, 1915, 42(5): 373.

[16] Snodgrass H B. Separation of large-scale photospheric Doppler patterns. Solar Physics, 1984, 94(1): 13-31.

[17] Dupree A K, Henze W. Solar rotation as determined from OSO-4 EUV spectroheliograms. Solar Physics, 1972, 27(2): 271-279.

[18] Horn B K P, Schunck B G. Determining optical flow. Artificial Intelligence, 2004, 17(81): 183-203.

[19] Pesnell D, Addison K. Solar dynamics observatory. http://sdo.gsfc.nasa.gov/ [2020-10-3].

[20] Qiao L, Liu J Y, Zheng G, et al. Augmentation of XNAV system to ultraviolet sensor-based satellite navigation system. IEEE Selected Topics in Signal Processing, 2009, 3(5): 777-785.

[21] Liu J, Fang J C, Kang Z W. et al. Novel algorithm for X-ray pulsar navigation against Doppler effects. IEEE Transactions on Aerospace and Electronic Systems, 2015, 51(1): 226-241.

第 5 章　太阳到达时间差分测距导航

5.1　引　　言

捕获段是深空探测任务的关键时期[1, 2]。其导航精度直接影响深空探测任务的成功。在捕获段，深空探测器相对于火星的位置比绝对位置更关键。3 种传统天文导航方法无法直接提供相对于火星的距离信息。

为了解决该问题，利用太阳光不稳定这一特性，我们提出一种新的导航方法——太阳 TDOA 测距导航[3]。深空探测器上的高速摄像仪分别测量太阳直射光和行星反射光。二者差分就是太阳 TDOA，可以转化为相对于目标天体的距离信息。这种测量方法被认为是继天文测角导航、脉冲星导航和太阳多普勒测速导航之后的第四种天文导航方法。行星反射太阳光绝非简单的镜面反射。行星反射光受多种因素的影响。我们在测量模型上开展研究，取得了一定的研究成果[4,5]。

面向捕获段的太阳 TDOA 测距导航需要复杂的行星反射光模型，短期内难以实现。若将这种测量方法用于编队飞行，则无须建立反射光模型，因此我们提出一种太阳 TDOA 相对导航方法[6]。

5.2　面向捕获段的太阳到达时间差分测距导航

在捕获段，深空探测器相对于火星的位置比绝对位置更关键。脉冲星导航提供绝对位置信息，并根据火星星历将其转换为相对于火星的位置。火星星历精度越低，相对于火星距离信息的精度也随之下降。天文测角导航只提供深空探测器相对于火星的方位。

为此，我们提出一种新的天文导航方法，即太阳 TDOA 测距导航。该方法可以提供径向信息，并辅助测角导航。我们研究太阳光辐照度，发现太阳光辐照度是不稳定的。受太阳耀斑的影响，太阳光辐照度波形包含一些脉冲。本节考虑使用这些脉冲信号作为导航信息。此外，火星光辐照度的变化与火星大气对太阳光的滤波效果相关，利用火星大气吸收模型滤波，可以滤波出反射的太阳光，并且反射信号的相关度足够高。基于上述分析结果，我们提出一种新天文导航方法。在这种方法中，深空探测器记录两个太阳 TOA。其中，一个是来自太阳直射，另一个来自火星反射。它们的差值就是太阳 TDOA。这种测量方法可认为是继测角、测距和测速之后的第四种天文导航方法。太阳 TDOA 测量法只能确定一个双曲面，而测角方法可以确定一条线。将太阳 TDOA 测量与测角组合，可以为深空探测器精确定位。鉴于这两种方法都对火星星历误差不敏感，太阳 TDOA/火星测角组合导航适用于捕获段。

新天文导航需要新的敏感器和天文数据库。太阳 TOA 测距导航无须新天文数据库，可以用现有的火星星历。高速摄像仪也已研制成功。因此，该方法可以利用现有敏感器和星历表实现。

5.2.1 测角法的性能分析

测角导航可以为深空探测器提供相对于火星的方位。它的模型可表示为

$$\boldsymbol{Z}=\frac{\boldsymbol{r}-\boldsymbol{r}_{\mathrm{M}}}{\left|\boldsymbol{r}-\boldsymbol{r}_{\mathrm{M}}\right|}+\boldsymbol{v} \tag{5-1}$$

其中，$\boldsymbol{Z}$ 为深空探测器相对于火星的方位矢量；$\boldsymbol{v}$ 为测角噪声。

仅使用上述模型还无法确定深空探测器的位置。为了获取位置信息，可以采用深空探测器相对于火卫一或者火卫二的方位矢量,通过两条直线确定点的位置。下面研究基于火星和火卫一方向的导航性能。定位误差可以分解为深空探测器相对于火星径向和切向的误差。

图 5-1 所示为测角导航定位误差示意图。其中，$\Delta\theta$ 是深空探测器相对于火星的方位噪声。为简化问题，设相对于火卫一的方位无测量误差，γ 是火卫一视线和火星视线之间的夹角。深空探测器、火卫一和火星三者构成三角形，R 是该三角形的高，可表示为

$$R=\left|\boldsymbol{r}-\boldsymbol{r}_{\mathrm{M}}\right|\sin\gamma \tag{5-2}$$

切向误差可表示为

$$\Delta r_{\tan}=\left|\boldsymbol{r}-\boldsymbol{r}_{\mathrm{M}}\right|\Delta\theta \tag{5-3}$$

径向误差可表示为

$$\Delta r_{\mathrm{rad}}=R/\tan(\gamma-\Delta\theta)-\left|\boldsymbol{r}-\boldsymbol{r}_{\mathrm{M}}\right|\approx\left|\boldsymbol{r}-\boldsymbol{r}_{\mathrm{M}}\right|\Delta\theta/\tan\gamma=\Delta r_{\tan}/\tan\gamma \tag{5-4}$$

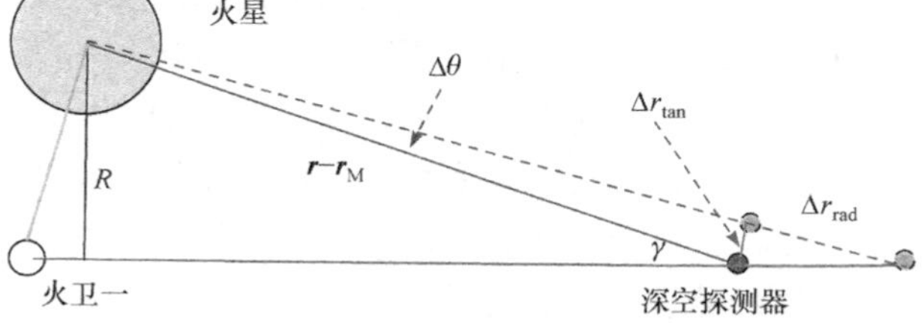

图 5-1　测角导航定位误差示意图

火星与深空探测器的距离较远，γ 值非常小，可得 $\Delta r_{rad} \gg \Delta r_{tan}$。可以发现，在定位中，切向位置精度高，径向精度低。

显然，在火星探测的捕获段内，测角法无法获得深空探测器的精确位置信息。为了达到较高的定位精度，需要结合使用其他导航方法。

5.2.2　太阳到达时间差分测量法

在太阳系中，太阳是唯一的光源，被广泛应用于天文导航中。在天文测角方法中，太阳被作为近天体，提供深空探测器相对于太阳的方位。在天文测速导航中，利用太阳光谱频移测量深空探测器的多普勒速度。与传统太阳测角或测速导航不同，我们提出面向深空探测的太阳 TDOA 测量法。

在本节，我们研究太阳光辐照度。太阳光辐照度并不稳定，特别是在太阳耀斑出现时[7, 8]。图 5-2 所示为太阳光辐照度。其中，观测时段为 2015 年 12 月 4 日 00:00:00.000 UTCG 至 2015 年 12 月 7 日 00:00:00.000 UTCG。这些数据由太阳动力学观测台提供[9]。波长为 36.6nm，时间分辨率为 1min。在图 5-2 中，太阳光辐照度不是一个常值。当太阳耀斑爆发时，会存在一些脉冲信号。图 5-2 中的数据并未直接应用于导航中，只是验证太阳耀斑信号的存在。

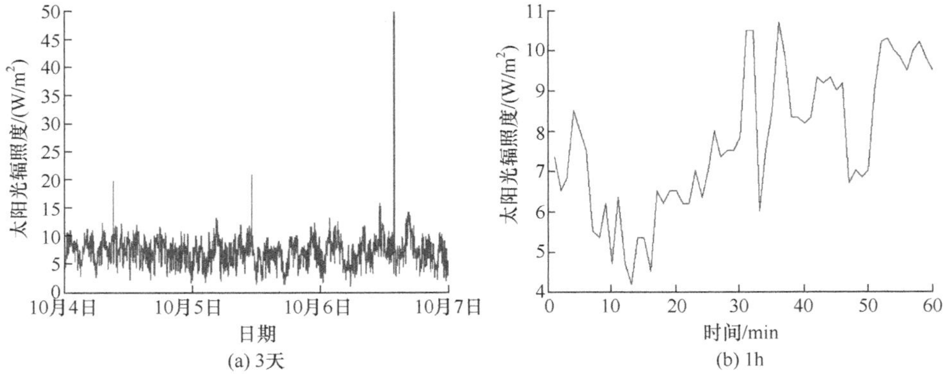

(a) 3天　　(b) 1h

图 5-2　太阳光辐照度

我们提出太阳 TOA 测距导航这一概念，即太阳光辐照度信息可以应用于导航。将脉冲信号应用于导航中时，让人不禁联想到脉冲星导航。X 射线脉冲星信号 TOA 可以被 X 射线敏感器记录下来，对应的 SSB 处 TOA 则由计时模型预测，二者的差值就是脉冲星测量值。然而，在太阳 TOA 测距导航中，尽管太阳耀斑的脉冲信号抵达深空探测器的时间可以记录，但是没有相关计时模型用于预测这些脉冲信号到达 SSB 的时间。考虑基准的缺失，太阳耀斑信号的 TOA 不能作为导航测量值，所以太阳 TOA 测量不能像脉冲星 TOA 一样直接应用于导航。因此，我们另辟蹊径，提出一种太阳 TDOA 测距导航。

此外，太阳光的不稳定性也可以被利用。在图 5-2 中，当太阳耀斑未爆发时，一些微小的脉冲信号依旧存在。标记的脉冲峰值约为谷值的两倍。持续的时间约为 5min。这些特征表明，与太阳耀斑一样，太阳光也可以用于导航。只是由于辐照度低，太阳光 TDOA 测量精度要低于太阳耀斑 TDOA 测量精度。鉴于原理类似，我们统一称之为太阳 TDOA 测量。

基于上述分析结果，当未建立太阳耀斑计时模型时，无法给出太阳 TOA 测量的基准。为了解决该问题，在无太阳耀斑计时模型的情况下，我们提出太阳 TDOA 测量。

太阳光子有两个飞行路径，即太阳直射路径和火星发射路径。显然，当太阳耀斑爆发时，太阳耀斑信号同时出现在太阳直射光和火星反射光中。深空探测器上的一个高速摄像仪观测太阳，并记录太阳 TOA；另一个高速摄像仪观测火星，并记录火星反射光 TOA。太阳 TDOA 就是这两个 TOA 的差值。互相关算法可估计出太阳 TDOA。

图 5-3 所示为太阳 TDOA 测量法的基本原理。本节采用太阳坐标系。为了便于分析，将太阳和火星视为一个点。设两个太阳耀斑光子离开太阳的时刻是 t_0，太阳耀斑的位置是 $\boldsymbol{r}_{\text{sun}}(t_0)$，一个耀斑光子经过直射路径，在位置 $\boldsymbol{r}(t_1)$ 处，时刻

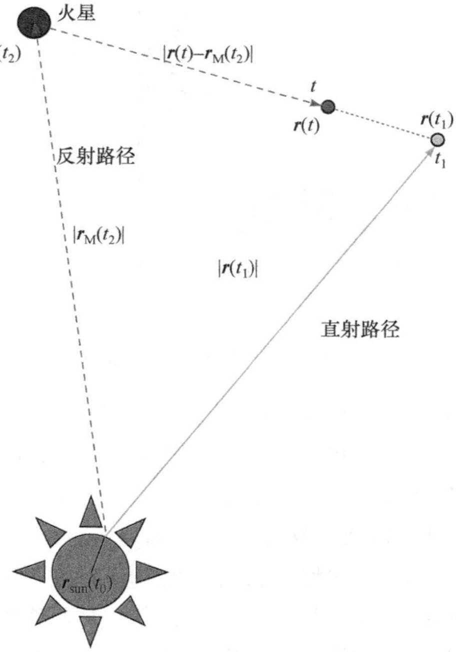

图 5-3　太阳 TDOA 测量法的基本原理

$t_1(t_1>t_0)$时捕获；另外一个经过反射路径，在位置为 $\boldsymbol{r}_{\mathrm{M}}(t_2)$处，时刻 $t_2(t_2>t_0)$时被反射，然后被深空探测器在位置 $\boldsymbol{r}(t)$ 处，时刻 $t(t>t_1)$时捕获。t_1 和 t 的差值就是太阳 TDOA 测量值。

下面参考图 5-3，研究太阳 TDOA 测量模型。

在$[t_0, t_1]$、$[t_0, t_2]$和$[t_2, t]$三个时段内，太阳耀斑光子的飞行距离为

$$c(t_1 - t_0) = \left|\boldsymbol{r}(t_1) - \boldsymbol{r}_{\mathrm{sun}}(t_0)\right| \tag{5-5}$$

$$c(t_2 - t_0) = \left|\boldsymbol{r}_{\mathrm{M}}(t_2) - \boldsymbol{r}_{\mathrm{sun}}(t_0)\right| \tag{5-6}$$

$$c(t - t_2) = \left|\boldsymbol{r}(t) - \boldsymbol{r}_{\mathrm{M}}(t_2)\right| \tag{5-7}$$

其中，c 为真空中的光速。

将式(5-5)和式(5-6)相减，可得

$$c(t_1 - t_2) = \left|\boldsymbol{r}(t_1) - \boldsymbol{r}_{\mathrm{sun}}(t_0)\right| - \left|\boldsymbol{r}_{\mathrm{M}}(t_2) - \boldsymbol{r}_{\mathrm{sun}}(t_0)\right| \tag{5-8}$$

将式(5-7)和式(5-8)相减，可得

$$c(t - t_1) = \left|\boldsymbol{r} - \boldsymbol{r}_{\mathrm{M}}\right| - \left|\boldsymbol{r}_1 - \boldsymbol{r}_{\mathrm{sun}}\right| + \left|\boldsymbol{r}_{\mathrm{M}} - \boldsymbol{r}_{\mathrm{sun}}\right| \tag{5-9}$$

其中，$\boldsymbol{r}$ 、$\boldsymbol{r}_{\mathrm{M}}$ 、$\boldsymbol{r}_1$、$\boldsymbol{r}_{\mathrm{sun}}$ 为 $\boldsymbol{r}(t)$ 、$\boldsymbol{r}_{\mathrm{M}}(t_2)$ 、$\boldsymbol{r}(t_1)$ 、$\boldsymbol{r}_{\mathrm{sun}}(t_0)$ 。

式(5-9)是构建出的初始太阳 TDOA 测量模型。考虑干扰，该模型可表示为

$$c(t + \Delta t - t_1 + \Delta t_{\mathrm{clock}}) = \left|\boldsymbol{r} - \boldsymbol{r}_{\mathrm{M}}\right| - \left|\boldsymbol{r}_1 - \boldsymbol{r}_{\mathrm{sun}}\right| + \left|\boldsymbol{r}_{\mathrm{M}} - \boldsymbol{r}_{\mathrm{sun}}\right| + \Delta r_{\mathrm{Mars}} + \Delta r_{\mathrm{sf}} + c\boldsymbol{\omega} \tag{5-10}$$

其中，Δt 为几何修正参数；Δr_{Mars} 和 Δr_{sf} 为由于火星星历误差和太阳耀斑方位噪声引起的模型误差；$\Delta t_{\mathrm{clock}}$ 为原子钟漂移；$\boldsymbol{\omega}$ 为测量噪声。

反射点不是火星质心，处在火星表面。考虑这一几何因素，我们修正太阳 TDOA 测量模型。为了简化问题，设火星是半径为 R_{M} 的球体。

图 5-4 所示为太阳 TDOA 测量几何修正的基本原理。实线和虚线分别代表太阳耀斑光子真实的飞行路径和理想的飞行路径，点状线条表示位置矢量 $\boldsymbol{r}$。为了简化表达式，$\boldsymbol{r}$ 、$\boldsymbol{r}_{\mathrm{M}}$ 和 $\boldsymbol{r}'_{\mathrm{M}}$ 分别表示 $\boldsymbol{r}(t)$ 、$\boldsymbol{r}_{\mathrm{M}}(t_2)$ 和 $\boldsymbol{r}'_{\mathrm{M}}(t_2)$ ；火星质心点和反射点分别为 $\boldsymbol{r}_{\mathrm{M}}$ 和 $\boldsymbol{r}'_{\mathrm{M}}$ ；矢量 $\boldsymbol{r} - \boldsymbol{r}_{\mathrm{M}}$ 和 $\boldsymbol{r}'_{\mathrm{M}} - \boldsymbol{r}_{\mathrm{M}}$ 的夹角为 α ；矢量 $-(\boldsymbol{r}_{\mathrm{M}} - \boldsymbol{r}_{\mathrm{sun}})$ 和 $\boldsymbol{r}'_{\mathrm{M}} - \boldsymbol{r}_{\mathrm{M}}$ 的夹角是 β；矢量 $\boldsymbol{r}_{\mathrm{M}} - \boldsymbol{r}$ 和 $\boldsymbol{r}'_{\mathrm{M}} - \boldsymbol{r}$ 的夹角是 α' ；矢量 $\boldsymbol{r}_{\mathrm{M}} - \boldsymbol{r}_{\mathrm{sun}}$ 和 $\boldsymbol{r}'_{\mathrm{M}} - \boldsymbol{r}_{\mathrm{sun}}$ 的夹角是 β' ；矢量 $\boldsymbol{r} - \boldsymbol{r}'_{\mathrm{M}}$ 和 $-(\boldsymbol{r}'_{\mathrm{M}} - \boldsymbol{r}_{\mathrm{sun}})$ 之间的夹角是 2θ； $\boldsymbol{r}'_{\mathrm{M}}$ 是反射点；矢量 $\boldsymbol{r}'_{\mathrm{M}} - \boldsymbol{r}_{\mathrm{M}}$ 是 2θ 的平分线。

$\boldsymbol{r}_{\mathrm{M}}-\boldsymbol{r}$、$\boldsymbol{r}_{\mathrm{M}}-\boldsymbol{r}_{\mathrm{sun}}$ 和 $\boldsymbol{r}-\boldsymbol{r}_{\mathrm{sun}}$ 这三个矢量可构成一个三角形。根据余弦定理，可得式(5-11)，即

$$\left|\boldsymbol{r} - \boldsymbol{r}_{\mathrm{M}}\right|^2 + \left|\boldsymbol{r}_{\mathrm{M}} - \boldsymbol{r}_{\mathrm{sun}}\right|^2 - \left|\boldsymbol{r} - \boldsymbol{r}_{\mathrm{sun}}\right|^2 = 2\left|\boldsymbol{r} - \boldsymbol{r}_{\mathrm{M}}\right| \cdot \left|\boldsymbol{r}_{\mathrm{M}} - \boldsymbol{r}_{\mathrm{sun}}\right| \cos(\alpha + \beta) \tag{5-11}$$

同理，根据矢量 $\boldsymbol{r}'_{\mathrm{M}} - \boldsymbol{r}_{\mathrm{sun}}$、$\boldsymbol{r}_{\mathrm{M}}-\boldsymbol{r}_{\mathrm{sun}}$ 和 $\boldsymbol{r}'_{\mathrm{M}} - \boldsymbol{r}_{\mathrm{M}}$ ，可得

$$\left|\boldsymbol{r}_{\mathrm{M}}' - \boldsymbol{r}_{\mathrm{sun}}\right|^2 = R_{\mathrm{M}}^2 + \left|\boldsymbol{r}_{\mathrm{M}} - \boldsymbol{r}_{\mathrm{sun}}\right|^2 - 2R_{\mathrm{M}} \cdot \left|\boldsymbol{r}_{\mathrm{M}} - \boldsymbol{r}_{\mathrm{sun}}\right| \cos\beta \tag{5-12}$$

$$\cos\beta' = \left(\left|\boldsymbol{r}_{\mathrm{M}}' - \boldsymbol{r}_{\mathrm{sun}}\right|^2 + \left|\boldsymbol{r}_{\mathrm{M}} - \boldsymbol{r}_{\mathrm{sun}}\right|^2 - R_{\mathrm{M}}^2\right) / \left(2\left|\boldsymbol{r}_{\mathrm{M}}' - \boldsymbol{r}_{\mathrm{sun}}\right| \cdot \left|\boldsymbol{r}_{\mathrm{M}} - \boldsymbol{r}_{\mathrm{sun}}\right|\right) \tag{5-13}$$

其中，$R_{\mathrm{M}} = \left|\boldsymbol{r}_{\mathrm{M}}' - \boldsymbol{r}_{\mathrm{M}}\right|$为火星的半径。

根据矢量$\boldsymbol{r} - \boldsymbol{r}_{\mathrm{M}}'$、$\boldsymbol{r} - \boldsymbol{r}_{\mathrm{M}}$和$\boldsymbol{r}_{\mathrm{M}}' - \boldsymbol{r}_{\mathrm{M}}$，可得

$$\left|\boldsymbol{r}_{\mathrm{M}}' - \boldsymbol{r}\right|^2 = R_{\mathrm{M}}^2 + \left|\boldsymbol{r}_{\mathrm{M}} - \boldsymbol{r}\right|^2 - 2R_{\mathrm{M}} \cdot \left|\boldsymbol{r}_{\mathrm{M}} - \boldsymbol{r}\right| \cos\alpha \tag{5-14}$$

$$\cos(\alpha') = \left(\left|\boldsymbol{r}_{\mathrm{M}}' - \boldsymbol{r}\right|^2 + \left|\boldsymbol{r}_{\mathrm{M}} - \boldsymbol{r}\right|^2 - R_{\mathrm{M}}^2\right) / \left(2\left|\boldsymbol{r}_{\mathrm{M}}' - \boldsymbol{r}\right| \cdot \left|\boldsymbol{r}_{\mathrm{M}} - \boldsymbol{r}\right|\right) \tag{5-15}$$

由三角形外角等于不相邻两内角之和，可得

$$\alpha + \alpha' = \beta + \beta' = \theta \tag{5-16}$$

根据式(5-11)～式(5-16)，可以用一个简单的迭代算法估计$\left|\boldsymbol{r}_{\mathrm{M}}' - \boldsymbol{r}_{\mathrm{sun}}\right|$和$\left|\boldsymbol{r}_{\mathrm{M}}' - \boldsymbol{r}\right|$的值，具体如下。

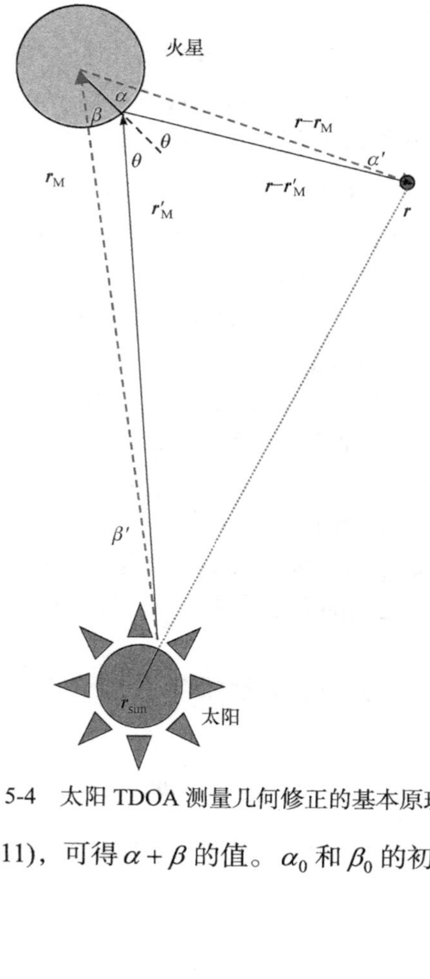

图 5-4　太阳 TDOA 测量几何修正的基本原理

步骤 1：根据式(5-11)，可得$\alpha + \beta$的值。α_0和β_0的初始值为

$$\alpha_0 = \beta_0 = (\alpha + \beta)/2 \tag{5-17}$$

步骤 2：根据式(5-12)～式(5-15)，计算 α_i' 和 β_i' 的值。

步骤 3：将式(5-16)作为目标函数，α_{i+1} 和 β_{i+1} 按式(5-18)和式(5-19)计算，即

$$\alpha_{i+1} = \alpha_i - \left[(\alpha_i + \alpha_i') - (\beta_i + \beta_i')\right]/2 \tag{5-18}$$

$$\beta_{i+1} = \beta_i + \left[(\alpha_i + \alpha_i') - (\beta_i + \beta_i')\right]/2 \tag{5-19}$$

步骤 4：返回步骤 2，直到式(5-20)成立。此时，可估计 $|\boldsymbol{r}_{\mathrm{M}}'|$ 和 $|\boldsymbol{r}_{\mathrm{M}}' - \boldsymbol{r}|$ 的值，即

$$\left|(\alpha_i + \alpha_i') - (\beta_i + \beta_i')\right| < \mathrm{th} \tag{5-20}$$

其中，th 为阈值，取 $0.001''$。

经过 10～15 次迭代，式(5-20)成立。这样就得到一个理想模型。

令实际时间和理想时间的差值为 Δt，可表示为

$$\Delta t = \left[\left(|\boldsymbol{r}_{\mathrm{M}} - \boldsymbol{r}| + |\boldsymbol{r}_{\mathrm{M}} - \boldsymbol{r}_{\mathrm{sun}}|\right) - \left(|\boldsymbol{r}_{\mathrm{M}}' - \boldsymbol{r}| + |\boldsymbol{r}_{\mathrm{M}}' - \boldsymbol{r}_{\mathrm{sun}}|\right)\right]/c \tag{5-21}$$

式(5-21)代入式(5-10)，可得

$$c(t - t_1 + \Delta t_{\mathrm{clock}}) = \left(|\boldsymbol{r}_{\mathrm{M}}' - \boldsymbol{r}| + |\boldsymbol{r}_{\mathrm{M}}' - \boldsymbol{r}_{\mathrm{sun}}|\right) - |\boldsymbol{r}(t_1) - \boldsymbol{r}_{\mathrm{sun}}| + \Delta r_{\mathrm{Mars}} + \Delta r_{\mathrm{sf}} + c\boldsymbol{\omega} \tag{5-22}$$

在捕获段内，火星和深空探测器的距离小于 500000km，所以 $t - t_1 \leqslant 2 \times 500000\mathrm{km}/300000\mathrm{km/s} < 4\mathrm{s}$。在该时段，深空探测器的速度 $\boldsymbol{v}$ 可视为常值。$\boldsymbol{r}$ 和 $\boldsymbol{r}_1$ 之间的关系可表示为

$$\boldsymbol{r} = \boldsymbol{r}_1 + \boldsymbol{v}(t - t_1) \tag{5-23}$$

式(5-22)也可表示为

$$c(t - t_1 + \Delta t_{\mathrm{clock}}) = |\boldsymbol{r}_{\mathrm{M}}' - \boldsymbol{r}| + |\boldsymbol{r}_{\mathrm{M}}' - \boldsymbol{r}_{\mathrm{sun}}| - |\boldsymbol{r} - \boldsymbol{r}_{\mathrm{sun}} - \boldsymbol{v}(t - t_1)| + \Delta r_{\mathrm{Mars}} + \Delta r_{\mathrm{sf}} + c\omega \tag{5-24}$$

由于 $\Delta t_{\mathrm{clock}}$、$\Delta r_{\mathrm{Mars}}$ 和 Δr_{sf} 非常小，式(5-22)可化简为

$$t - t_1 = \left[|\boldsymbol{r}_{\mathrm{M}}' - \boldsymbol{r}| + |\boldsymbol{r}_{\mathrm{M}}' - \boldsymbol{r}_{\mathrm{sun}}| - |\boldsymbol{r} - \boldsymbol{r}_{\mathrm{sun}} - \boldsymbol{v} \cdot (t - t_1)|\right]/c + \boldsymbol{\omega} \tag{5-25}$$

其中，$\boldsymbol{\omega}$ 为太阳 TDOA 测量噪声。

该模型就是太阳 TDOA 测量模型。由此可知，太阳 TDOA 测量模型可用于深空探测器的定位。

根据式(5-25)，太阳 TDOA 测量模型 $h_{\mathrm{T}}(\boldsymbol{X}, t)$ 和测量值 $\boldsymbol{Y}_{\mathrm{T}}$ 可表示为

$$h_{\mathrm{T}}(\boldsymbol{X}, t) = \left[|\boldsymbol{r}_{\mathrm{M}}' - \boldsymbol{r}| + |\boldsymbol{r}_{\mathrm{M}}' - \boldsymbol{r}_{\mathrm{sun}}| - |\boldsymbol{r} - \boldsymbol{r}_{\mathrm{sun}} - \boldsymbol{v}(t - t_1)|\right]/c \tag{5-26}$$

$$\boldsymbol{Y}_{\mathrm{T}} = t - t_1 \tag{5-27}$$

其中，状态矢量 $\boldsymbol{X} = \left[\boldsymbol{r}^{\mathrm{T}}, \boldsymbol{v}^{\mathrm{T}}\right]^{\mathrm{T}}$；$\boldsymbol{r}$ 和 $\boldsymbol{v}$ 为位置和速度。

相应的测量矩阵 $\boldsymbol{H}_{\mathrm{T}}$ 可表示为

$$\boldsymbol{H}_{\mathrm{T}}=\frac{\partial h_{\mathrm{T}}}{\partial \boldsymbol{X}^{\mathrm{T}}}=\frac{1}{c}\begin{bmatrix}\dfrac{\boldsymbol{r}-\boldsymbol{r}_{\mathrm{M}}'}{\left|\boldsymbol{r}-\boldsymbol{r}_{\mathrm{M}}'\right|}-\dfrac{\boldsymbol{r}-\boldsymbol{r}_{\mathrm{sun}}-\boldsymbol{v}(t-t_1)}{\left|\boldsymbol{r}-\boldsymbol{r}_{\mathrm{sun}}-\boldsymbol{v}(t-t_1)\right|}\\ t\dfrac{\boldsymbol{r}-\boldsymbol{r}_{\mathrm{sun}}-\boldsymbol{v}(t-t_1)}{\left|\boldsymbol{r}-\boldsymbol{r}_{\mathrm{sun}}-\boldsymbol{v}(t-t_1)\right|}\end{bmatrix}^{\mathrm{T}} \tag{5-28}$$

综上所述，建模过程如下。

步骤 1：记录 t_1，根据预测的位置 $\boldsymbol{r}_1$ 和式(5-5)，估计 t_0。

步骤 2：根据火星星历和式(5-6)，估计 t_2 和 $\boldsymbol{r}_{\mathrm{M}}$。

步骤 3：记录 t，式(5-9)成立。

步骤 4：使用几何修正方法，得到式(5-25)。式(5-25)就是太阳 TDOA 测量模型。

5.2.3　太阳到达时间差分/测角组合导航系统

深空探测自主导航的主要任务是确定当前深空探测器所在的位置。太阳 TDOA 测量法只能得到一个双曲面，而非一个点，不能单独作为导航信息。它必须和其他导航方法组合。太阳 TDOA 确定双曲面，而测角方法确定直线。考虑测角和太阳 TDOA 测量具有高度的互补性，将它们结合起来可以确定一个点。

太阳 TDOA/火星测角组合导航系统如图 5-5 所示。我们设计了如下两种测量模型。

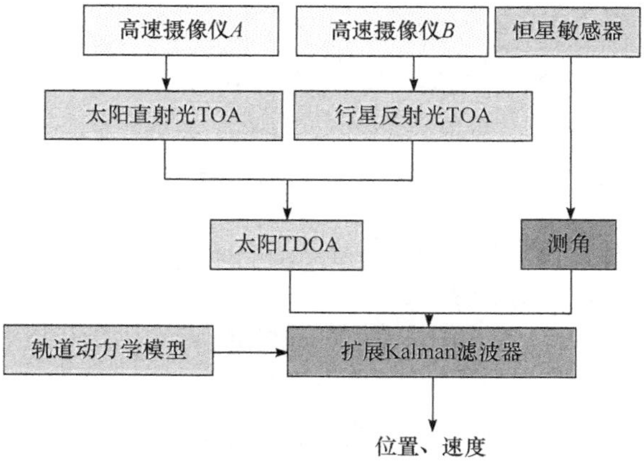

图 5-5　太阳 TDOA/火星测角组合导航系统

① 高速摄像仪 A 测量太阳 TOA，记为 t_1。太阳耀斑通过火星反射后，行星反射光 TOA 被高速摄像仪 B 采集，记为 t。两个 TOA 的差值即太阳 TDOA。太阳 TDOA 测量模型 $h_{\mathrm{T}}(\boldsymbol{X},t)$ 和测量值 $\boldsymbol{Y}_{\mathrm{T}}$ 可表示为

$$h_{\mathrm{T}}(\boldsymbol{X},t)=\left(\left|\boldsymbol{r}_{\mathrm{M}}'-\boldsymbol{r}\right|+\left|\boldsymbol{r}_{\mathrm{M}}'-\boldsymbol{r}_{\mathrm{sun}}\right|-\left|\boldsymbol{r}-\boldsymbol{r}_{\mathrm{sun}}-\boldsymbol{v}\cdot(t-t_1)\right|\right)/c \tag{5-29}$$

$$\boldsymbol{Y}_{\mathrm{T}}=t-t_1 \tag{5-30}$$

其中，状态矢量 $\boldsymbol{X}=\left[\boldsymbol{r}^{\mathrm{T}},\boldsymbol{v}^{\mathrm{T}}\right]^{\mathrm{T}}$。

对应的测量矢量 $\boldsymbol{H}_{\mathrm{T}}$ 可表示为

$$\boldsymbol{H}_{\mathrm{T}}=\frac{\partial h_{\mathrm{T}}}{\partial \boldsymbol{X}^{\mathrm{T}}}=\frac{1}{c}\begin{bmatrix}\dfrac{\boldsymbol{r}-\boldsymbol{r}_{\mathrm{M}}'}{\left|\boldsymbol{r}-\boldsymbol{r}_{\mathrm{M}}'\right|}-\dfrac{\boldsymbol{r}-\boldsymbol{r}_{\mathrm{sun}}-\boldsymbol{v}(t-t_1)}{\left|\boldsymbol{r}-\boldsymbol{r}_{\mathrm{sun}}-\boldsymbol{v}(t-t_1)\right|}\\ t\dfrac{\boldsymbol{r}-\boldsymbol{r}_{\mathrm{sun}}-\boldsymbol{v}(t-t_1)}{\left|\boldsymbol{r}-\boldsymbol{r}_{\mathrm{sun}}-\boldsymbol{v}(t-t_1)\right|}\end{bmatrix}^{\mathrm{T}} \tag{5-31}$$

② 恒星敏感器测量火星相对于恒星敏感器的方位。火星测角测量模型 $h_{\mathrm{D}}(\boldsymbol{X},t)$ 和测量值 $\boldsymbol{Y}_{\mathrm{D}}$ 可表示为

$$h_{\mathrm{D}}(\boldsymbol{X},t)=\frac{\boldsymbol{r}-\boldsymbol{r}_{\mathrm{M}}}{\left|\boldsymbol{r}-\boldsymbol{r}_{\mathrm{M}}\right|} \tag{5-32}$$

$$\boldsymbol{Y}_{\mathrm{D}}=\boldsymbol{Z} \tag{5-33}$$

相应的测量矩阵 $\boldsymbol{H}_{\mathrm{D}}$ 可表示为

$$\boldsymbol{H}_{\mathrm{D}}=\frac{\partial h_{\mathrm{D}}}{\partial \boldsymbol{X}^{\mathrm{T}}} \tag{5-34}$$

采用 EKF 作为导航滤波器，其表达式为

$$\boldsymbol{P}_k^-=\boldsymbol{\Phi}_{k-1}\boldsymbol{P}_{k-1}^+\boldsymbol{\Phi}_{k-1}^{\mathrm{T}}+\boldsymbol{Q}_{k-1} \tag{5-35}$$

$$\boldsymbol{K}_k=(\boldsymbol{P}_k^-\boldsymbol{H}_k^{\mathrm{T}})(\boldsymbol{H}_k\boldsymbol{P}_k^-\boldsymbol{H}_k^{\mathrm{T}}+\boldsymbol{R}_k)^{-1} \tag{5-36}$$

$$\boldsymbol{X}_k^-=f(\boldsymbol{X}_{k-1}^+,k-1) \tag{5-37}$$

$$\boldsymbol{X}_k^+=\boldsymbol{X}_k^-+\boldsymbol{K}_k(\boldsymbol{Y}_k-h(\boldsymbol{X}_k^-,k)) \tag{5-38}$$

$$\boldsymbol{P}_k^+=\boldsymbol{P}_k^--\boldsymbol{K}_k\boldsymbol{H}_k\boldsymbol{P}_k^- \tag{5-39}$$

其中，$\boldsymbol{P}$、$\boldsymbol{Q}$ 和 $\boldsymbol{R}$ 为状态误差协方差矩阵、状态过程噪声协方差矩阵和测量协方差矩阵；$\boldsymbol{\Phi}$、$\boldsymbol{H}$ 和 $\boldsymbol{K}$ 为状态转移矩阵、测量矩阵和增益矩阵；$f(\boldsymbol{X}_{k-1}^+,k-1)$ 和 $h(\boldsymbol{X}_k^-,k)$ 为轨道动力学模型和测量模型；当得到太阳 TDOA 时，$h(\boldsymbol{X},t)$、$\boldsymbol{H}$ 和 $\boldsymbol{Y}$ 为式(5-29)～式(5-31)，否则为式(5-32)～式(5-34)。

太阳 TDOA/火星测角组合导航的滤波过程如下。在导航滤波器中，地火转移轨道动力学模型作为状态转移模型，预测下一个状态。太阳 TDOA 和火星方位作为 EKF 的测量值，未获得太阳 TDOA 时，观测火星方位，并用其更新卡尔曼滤波器的状态估计。一旦获得太阳 TDOA，则用该信息更新 EKF。此时，EKF 可提

供高精度的导航信息。

在捕获段，为了确保深空探测器能被火星成功捕获，关键的导航信息是深空探测器相对于火星的位置 $\boldsymbol{r}-\boldsymbol{r}_{\mathrm{M}}$ ，而非绝对位置 $\boldsymbol{r}$ 。在捕获段，导航系统对相对位置 $\boldsymbol{r}-\boldsymbol{r}_{\mathrm{M}}$ 的精度要求高，但对绝对位置 $\boldsymbol{r}$ 无要求。

为了使相对位置 $\boldsymbol{r}-\boldsymbol{r}_{\mathrm{M}}$ 不受火星星历误差影响，深空探测器的预测位置 $\Delta\boldsymbol{r}_{\mathrm{M}}$ 应为 $\boldsymbol{r}+\Delta\boldsymbol{r}_{\mathrm{M}}$ 。$\boldsymbol{r}+\Delta\boldsymbol{r}_{\mathrm{M}}$ 可确保深空探测器相对于火星的距离不变，当星历误差 $\Delta\boldsymbol{r}_{\mathrm{M}}$ 存在时， $\boldsymbol{r}-\boldsymbol{r}_{\mathrm{M}}=(\boldsymbol{r}+\Delta\boldsymbol{r}_{\mathrm{M}})-(\boldsymbol{r}_{\mathrm{M}}+\Delta\boldsymbol{r}_{\mathrm{M}})$ 。

下面分析测角和太阳 TDOA 测量对星历误差是否具有鲁棒性。首先，研究火星测角模型。该模型可表示为

$$h_{\mathrm{D}}(\boldsymbol{X},t)=\frac{(\boldsymbol{r}+\Delta\boldsymbol{r}_{\mathrm{M}})-(\boldsymbol{r}_{\mathrm{M}}+\Delta\boldsymbol{r}_{\mathrm{M}})}{\left|(\boldsymbol{r}+\Delta\boldsymbol{r}_{\mathrm{M}})-(\boldsymbol{r}_{\mathrm{M}}+\Delta\boldsymbol{r}_{\mathrm{M}})\right|}=\frac{\boldsymbol{r}-\boldsymbol{r}_{\mathrm{M}}}{\left|\boldsymbol{r}-\boldsymbol{r}_{\mathrm{M}}\right|} \tag{5-40}$$

可以看出，在测角导航中，火星星历误差不会对深空探测器相对于火星的相对位置产生影响。

下面研究火星星历误差造成的测量噪声模型，它可表示为

$$\Delta r_{\mathrm{Mars}}=\left(\left|\boldsymbol{r}_{\mathrm{M}}'-\boldsymbol{r}_{\mathrm{sun}}\right|-\left|\boldsymbol{r}-\boldsymbol{r}_{\mathrm{sun}}-\boldsymbol{v}(t-t_1)\right|\right)-\left(\left|\boldsymbol{r}_{\mathrm{M}}'-\boldsymbol{r}_{\mathrm{sun}}+\Delta\boldsymbol{r}_{\mathrm{M}}\right|-\left|\boldsymbol{r}-\boldsymbol{r}_{\mathrm{sun}}-\boldsymbol{v}(t-t_1)+\Delta\boldsymbol{r}_{\mathrm{M}}\right|\right) \tag{5-41}$$

$\Delta\boldsymbol{r}_{\mathrm{M}}$ 在方向 $(\boldsymbol{r}_{\mathrm{M}}'-\boldsymbol{r}_{\mathrm{sun}})/\left|\boldsymbol{r}_{\mathrm{M}}'-\boldsymbol{r}_{\mathrm{sun}}\right|$ 上的投影是 $\left|\Delta\boldsymbol{r}_{\mathrm{M}}\right|\left(\frac{\Delta\boldsymbol{r}_{\mathrm{M}}}{\left|\Delta\boldsymbol{r}_{\mathrm{M}}\right|}\cdot\frac{\boldsymbol{r}_{\mathrm{M}}'-\boldsymbol{r}_{\mathrm{sun}}}{\left|\boldsymbol{r}_{\mathrm{M}}'-\boldsymbol{r}_{\mathrm{sun}}\right|}\right)\frac{\boldsymbol{r}_{\mathrm{M}}'-\boldsymbol{r}_{\mathrm{sun}}}{\left|\boldsymbol{r}_{\mathrm{M}}'-\boldsymbol{r}_{\mathrm{sun}}\right|}$ 。$\Delta\boldsymbol{r}_{\mathrm{M}}$ 可表示为

$$\Delta\boldsymbol{r}_{\mathrm{M}}=\left|\Delta\boldsymbol{r}_{\mathrm{M}}\right|\left(\frac{\Delta\boldsymbol{r}_{\mathrm{M}}}{\left|\Delta\boldsymbol{r}_{\mathrm{M}}\right|}\cdot\frac{\boldsymbol{r}_{\mathrm{M}}'-\boldsymbol{r}_{\mathrm{sun}}}{\left|\boldsymbol{r}_{\mathrm{M}}'-\boldsymbol{r}_{\mathrm{sun}}\right|}\right)\frac{\boldsymbol{r}_{\mathrm{M}}'-\boldsymbol{r}_{\mathrm{sun}}}{\left|\boldsymbol{r}_{\mathrm{M}}'-\boldsymbol{r}_{\mathrm{sun}}\right|}+\left[\Delta\boldsymbol{r}_{\mathrm{M}}-\left|\Delta\boldsymbol{r}_{\mathrm{M}}\right|\left(\frac{\Delta\boldsymbol{r}_{\mathrm{M}}}{\left|\Delta\boldsymbol{r}_{\mathrm{M}}\right|}\cdot\frac{\boldsymbol{r}_{\mathrm{M}}'-\boldsymbol{r}_{\mathrm{sun}}}{\left|\boldsymbol{r}_{\mathrm{M}}'-\boldsymbol{r}_{\mathrm{sun}}\right|}\right)\frac{\boldsymbol{r}_{\mathrm{M}}'-\boldsymbol{r}_{\mathrm{sun}}}{\left|\boldsymbol{r}_{\mathrm{M}}'-\boldsymbol{r}_{\mathrm{sun}}\right|}\right] \tag{5-42}$$

其中， $\boldsymbol{r}_{\mathrm{M}}'-\boldsymbol{r}_{\mathrm{sun}}/\left|\boldsymbol{r}_{\mathrm{M}}'-\boldsymbol{r}_{\mathrm{sun}}\right|$ 与 $\Delta\boldsymbol{r}_{\mathrm{M}}-\left|\Delta\boldsymbol{r}_{\mathrm{M}}\right|\left(\frac{\Delta\boldsymbol{r}_{\mathrm{M}}}{\left|\Delta\boldsymbol{r}_{\mathrm{M}}\right|}\cdot\frac{\boldsymbol{r}_{\mathrm{M}}'-\boldsymbol{r}_{\mathrm{sun}}}{\left|\boldsymbol{r}_{\mathrm{M}}'-\boldsymbol{r}_{\mathrm{sun}}\right|}\right)\frac{\boldsymbol{r}_{\mathrm{M}}'-\boldsymbol{r}_{\mathrm{sun}}}{\left|\boldsymbol{r}_{\mathrm{M}}'-\boldsymbol{r}_{\mathrm{sun}}\right|}$ 正交，并且 $\boldsymbol{r}_{\mathrm{M}}'\gg\Delta\boldsymbol{r}_{\mathrm{M}}$ ， $\left|\boldsymbol{r}_{\mathrm{M}}'-\boldsymbol{r}_{\mathrm{sun}}+\Delta\boldsymbol{r}_{\mathrm{M}}\right|$ 可表示为

$$\left|\boldsymbol{r}_{\mathrm{M}}'-\boldsymbol{r}_{\mathrm{sun}}+\Delta\boldsymbol{r}_{\mathrm{M}}\right|=\left|\boldsymbol{r}_{\mathrm{M}}'-\boldsymbol{r}_{\mathrm{sun}}+\left|\Delta\boldsymbol{r}_{\mathrm{M}}\right|\left(\frac{\Delta\boldsymbol{r}_{\mathrm{M}}}{\left|\Delta\boldsymbol{r}_{\mathrm{M}}\right|}\cdot\frac{\boldsymbol{r}_{\mathrm{M}}'-\boldsymbol{r}_{\mathrm{sun}}}{\left|\boldsymbol{r}_{\mathrm{M}}'-\boldsymbol{r}_{\mathrm{sun}}\right|}\right)\frac{\boldsymbol{r}_{\mathrm{M}}'-\boldsymbol{r}_{\mathrm{sun}}}{\left|\boldsymbol{r}_{\mathrm{M}}'-\boldsymbol{r}_{\mathrm{sun}}\right|}\right| \tag{5-43}$$

同理，可得

$$\left|\boldsymbol{r}_1-\boldsymbol{r}_{\mathrm{sun}}+\Delta\boldsymbol{r}_{\mathrm{M}}\right|=\left|\boldsymbol{r}_1-\boldsymbol{r}_{\mathrm{sun}}+\left|\Delta\boldsymbol{r}_{\mathrm{M}}\right|\left(\frac{\Delta\boldsymbol{r}_{\mathrm{M}}}{\left|\Delta\boldsymbol{r}_{\mathrm{M}}\right|}\cdot\frac{\boldsymbol{r}_1-\boldsymbol{r}_{\mathrm{sun}}}{\left|\boldsymbol{r}_1-\boldsymbol{r}_{\mathrm{sun}}\right|}\right)\frac{\boldsymbol{r}_1-\boldsymbol{r}_{\mathrm{sun}}}{\left|\boldsymbol{r}_1-\boldsymbol{r}_{\mathrm{sun}}\right|}\right| \tag{5-44}$$

在捕获段，深空探测器接近火星。事实上，$\boldsymbol{r}_1$ 和 $\boldsymbol{r}'_{\mathrm{M}}$ 之间的夹角小于 1°，可得

$$\frac{\boldsymbol{r}_1-\boldsymbol{r}_{\mathrm{sun}}}{|\boldsymbol{r}_1-\boldsymbol{r}_{\mathrm{sun}}|}\approx\frac{\boldsymbol{r}'_{\mathrm{M}}-\boldsymbol{r}_{\mathrm{sun}}}{|\boldsymbol{r}'_{\mathrm{M}}-\boldsymbol{r}_{\mathrm{sun}}|} \tag{5-45}$$

$$\frac{\Delta\boldsymbol{r}_{\mathrm{M}}}{|\Delta\boldsymbol{r}_{\mathrm{M}}|}\cdot\frac{\boldsymbol{r}'_{\mathrm{M}}-\boldsymbol{r}_{\mathrm{sun}}}{|\boldsymbol{r}'_{\mathrm{M}}-\boldsymbol{r}_{\mathrm{sun}}|}\approx\frac{\Delta\boldsymbol{r}_{\mathrm{M}}}{|\Delta\boldsymbol{r}_{\mathrm{M}}|}\cdot\frac{\boldsymbol{r}_1-\boldsymbol{r}_{\mathrm{sun}}}{|\boldsymbol{r}_1-\boldsymbol{r}_{\mathrm{sun}}|}=\cos\chi \tag{5-46}$$

由此可得

$$\begin{aligned}&|\boldsymbol{r}'_{\mathrm{M}}-\boldsymbol{r}_{\mathrm{sun}}+\Delta\boldsymbol{r}_{\mathrm{M}}|-|\boldsymbol{r}_1-\boldsymbol{r}_{\mathrm{sun}}+\Delta\boldsymbol{r}_{\mathrm{M}}|\\&=\left|\boldsymbol{r}'_{\mathrm{M}}-\boldsymbol{r}_{\mathrm{sun}}+\cos\chi|\Delta\boldsymbol{r}_{\mathrm{M}}|\frac{\boldsymbol{r}'_{\mathrm{M}}}{|\boldsymbol{r}'_{\mathrm{M}}|}\right|-\left|\boldsymbol{r}_1-\boldsymbol{r}_{\mathrm{sun}}+\cos\chi|\Delta\boldsymbol{r}_{\mathrm{M}}|\frac{\boldsymbol{r}_1}{|\boldsymbol{r}_1|}\right|\\&=(|\boldsymbol{r}'_{\mathrm{M}}-\boldsymbol{r}_{\mathrm{sun}}|+\cos\chi|\Delta\boldsymbol{r}_{\mathrm{M}}|)-(|\boldsymbol{r}_1-\boldsymbol{r}_{\mathrm{sun}}|+\cos\chi|\Delta\boldsymbol{r}_{\mathrm{M}}|)\\&=|\boldsymbol{r}'_{\mathrm{M}}-\boldsymbol{r}_{\mathrm{sun}}|-|\boldsymbol{r}_1-\boldsymbol{r}_{\mathrm{sun}}|\end{aligned} \tag{5-47}$$

由此可知，$\Delta\boldsymbol{r}_{\mathrm{M}}$ 可以忽略，因此测角和太阳 TDOA 测量都对火星星历误差具有鲁棒性。

5.2.4　仿真实验及结果分析

仿真条件如下，以美国火星探路者作为参考。其初始轨道六要素如表 3-1 所示。仿真时间从 1997 年 7 月 3 日 00:00:00.000 UTCG 至 1997 年 7 月 4 日 16:55:00.000 UTCG。导航滤波器的参数如表 5-1 所示。太阳 TDOA 的更新时间分别为 3000s、71400s 和 139800s。

表 5-1　导航滤波器的参数

参数	值
测角精度/(°)	0.01
测角周期/s	300
高速摄像仪数量/个	2
太阳 TDOA 测量精度/s	10^{-6}
太阳 TDOA 测量周期/h	19
耀斑方位精度/(")	1
火卫一和火卫二的位置误差/km	3
初始状态误差	$\delta\boldsymbol{X}(0)$=[600 600 600 2 2 2]
状态过程噪声协方差矩阵	$\boldsymbol{Q}=\mathrm{diag}\left[q_1^2\ \ q_1^2\ \ q_1^2\ \ q_2^2\ \ q_2^2\ \ q_2^2\right]$，$q_1=2\mathrm{m}$，$q_2=3\times10^{-4}\mathrm{m/s}$

在捕获段，测角导航是常用的导航方法。火星、火卫一、火卫二的方位均可

作为测量值。火卫一和火卫二的星历不可避免地存在误差。为了不受星历误差的影响，我们提出太阳 TDOA/火星测角组合导航。太阳 TDOA 测量和火星测角都对火卫一和火卫二的星历误差不敏感。

图 5-6 所示为组合导航和测角导航的比较。随着火星和深空探测器之间距离的缩短，火星/火卫一/火卫二测角导航精度提高。在捕获段前期，由于太阳耀斑未爆发，因此太阳 TDOA 测量没有发挥作用。一旦获得太阳 TDOA 测量，组合导航系统的精度大幅提高，滤波器就会在后期收敛。组合导航的精度优于纯测角导航。究其原因，径向位置测量噪声大，这是受到两个因素的影响，其中一个是火卫一和火卫二的星历误差，误差都在千米级别，另一个是火星与深空探测器之间的距离，距离为 100000km。

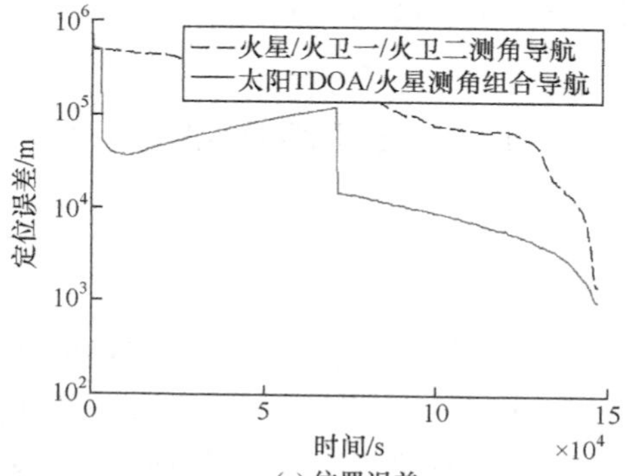

(a) 位置误差

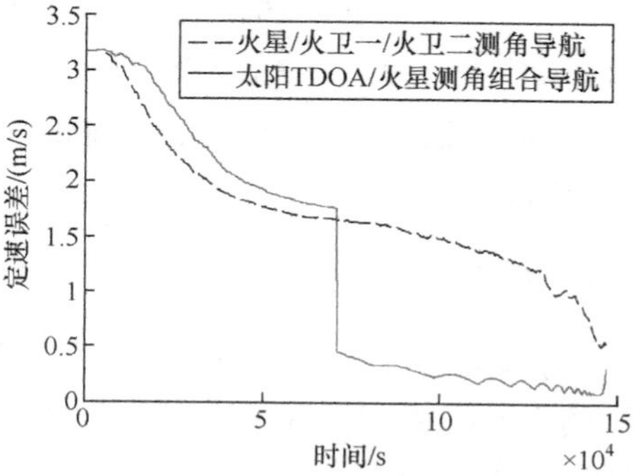

(b) 速度误差

图 5-6　组合导航和测角导航的比较

在 3000s 和 71400s，太阳 TDOA 的更新显著提高了导航精度。为了展示第三次更新的性能，图 5-7 比较了三次和两次 TDOA 更新的导航性能。可以看出，第三次更新仍然可以改善导航性能。在捕获段末期，两种导航系统的位置精度分别

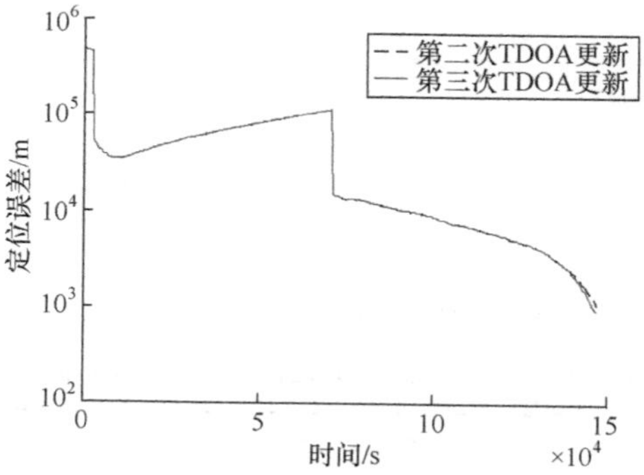

(a) 捕获段全段

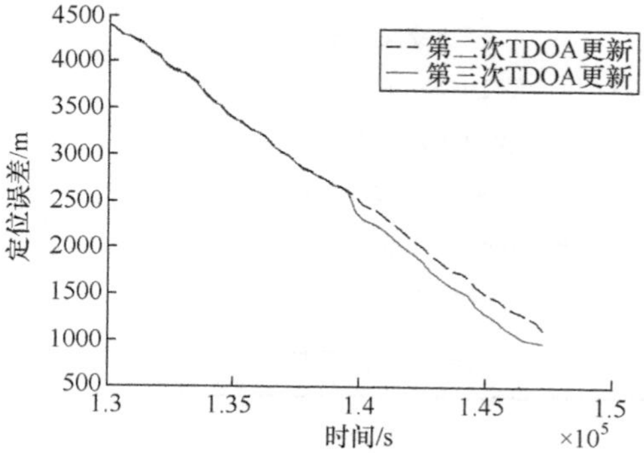

(b) 捕获段末期

图 5-7　三次和两次 TDOA 更新的导航性能

为 1103m 和 971m。第三次太阳 TDOA 测量能让导航精度提升 12%。因此，在捕获段末期，太阳 TDOA 的更新也可以提高导航性能。

以火星为原点，考察相对于火星的位置误差在径向和切向上的分量。径向和切向误差合成复合误差。图 5-8 所示为径向误差、切向误差，以及复合误差。考察第二次太阳 TDOA 测量对导航的影响。从图 5-8 可以看出，在 71400s 之前，径向误差大。究其原因，在 71400s 之前，仅测角导航正常工作；在 71400s，获得太阳 TDOA，这使径向误差显著减小。在获得太阳 TDOA 测量之前，径向误差远大于切向误差，约等于复合误差。在第二次太阳 TDOA 测量后，切向误差远大于径向误差，约等于复合误差。

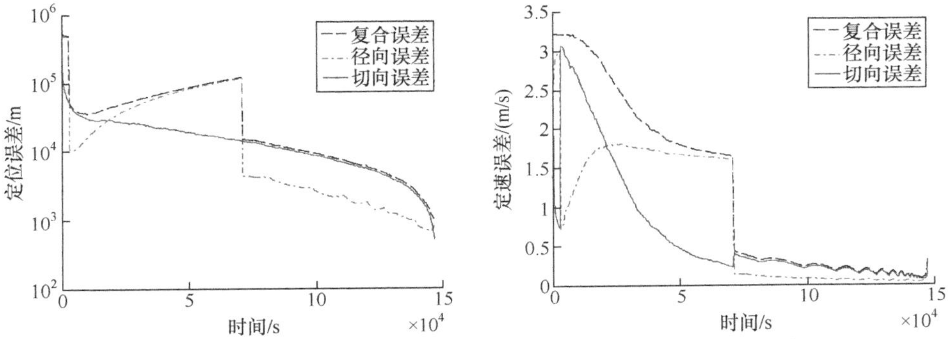

(a) 位置误差　(b) 速度误差

图 5-8　径向误差、切向误差，以及复合误差

以上结果表明，太阳 TDOA 测量大幅降低径向误差，可以提高导航性能。此外，它虽然大幅降低了径向定位误差，但是略微增大了切向速度误差。这是 EKF 的振荡导致的。

组合导航性能与火星和深空探测器之间的距离有关，组合导航的性能在不同的区间有所不同。三个距离范围为 10^5～3×10^5km、5×10^3～10^5km 和捕获段末期。

图 5-9 所示为测角噪声水平对导航性能的影响。可以看出，导航性能随着测角噪声的减小而改善。因此，高精度恒星敏感器可以有效地提高导航性能。

图 5-10 所示为高速摄像仪时间分辨率对组合导航性能的影响。三个区间内的导航性能随高速摄像仪时间分辨率提高。当时间分辨率低于 10^{-5}s 时，时间分辨率的提升有利于导航性能；当时间分辨率高于 10^{-5}s 时，导航性能保持不变。因此，时间分辨率达到 10^{-5}s 即可。捕获段末期的导航性能由于区间[5×10^3km, 10^5km]的导航性能，而区间[5×10^3km, 10^5km]的导航性能优于区间[10^5km, 3×10^5km]的导航性能，特别是在时间分辨率低的情况下。以上结果表明，太阳 TDOA 测距导航可有效提高捕获段的导航性能。

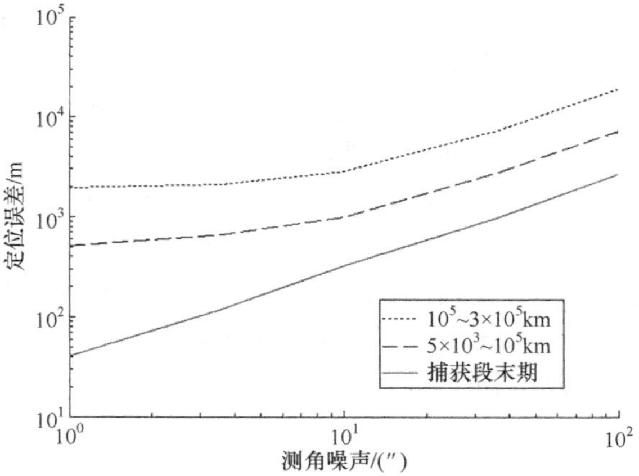

图 5-9　测角噪声水平

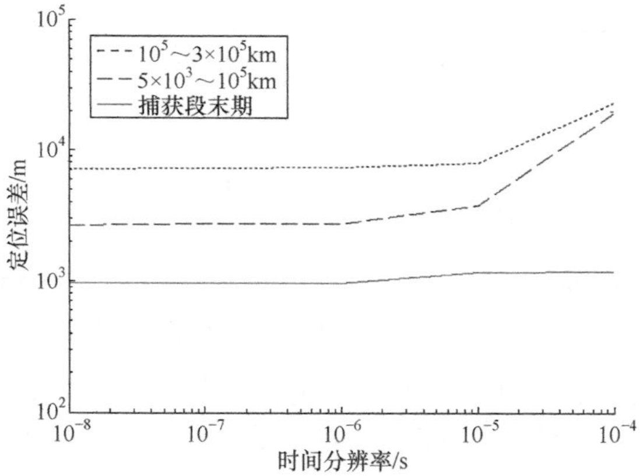

图 5-10　高速摄像仪时间分辨率

由于天文观测技术的限制，火星星历误差不可避免地存在。深空探测器相对于火星的位置对火星的捕获极为重要。因此，在捕获段，深空探测器相对于火星的相对位置远比绝对位置重要。

研究不同火星星历误差水平下的导航性能。由理论分析结果可知，太阳 TDOA 测量受到火星星历误差的影响小，并且测角不受星历误差的影响。

图 5-11 所示为火星星历误差对太阳 TDOA 测量的影响。可以看出，太阳 TDOA 测量受到的影响非常小。即使火星星历误差达到 100km，太阳 TDOA 测量误差约为 2×10^{-7}s，对应的位置误差约为 60m。该误差在太阳 TDOA/火星测角组合导航系统的精度在千米级的情况下可以忽略。因此，太阳 TDOA 测量不受火星星历误差的影响。

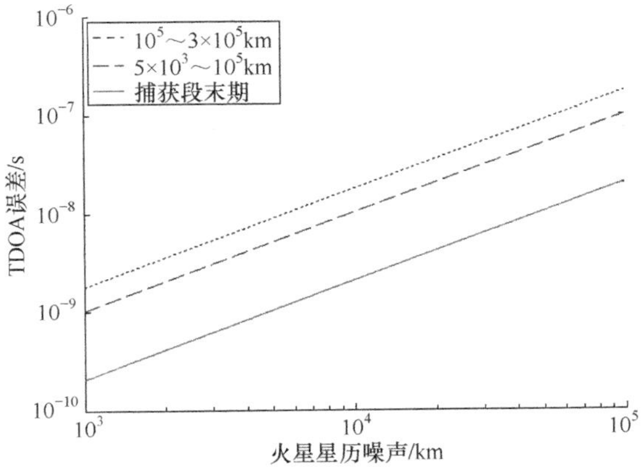

图 5-11　火星星历误差对太阳 TDOA 测量的影响

图 5-12 所示为火星星历误差对太阳 TDOA 测距导航的影响。定位误差是指相对于火星深空探测器的位置误差，而非绝对位置误差。由此可知，导航系统对于星历误差具有强鲁棒性。

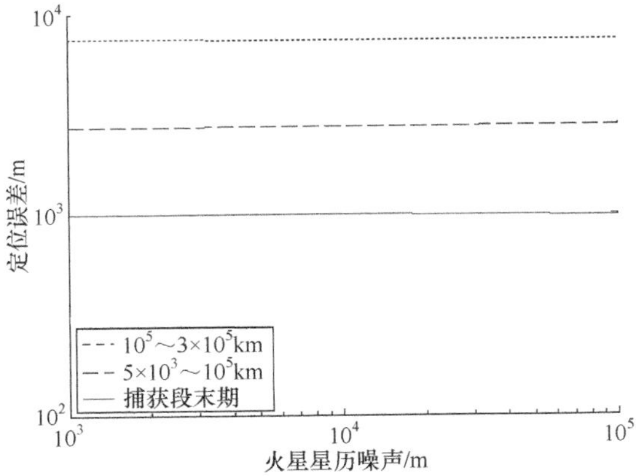

图 5-12　火星星历误差对太阳 TDOA 测距导航的影响

由于天文观测技术的限制，式(5-42)所示的太阳耀斑方位噪声不可避免地存在。下面探讨耀斑方位噪声对导航性能的影响。

图 5-13 所示为太阳耀斑方位噪声对导航系统性能的影响。可以看出，导航性能对太阳耀斑方位噪声具有鲁棒性。究其原因，太阳 TDOA 测量对于太阳耀斑的位置具有强鲁棒性。

当然，太阳耀斑并非每天爆发。在这种情况下，可利用太阳光辐照度的不稳定性开展导航。由图 5-1 可知，即使太阳耀斑未爆发，太阳光辐照度也是不稳定的。通过比较太阳直射光和行星反射光，可得太阳光 TDOA。为便于区分，将利

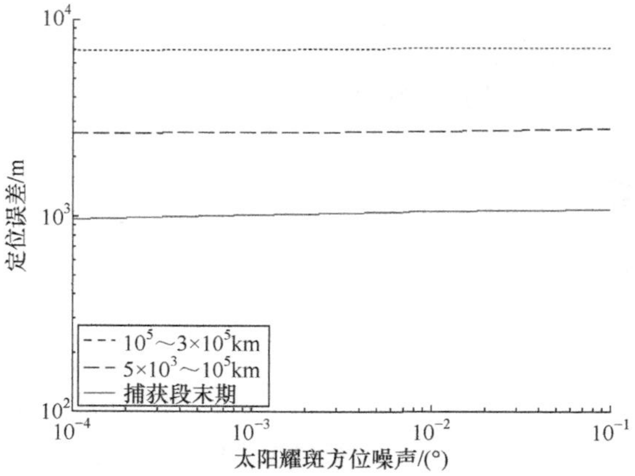

图 5-13　太阳耀斑方位噪声

用太阳耀斑的太阳 TDOA 称为太阳耀斑 TDOA。相比太阳耀斑 TDOA，太阳光 TDOA 的精度较低。但是，太阳光 TDOA 可以持续获得。设太阳光 TDOA 测量周期是 1h。图 5-14 所示为火星/太阳光 TDOA 组合导航性能。火星/太阳光 TDOA 组合导航的性能低于火星/太阳耀斑 TDOA 组合导航的性能。但是，当太阳光 TOA 测量精度为 0.01ms 时，火星/太阳光 TDOA 组合导航的性能优于火星/太阳耀斑 TDOA 组合导航的性能。当太阳光 TDOA 测量精度为 0.1ms 时，在捕获段前期，火星/太阳光 TDOA 组合导航优于火星/太阳耀斑 TDOA 组合导航，但是在捕获段末期，情况相反。综上，这 3 种导航都优于火星、火卫一、火卫二测角导航。因此，即使未爆发太阳耀斑，仅通过太阳光 TDOA 也可改善导航性能。

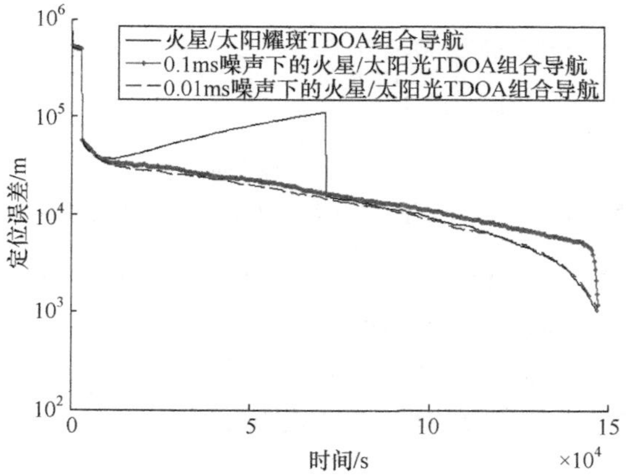

图 5-14　火星/太阳光 TDOA 组合导航性能

研究时间分辨率对太阳光 TDOA 测距导航系统性能的影响。图 5-15 所示为时间分辨率对太阳光 TDOA 测距导航性能的影响。三个区间的导航性能随时间分辨率而提高。捕获段末期的性能优于区间[5×10^3km, 10^5km]的导航性能，而区间[5×10^3km, 10^5km]的性能优于区间[10^5km, 3×10^5km]。在时间分辨率较低时，这种现象尤为明显。

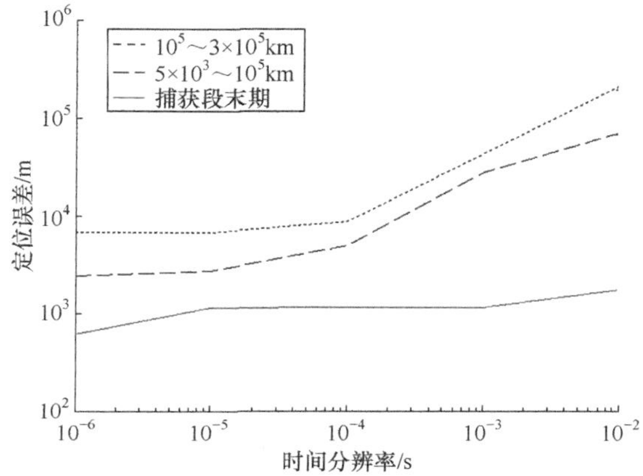

图 5-15　时间分辨率对太阳光 TDOA 测距导航性能的影响

太阳耀斑能量被火星大气层部分吸收。这是太阳 TDOA 测距导航系统中值得研究的下一个课题。在该问题得到解决之前，可利用无大气层的火卫一代替火星作为反射点。为表述方便，此处将火卫一作为反射点的导航简称为火卫一导航，将火星作为反射点的导航简称为火星导航。图 5-16 所示为火卫一导航与火星导航的性能。火星导航的性能优于火卫一导航。究其原因，火卫一的星历误差较大，达到 3km。此外，火卫一并非目标天体。当使用目标天体作为反射点时，太阳 TDOA 测距导航性能不受星历误差影响。因此，火卫一导航受火卫一星历误差的影响。

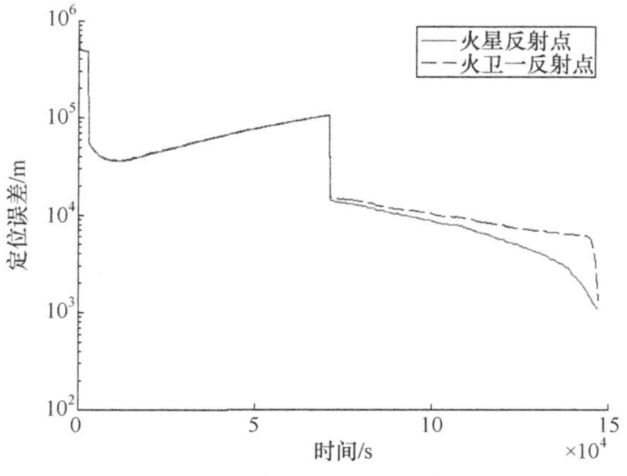

图 5-16　火卫一导航与火星导航的性能

图 5-17 所示为火卫一星历误差对导航系统性能的影响。可以看出，定位误差随星历误差增加。这表明，火卫一的星历误差严重影响导航性能。

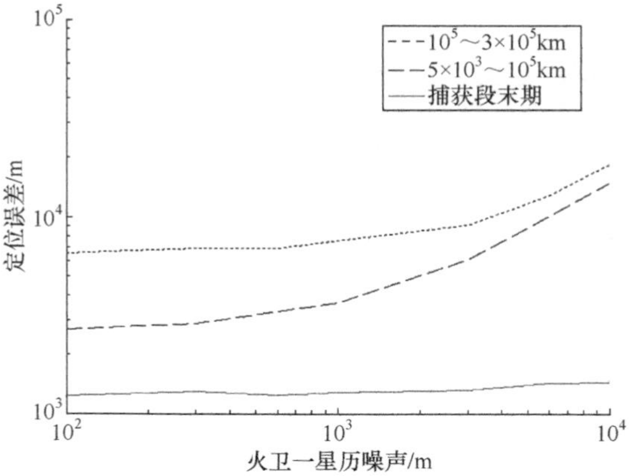

图 5-17　火卫一星历误差对导航系统性能的影响

综上所述，太阳 TDOA 测距导航能提供相对于目标天体的距离信息，被认为是第四种深空探测器天文导航方法。鉴于其对敏感器和星历要求低，太阳 TDOA 测距导航具备一定的可行性。

5.3　面向编队飞行的太阳到达时间差分相对导航

上节提出太阳 TDOA 测距导航[3]。受火星自转和大气吸收的影响，火星反射光不稳定。以当前技术手段和天文观测数据，火星反射光模型难以精确建立。因此，该方法离实际应用仍有距离。为此，我们提出太阳 TDOA 相对导航方法，可作为太阳 TDOA 测距导航的原理验证。与太阳 TDOA 测距导航相比，太阳 TDOA 相对导航的技术难度低。

5.3.1　太阳到达时间差分相对测量模型

由于太阳光辐照度的变化难以精确预测，无法直接获得深空探测器与太阳之间的距离，本节将两个深空探测器接收的光辐照度比较得出太阳 TDOA。我们提出一种全新的太阳 TDOA 相对导航。该方法通过两个深空探测器接收光子 TDOA 估计深空探测器在太阳径向的相对距离。太阳 TDOA 相对导航方法既可以消除太阳光辐照度变化引起的共性误差，又可以避免利用反射光建模复杂的问题。

太阳 TDOA 相对测量的基本原理如图 5-18 所示。我们可以利用深空探测器上的光强计接收光子 TOA 来估计深空探测器在太阳径向上的距离。在空间基准方面，采用火心惯性坐标系；在时间基准方面，采用世界时(universal time，UT)。设两个光子在 t_0 时刻从太阳发出，此时太阳位置为 $\boldsymbol{r}_s$，两个光子到达深空探测器 A、B 的时间分别为 t_1、t_2，此时两个深空探测器的位置表示为 $\boldsymbol{r}_A$ 和 $\boldsymbol{r}_B$，则深空探测器 A、B 在太阳径向的距离可表示为

$$c(t_1 - t_0) = |\boldsymbol{r}_A - \boldsymbol{r}_s| \tag{5-48}$$

$$c(t_2 - t_0) = |\boldsymbol{r}_B - \boldsymbol{r}_s| \tag{5-49}$$

其中，c 为真空中的光速。

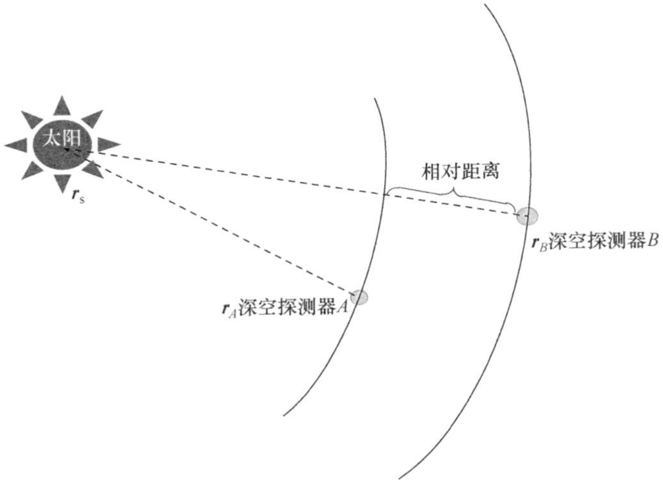

图 5-18　太阳 TDOA 相对测量的基本原理

两个深空探测器获取太阳 TDOA 相对测量的基本原理如下。首先，利用先验知识(由火星测角导航子系统提供)估计 t_1 和 t_2；然后，分别收集一段时间的太阳光；最后，将二者进行比较，得到精确的太阳 TDOA 相对测量值。具体过程如下，深空探测器 A 可提供其与太阳之间距离的预测值，误差为千米量级。根据该距离和 t_1，以及式(5-48)来估计 t_0，其误差为 10μs 量级。太阳相对于火星的速度约为 24km/s，t_0 引起的太阳位置误差小(10μs×24km/s=0.24m)，为 0.1m 量级。深空探测器 B 根据太阳位置、深空探测器 B 位置预测值，以及 t_0 估计 t_2。此时，$c(t_2 - t_1)$ 误差为千米量级。深空探测器 A 收集 $t_1 \sim t_1 + \Delta t$ 时段的太阳光，深空探测器 B 收集 $t_2 \sim t_2 + \Delta t$ 时段的太阳光。将这两段太阳光辐照度波形进行匹配，可得精确的时间差分值 $t_2 - t_1$。该差分值 $c(t_2 - t_1)$ 的精度大幅提高，为百米量级。

太阳光子发出的时刻 t_0 是不准确的，无法精确估计深空探测器相对于太阳的距离，但两个深空探测器测量的光子 TDOA 可得两个深空探测器在太阳径向上的相对距离，即

$$c(t_2 - t_1) = \left|\boldsymbol{r}_B - \boldsymbol{r}_s\right| - \left|\boldsymbol{r}_A - \boldsymbol{r}_s\right| \tag{5-50}$$

太阳 TDOA 相对导航模型可表示为

$$\boldsymbol{Z}(t) = h^1[\boldsymbol{X}(t), t] + \boldsymbol{V}_1(t) \tag{5-51}$$

其中，$\boldsymbol{Z}(t)$为太阳 TDOA 相对测量值；$\boldsymbol{V}_1(t)$ 为时刻 t 的测量噪声；测量模型 $h^1[\boldsymbol{X}(t), t]$ 的表达式为

$$h^1[\boldsymbol{X}(t), t] = \frac{|\boldsymbol{r}_B - \boldsymbol{r}_s|}{c} - \frac{|\boldsymbol{r}_A - \boldsymbol{r}_s|}{c} \tag{5-52}$$

5.3.2　仿真实验及结果分析

为了验证太阳 TDOA 相对测量方法，将其与火星测角、交叉链路相结合，我们提出一种新的太阳 TDOA/火星测角/交叉链路组合导航。本节将其与火星测角导航系统、火星测角/交叉链路组合导航系统、太阳多普勒差分/火星测角/交叉链路组合导航进行比较。太阳 TDOA 相对测量模型的滤波精度与测量噪声、测量周期、太阳方位噪声有关，本节也开展了测量噪声、测量周期和太阳方位噪声对太阳 TDOA/火星测角/交叉链路组合导航的仿真实验。

以火星环绕段为参考，仿真时间从 2007 年 7 月 1 日 12:00.00.00 UTCG 到 2007 年 7 月 2 日 12:00.00.00 UTCG。导航滤波器参数如表 5-2 所示。编队飞行的初始轨道六要素如表 5-3 所示。

表 5-2　导航滤波器参数

参数	数值
测量周期/s	5
火星测角噪声/(°)	0.04
交叉链路测量噪声/m	1
太阳多普勒差分测量噪声/(m/s)	0.01
太阳 TDOA 相对测量噪声/m	100

表 5-3　编队飞行的初始轨道六要素

轨道六要素	深空探测器 A	深空探测器 B
半长轴/km	6794	6794
偏心率	0.1	0.1
倾角/(°)	45	45
升交点赤经/(°)	0	0

续表

轨道六要素	深空探测器 A	深空探测器 B
近地点幅角/(°)	0	0
真近点角/(°)	0	10

将太阳 TDOA/火星测角/交叉链路组合导航与火星测角导航、火星测角/交叉链路组合导航、太阳多普勒差分/火星测角/交叉链路组合导航相比较，分别从导航精度、计算时间等方面进行仿真实验。

表 5-4 比较了四种导航方法。可以看出，与火星测角导航相比，火星测角/交叉链路组合导航在绝对位置和速度、相对位置和速度上分别提升 26.13%和 25%、59.51%和 54.55%；与后者相比，太阳多普勒差分/火星测角/交叉链路组合导航在绝对位置和速度、相对位置和速度上分别提升 30.04%和 25.93%、17.96%和 16%；与太阳多普勒差分/火星测角/交叉链路组合导航相比，太阳 TDOA/火星测角/交叉链路组合导航在绝对位置和速度、相对位置和速度上分别提升 14.93%和 18.33%、87.34%和 84.13%。太阳 TDOA/火星测角/交叉链路组合导航系统可显著提高导航性能，特别是相对导航性能。

表 5-4　四种导航方法

导航方法	绝对位置/m	绝对速度/(m/s)	相对位置/m	相对速度/(m/s)
火星测角	327.67	0.108	502.28	0.165
火星测角/交叉链路	242.06	0.081	203.37	0.075
太阳多普勒差分/火星测角/交叉链路	169.35	0.060	166.84	0.063
太阳 TDOA/火星测角/交叉链路	144.07	0.049	21.13	0.010

图 5-19 所示为四种导航方法的估计误差。四种导航方法能收敛，且可提供高精度导航。究其原因，火星测角导航系统具备完全可观性，在其基础上的组合导航也具备完全可观性。与其他三种导航方法相比，太阳 TDOA/火星测角/交叉链路组合导航收敛得更快，导航性能也更优。

表 5-5 所示为四种导航方法的计算时间。可以看出，四种导航方法的计算量差值较小。太阳 TDOA/火星测角/交叉链路组合导航的计算量略高于其他三种方法。太阳 TDOA/火星测角/交叉链路组合导航方法在增加少量计算量的条件下，可以提高导航性能。因此，太阳 TDOA 相对导航方法是一个较好的辅助导航方式。

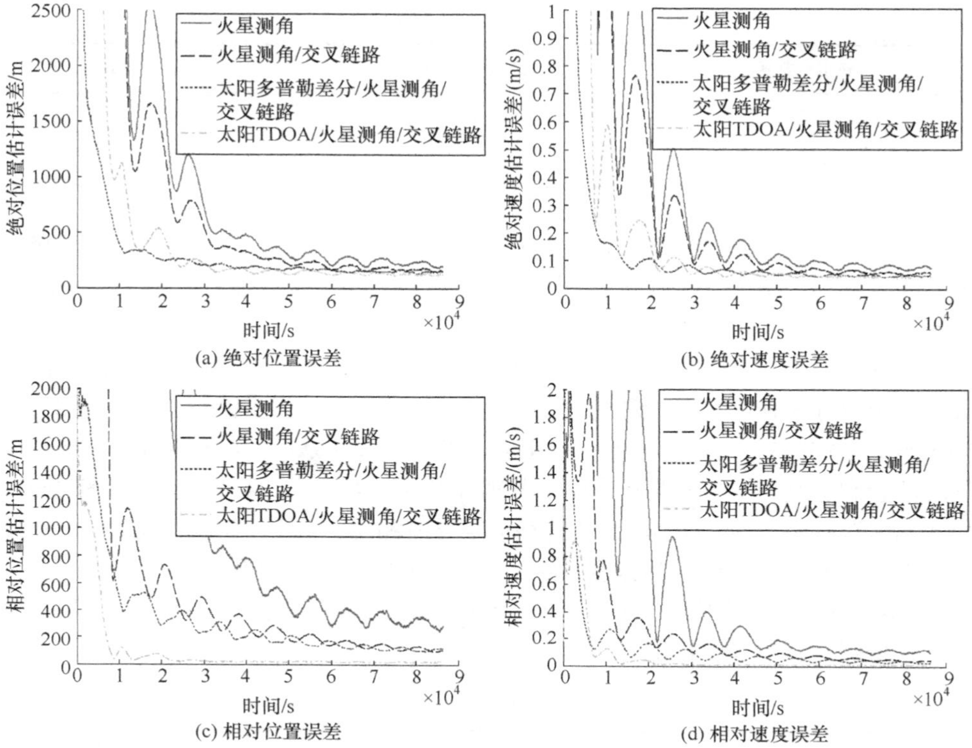

图 5-19　四种导航方法的估计误差

表 5-5　四种导航方法的计算时间

导航方法	计算时间/s
火星测角导航	2.49
火星测角/交叉链路组合导航	2.95
太阳多普勒差分/火星测角/交叉链路组合导航	3.31
太阳 TDOA/火星测角/交叉链路组合导航	3.46

5.4　时间色散分析

在太阳 TDOA 测距导航中，测量模型的建立是一项重要工作[3]。2017 年，我们提出太阳 TDOA 测距导航基本框架。在此框架下，忽略太阳和火卫的形状，构建太阳 TDOA 测量模型。然而，太阳和火卫形状影响太阳 TDOA 测量模型，体现在以下两个方面。

① TDOA 与太阳表面位置点有关。

② 火卫一或火卫二的形状近似于椭球，并非一个点。

针对以上问题，我们分别考虑太阳和火卫的形状，利用几何光学，建立太阳球形引起的时间色散模型，以及火卫引起的时间色散模型。这两个模型可用于偏差补偿，以提高导航性能。

5.4.1　太阳时间色散模型

本节研究太阳球形引起的时间色散模型。首先，建立以太阳为中心的坐标系；然后，建立太阳时间色散模型；最后，分析太阳时间色散模型。

1. 太阳质心直角坐标系

为了便于开展误差源分析，将深空探测器视为静态，建立如图 5-20 所示的空间直角坐标系。其原点位于太阳质心；三个点(太阳质心、火星质心和深空探测器)确定 YZ 平面；Z 轴指向火星；X 轴满足右手定则。设火星质心和深空探测器分别位于坐标$(0, 0, z_1)$和$(0, y_2, z_2)$处。

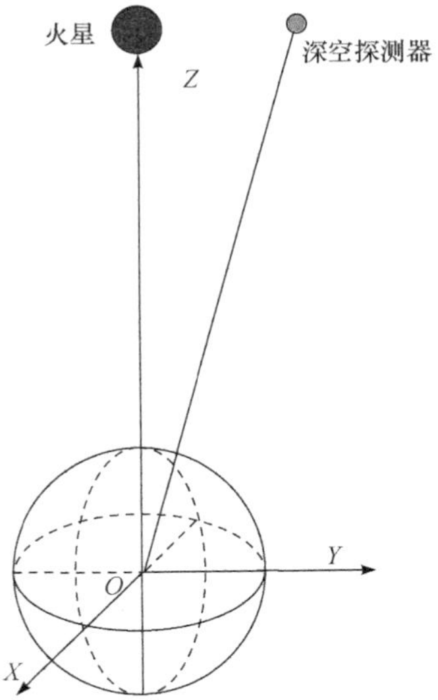

图 5-20　空间直角坐标系

2. 太阳 TDOA 的色散效应

太阳并非一个点，而是一个球体。对于太阳表面的不同点，太阳 TDOA 是不同的。这导致太阳 TDOA 的色散效应。下面分析太阳 TDOA 的色散效应。

太阳是一个巨大的球体。这一形状会对太阳 TDOA 产生影响。太阳 TDOA 由太阳光子飞行距离决定，因此太阳光子的出发位置会对太阳 TDOA 产生影响。太阳 TDOA 的基本原理如图 5-21 所示。设 $P(x,y,z)$是太阳表面的出发点，$M(0, 0, z_1)$和 $E(0, y_2, z_2)$分别表示火星质心和深空探测器的位置，R 是太阳半径。

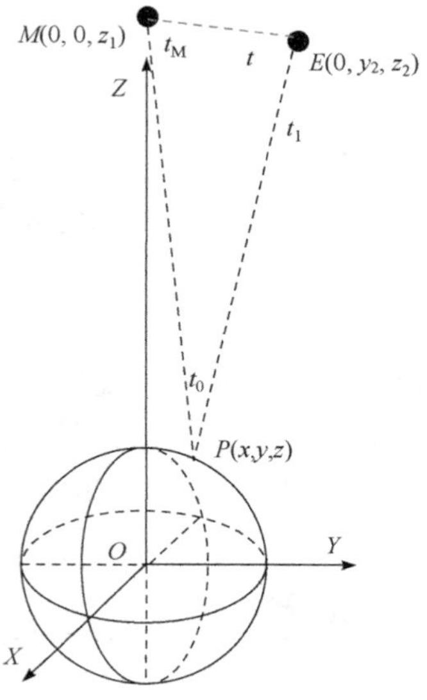

图 5-21　太阳 TDOA 的基本原理

下面推导太阳 TDOA 与出发点位置之间的关系式。设两个光子在 t_0 时刻离开点 P，一个太阳光子直接飞向深空探测器，并在时刻 t_1 在点 E 处被捕获。另一个太阳光子在时刻 t_M 被火星反射，并在时刻 t 在点 E 处被捕获。t 和 t_1 的差是太阳 TDOA。

设太阳光子来自太阳质心(O 点)。太阳直射光子的飞行距离为$|EO|$，飞行时间为 t_1-t_0，行星反射光子的飞行距离为$|MO|+|EM|$，飞行时间为$(t_M-t_0)+(t-t_M)$。

理想的太阳 TDOA 可表示为

$$
\begin{aligned}
c(t-t_1) &= c(t_M-t_0)+c(t-t_M)-c(t_1-t_0) \\
&= |MO|+|EM|-|EO| \\
&= z_1+\sqrt{y_2^2+(z_2-z_1)^2}-\sqrt{y_2^2+z_2^2}
\end{aligned}
\tag{5-53}
$$

实际上，太阳光来自太阳表面，而非太阳质心。实际的太阳 TDOA 可表示为

$$
\begin{aligned}
c(t-t_1) &= c(t_{\mathrm{M}}-t_0)+c(t-t_{\mathrm{M}})-c(t_1-t_0) \\
&= |MP|+|EM|-|EP| \\
&= \sqrt{x^2+y^2+(z-z_1)^2}+\sqrt{y_2^2+(z_2-z_1)^2}-\sqrt{x^2+(y-y_2)^2+(z-z_2)^2} \\
&\approx \sqrt{R^2+z_1^2}+\sqrt{y_2^2+(z_2-z_1)^2}-\sqrt{R^2+y_2^2+z_2^2}-\frac{y_2 y}{\sqrt{R^2+y_2^2+z_2^2}} \\
&= ct_c+c\Delta t(y)
\end{aligned}
\tag{5-54}
$$

其中

$$
t_c=\frac{1}{c}\left[\sqrt{R^2+z_1^2}+\sqrt{y_2^2+(z_2-z_1)^2}-\sqrt{R^2+y_2^2+z_2^2}\right] \tag{5-55}
$$

$$
\Delta t(y)=\frac{y_2 y}{c\sqrt{R^2+y_2^2+z_2^2}} \tag{5-56}
$$

太阳 TDOA $t\text{–}t_1$ 可视为一个关于 y 的函数，y 的定义域为 $y\in(-R,R)$，太阳 TDOA 的值域为 $t-t_1\in(t_c+\Delta t(R),t_c+\Delta t(-R))$，值域的宽度 W 为

$$
W=\frac{2y_2 R}{c\sqrt{R^2+y_2^2+z_2^2}} \tag{5-57}
$$

在捕获段，$y_2\ll z_2$。可以看出，W 与 y_2 近似成正比。W 随着深空探测器与火星之间距离的减小而减小。因此，实际的太阳 TDOA 可视为色散模型对理想值的滤波结果。下面研究太阳 TDOA 的色散模型。光谱摄制仪接收到的光辐照度与照射它的太阳表面积成正比。θ_1 和 θ_2 约等于 $\pi/2$，面积重叠率接近 100%。我们可将太阳直接和反射光源在空间上视为同一光源。上半球面积积分为

$$
S(y)=\int_{-R}^{y}\int_{-\sqrt{R^2-y^2}}^{\sqrt{R^2-y^2}}\frac{R}{\sqrt{R^2-x^2-y^2}}\mathrm{d}x\mathrm{d}y=\int_{-R}^{y}\pi R\mathrm{d}y=\pi(y+R)R \tag{5-58}
$$

太阳 TDOA 对面积的导数为

$$
\frac{\mathrm{d}(t-t_1)}{\mathrm{d}S}=\frac{\dfrac{\mathrm{d}(t-t_1)}{\mathrm{d}y}}{\dfrac{\mathrm{d}S}{\mathrm{d}y}}=\frac{\dfrac{y_2}{c\sqrt{R_2+y_2^2+z_2^2}}}{\pi R}\equiv R \tag{5-59}
$$

其中，k 为常值。

此时，太阳 TDOA 服从均匀分布。因此，色散模型是门函数。

3. 仿真实验及结果分析

以美国火星探路者作为参考，研究太阳球体对太阳 TDOA 的色散效应。图 5-22

所示为太阳 TDOA 的色散模型。竖线表示理想的太阳 TDOA，门函数表示色散效应。这验证了式(5-59)的结论，太阳 TDOA 服从均匀分布。究其原因，光谱摄制仪接收到的光辐照度与照射它的太阳表面积成正比。如图 5-22 所示，在不同时刻，太阳 TDOA 的色散展宽是不同的。这验证了式(5-57)的结论，即色散效应随着深空探测器与火星之间距离的减小而减小。因此，实际的太阳 TDOA 可视为色散模型对理想值的滤波结果。此外，理想的太阳 TDOA 位于色散模型的中心，因此太阳 TDOA 是无偏估计。

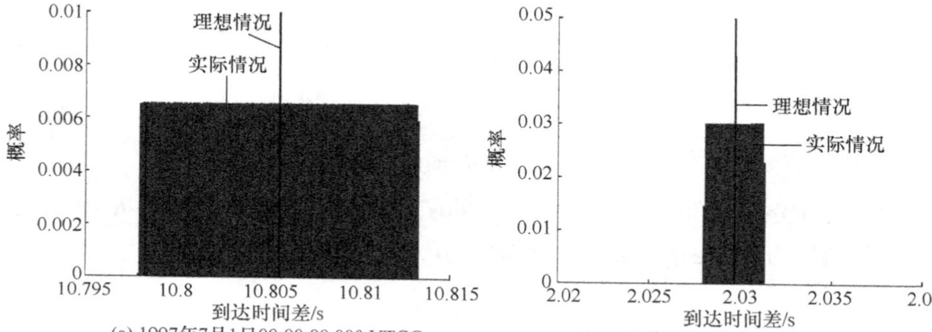

(a) 1997年7月1日00:00:00.000 UTCG (b) 1997年7月4日00:00:00.000 UTCG

图 5-22 太阳 TDOA 的色散模型

图 5-23 所示为色散效应与时间之间的关系。可以看出，太阳 TDOA 及其色散效应随时间的增加而减小。这进一步验证了式(5-57)的结论。究其原因，火星与深空探测器之间的距离随时间减小。该距离与色散展宽成正比。

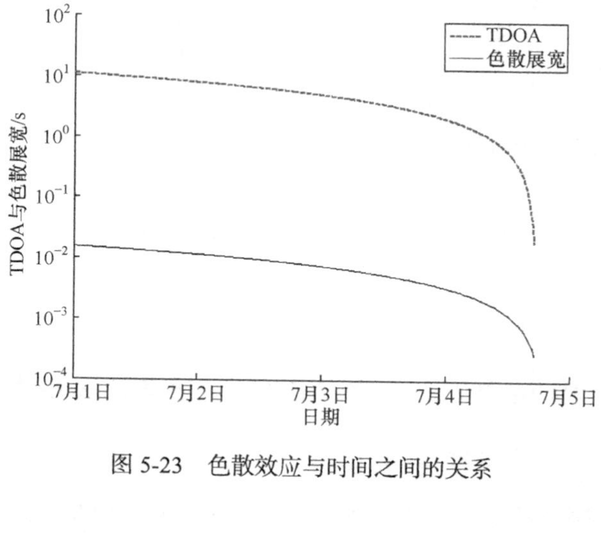

图 5-23 色散效应与时间之间的关系

5.4.2 火卫时间色散模型

本节研究火卫非球形引起的时间色散模型。首先，建立以火卫为中心的坐标系；然后，建立火卫时间色散模型；最后，分析火卫时间色散模型。本节以火卫一为例开展研究。

1. 计算坐标系

为便于计算，建立计算坐标系，如图 5-24 所示。火卫一为椭球，计算坐标系的原点为火卫一质心，太阳质心在 Z 轴，深空探测器在 YZ 平面，X 轴与 YZ 平面垂直并与其构成右手坐标系。

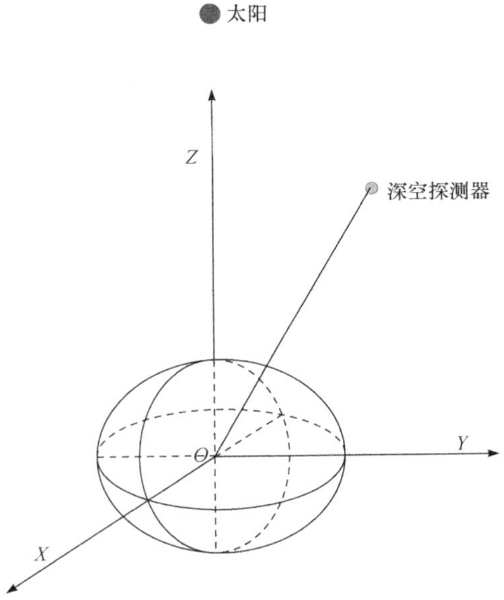

图 5-24　计算坐标系

采用图 5-24 建立的计算坐标系，火卫一的参数为

$$\begin{cases} x = a\sin\varphi\cos\theta \\ y = b\sin\varphi\sin\theta, \quad 0 \leqslant \varphi \leqslant \pi, 0 \leqslant \theta < 2\pi \\ z = c\cos\varphi \end{cases} \tag{5-60}$$

将火卫一视为椭球，火卫一的三个半轴长定义为 a、b、c，分别为 13.5km、10.7km、9.6km。

如图 5-25 所示，以 c 为半径做球面；点 P 为椭球面上任一点；过点 P 做平面 $\beta \perp Z$ 轴，与球面有一交线；以 O 为顶点，交线为底面圆的圆锥母线与轴的夹角

为 φ。椭球切面如图 5-26 所示，以点 O 为原点，分别以 a、b 做圆；B 是大圆半径 OM 与小圆的交点；作 $MN \perp OX$，垂足为 N；作 BP 垂直于 MN，垂足为 P，那么点 P 的轨迹就是椭球切面，$\angle XOM$ 为 θ。

2. 基本原理

火卫一并非一个点，而是椭球。对于火卫一表面的不同点，太阳 TDOA 是不同的，这导致太阳 TDOA 在火卫一表面不同点之间的时间色散。太阳 TDOA 的基本原理如图 5-27 所示。设太阳直射光和反射光的出发点都以太阳为中心，点 P 为火卫一表面的反射点，点 S 和 E 分别表示太阳质心和深空探测器。

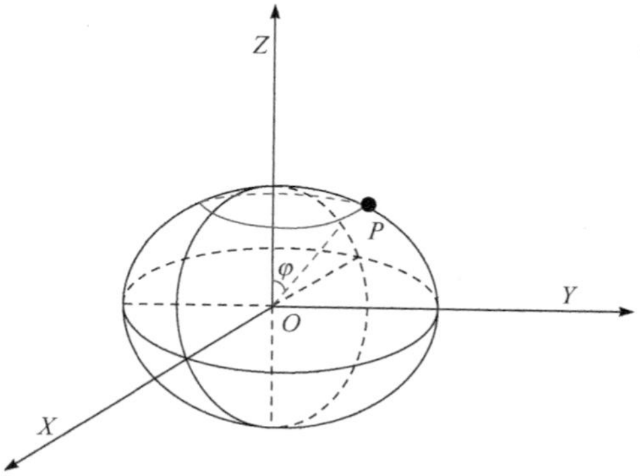

图 5-25　椭球

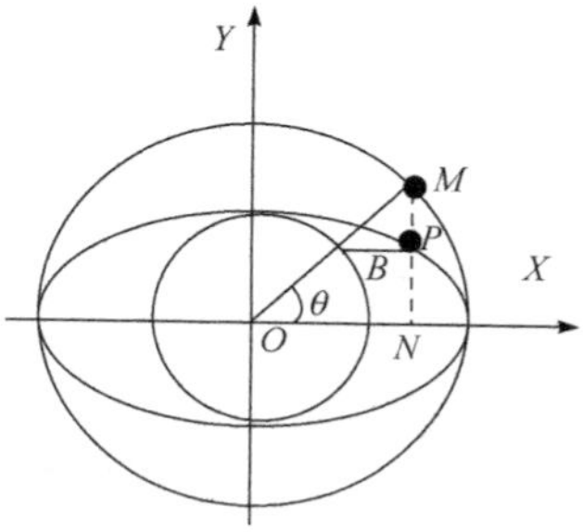

图 5-26　椭球切面

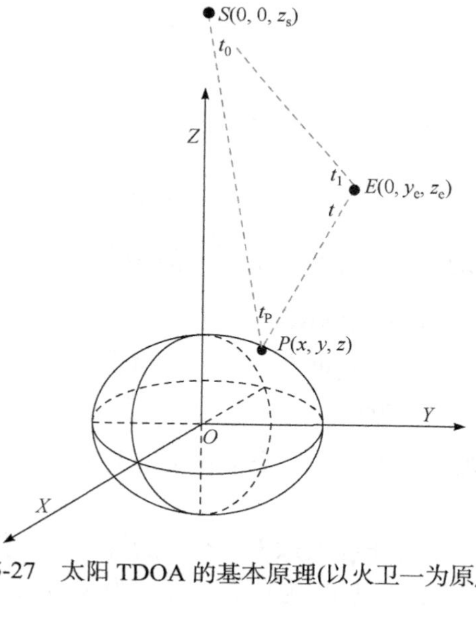

图 5-27　太阳 TDOA 的基本原理(以火卫一为原点)

下面推导太阳 TDOA 与反射点之间的关系式。设两个光子在时刻 t_0 离开点 S，一个太阳光子直接飞向深空探测器，并在时刻 t_1 在 E 点被捕获；另一个在时刻 t_P，由火卫一反射，在时刻 t 在 E 点被捕获，t 与 t_1 的时间差就是太阳 TDOA。

太阳光来自太阳质心(点 S)，设太阳光子经过火卫一，到达的是火卫一的质心 O，太阳直射光子的飞行距离为$|ES|$，相应的飞行时间为 t_1-t_0。反射太阳光子的飞行距离为$|OS|+|EO|$，相应的飞行时间为$(t_P-t_0)+(t-t_0)$。理想的太阳 TDOA 为

$$\begin{aligned}c(t-t_1)&=c(t_P-t_0)+c(t-t_P)-c(t_1-t_0)\\&=|SO|+|EO|-|ES|\\&=z_s+\sqrt{y_e^2+z_e^2}-\sqrt{y_e^2+(z_e-z_s)^2}\end{aligned} \tag{5-61}$$

事实上，太阳光反射点在火卫一的表面，而非在火卫一中心。实际的太阳 TDOA 为

$$\begin{aligned}c(t-t_1)&=c(t_P-t_0)+c(t-t_P)-c(t_1-t_0)\\&=|SP|+|EP|-|ES|\\&=\sqrt{x^2+y^2+(z-z_s)^2}+\sqrt{x^2+(y-y_e)^2+(z-z_e)^2}-\sqrt{y_e^2+(z_e-z_s)^2}\\&=\sqrt{x^2+y^2+z^2+z_s^2-2zz_s}+\sqrt{x^2+y^2+y_e^2+z^2+z_e^2-2yy_e-2zz_e}\\&\quad-\sqrt{y_e^2+z_e^2+z_s^2-2z_sz_e}\end{aligned} \tag{5-62}$$

点 $P(x, y, z)$满足

$$\frac{x^2}{a^2}+\frac{y^2}{b^2}+\frac{z^2}{c^2}=1 \tag{5-63}$$

其中，a、b、c 为火卫一的半长轴长、半次轴长、半短轴长。

火卫一上 YZ 平面截图如图 5-28 所示。点 O 是火卫一质心，点 S 是太阳质心，ST_2 是切线，T_2 是切点，E 是深空探测器，ET_1 是切线，T_1 是切点，点 P 是火卫一表面上的任意点。

在点 $P\in\angle T_2OS$ 对应的椭球面内，若$\angle EPO$ 大于 π/2，则满足这两个条件的点所在的区域就是两个区域的重合区域，即既能被太阳照射，又能反射到深空探测器上的区域，即

$$\theta_1=\arccos\frac{c}{r_{\text{SMn}}} \tag{5-64}$$

$$S_1=\{P\,|\,0\leqslant\varphi\leqslant 2\pi, 0\leqslant\theta\leqslant\theta_1\,|\} \tag{5-65}$$

$$\theta_2 = \arccos \frac{\left[\sqrt{x^2+(y-y_e)^2+(z-z_e)^2}\right]^2+\left(\sqrt{x^2+y^2+z^2}\right)^2-\left(\sqrt{y_e^2+z_e^2}\right)^2}{2\sqrt{x^2+(y-y_e)^2+(z-z_e)^2}\sqrt{x^2+y^2+z^2}} > \frac{\pi}{2} \tag{5-66}$$

$$S_2 = \left\{ P \middle| \theta_2 \geqslant \frac{\pi}{2} \right\} \tag{5-67}$$

$$S_{12} = S_1 \cap S_2 = \left\{ P \middle| 0 \leqslant \varphi \leqslant 2\pi, 0 \leqslant \theta \leqslant \theta_1, \theta_2 \geqslant \frac{\pi}{2} \right\} \tag{5-68}$$

其中，r_{SMn}为太阳与火卫中心的距离；θ_1为太阳能照射到火卫上的角度；S_1为火卫能被太阳照射到的区域；θ_2为火卫能反射到深空探测器上的角度；S_2为火卫能反射到深空探测器上的区域；S_{12}为重合区域。

综上所述，结合式(5-60)、式(5-62)和式(5-68)，可以在此重合区域内计算TDOA，进行 TDOA 色散分析。

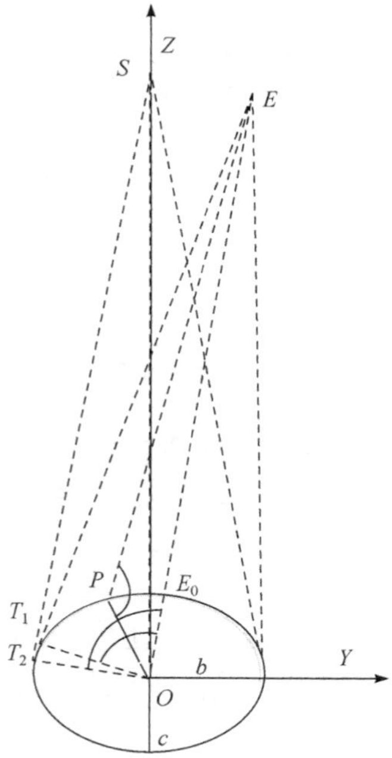

图 5-28 火卫一上 YZ 平面截面

3. 理论分析与证明

下面分析火卫一形状对太阳 TDOA 时间色散的影响，以及太阳 TDOA 时间色散与深空探测器到火卫一之间距离的关系。

设太阳表面上两点为 $M(x_{s1}, y_{s1}, z_{s1})$、$N(x_{s2}, y_{s2}, z_{s2})$，这两点分别照射到火卫一或火卫二的点为 $A(x_1, y_1, z_1)$、$B(x_2, y_2, z_2)$。深空探测器的坐标为 $E(x_e, y_e, z_e)$。将色散展宽定义为 TDOA 的最大值与最小值之差，太阳上这两点的色散展宽可表示为

$$
\begin{aligned}
&T_{\mathrm{WM}}\\
&=\frac{1}{C}\left\{\begin{aligned}
&\left[\sqrt{(x_1-x_{s1})^2+(y_1-y_{s1})^2+(z_1-z_{s1})^2}+\sqrt{(x_1-x_e)^2+(y_1-y_e)^2+(z_1-z_e)^2}\right.\\
&\left.-\sqrt{(x_e-x_{s1})^2+(y_e-y_{s1})^2+(z_e-z_{s1})^2}\right]\\
&-\left[\sqrt{(x_2-x_{s1})^2+(y_2-y_{s1})^2+(z_2-z_{s1})^2}+\sqrt{(x_2-x_e)^2+(y_2-y_e)^2+(z_2-z_e)^2}\right.\\
&\left.\quad-\sqrt{(x_e-x_{s1})^2+(y_e-y_{s1})^2+(z_e-z_{s1})^2}\right]
\end{aligned}\right\}\\
&=\frac{1}{C}\left[\sqrt{(x_1-x_{s1})^2+(y_1-y_{s1})^2+(z_1-z_{s1})^2}+\sqrt{(x_1-x_e)^2+(y_1-y_e)^2+(z_1-z_e)^2}\right.\\
&\quad\left.-\sqrt{(x_2-x_{s1})^2+(y_2-y_{s1})^2+(z_2-z_{s1})^2}-\sqrt{(x_2-x_e)^2+(y_2-y_e)^2+(z_2-z_e)^2}\right]
\end{aligned}
\tag{5-69}
$$

$$
\begin{aligned}
&T_{\mathrm{WN}}\\
&=\frac{1}{C}\left\{\begin{aligned}
&\left[\sqrt{(x_1-x_{s2})^2+(y_1-y_{s2})^2+(z_1-z_{s2})^2}+\sqrt{(x_1-x_e)^2+(y_1-y_e)^2+(z_1-z_e)^2}\right.\\
&\left.-\sqrt{(x_e-x_{s2})^2+(y_e-y_{s2})^2+(z_e-z_{s2})^2}\right]\\
&-\left[\sqrt{(x_2-x_{s2})^2+(y_2-y_{s2})^2+(z_2-z_{s2})^2}+\sqrt{(x_2-x_e)^2+(y_2-y_e)^2+(z_2-z_e)^2}\right.\\
&\left.-\sqrt{(x_e-x_{s2})^2+(y_e-y_{s2})^2+(z_e-z_{s2})^2}\right]
\end{aligned}\right\}\\
&=\frac{1}{C}\left[\sqrt{(x_1-x_{s2})^2+(y_1-y_{s2})^2+(z_1-z_{s2})^2}+\sqrt{(x_1-x_e)^2+(y_1-y_e)^2+(z_1-z_e)^2}\right.\\
&\quad\left.-\sqrt{(x_2-x_{s2})^2+(y_2-y_{s2})^2+(z_2-z_{s2})^2}-\sqrt{(x_2-x_e)^2+(y_2-y_e)^2+(z_2-z_e)^2}\right]
\end{aligned}
\tag{5-70}
$$

太阳上两点的色散展宽之差可表示为

$$
\begin{aligned}
&\Delta T_{\text{W-MN}} \\
&= T_{\text{WM}} - T_{\text{WN}} \\
&= \frac{1}{C}\Big[\sqrt{(x_1 - x_{s1})^2 + (y_1 - y_{s1})^2 + (z_1 - z_{s1})^2} + \sqrt{(x_1 - x_e)^2 + (y_1 - y_e)^2 + (z_1 - z_e)^2} \\
&\quad - \sqrt{(x_2 - x_{s1})^2 + (y_2 - y_{s1})^2 + (z_2 - z_{s1})^2} - \sqrt{(x_2 - x_e)^2 + (y_2 - y_e)^2 + (z_2 - z_e)^2}\Big] \\
&\quad - \frac{1}{C}\Big[\sqrt{(x_1 - x_{s2})^2 + (y_1 - y_{s2})^2 + (z_1 - z_{s2})^2} + \sqrt{(x_1 - x_e)^2 + (y_1 - y_e)^2 + (z_1 - z_e)^2} \\
&\quad - \sqrt{(x_2 - x_{s2})^2 + (y_2 - y_{s2})^2 + (z_2 - z_{s2})^2} - \sqrt{(x_2 - x_e)^2 + (y_2 - y_e)^2 + (z_2 - z_e)^2}\Big] \\
&\approx \frac{2}{C}\frac{(x_1 - x_2)(x_{s2} - x_{s1}) + (y_1 - y_2)(y_{s2} - y_{s1}) + (z_1 - z_2)(z_{s2} - z_{s1})}{\sqrt{(x_1 - x_{s1})^2 + (y_1 - y_{s1})^2 + (z_1 - z_{s1})^2}} \\
&\approx 0
\end{aligned}
\tag{5-71}
$$

由此可知，太阳表面任意两点在火卫一或火卫二上的色散展宽几乎不变。这表明，太阳表面任意点在火卫一或火卫二上的色散波形基本上是一致的，而太阳表面任意点在火卫一或火卫二上的色散展宽也是不变的。对上式进行分析，其误差约为 10^{-8}s 数量级。

太阳上一点 TDOA 的时间色散定义为 TDOA 最大值与最小值之差。时间色散可表示为

$$
\begin{aligned}
T_{\text{W}} = \frac{1}{C}\Big[&\sqrt{x_1^2 + y_1^2 + (z_1 - z_s)^2} + \sqrt{x_1^2 + (y_1 - y_e)^2 + (z_1 - z_e)^2} \\
&- \sqrt{x_2^2 + y_2^2 + (z_2 - z_s)^2} - \sqrt{x_2^2 + (y_2 - y_e)^2 + (z_2 - z_e)^2}\Big]
\end{aligned}
\tag{5-72}
$$

令

$$
f = \sqrt{x^2 + y^2 + (z - z_s)^2} + \sqrt{x^2 + (y - y_e)^2 + (z - z_e)^2} \tag{5-73}
$$

分别求 f 的最大值与最小值，便可求出太阳上任意点 TDOA 的时间色散，将式(5-60)代入，可得

$$
\begin{aligned}
f &= \sqrt{x^2 + y^2 + (z - z_s)^2} + \sqrt{x^2 + (y - y_e)^2 + (z - z_e)^2} \\
&= \sqrt{(a\sin\theta\cos\varphi)^2 + (b\sin\theta\sin\varphi)^2 + (c\cos\theta - z_s)^2} \\
&\quad + \sqrt{(a\sin\theta\cos\varphi)^2 + (b\sin\theta\sin\varphi - y_e)^2 + (c\cos\theta - z_e)^2}
\end{aligned}
\tag{5-74}
$$

令

$$\begin{cases} f_\theta = \dfrac{a^2\sin\theta\cos\theta\cos^2\varphi + b^2\sin\theta\cos\theta\sin^2\varphi - (c\cos\theta - z_s)c\sin\theta}{\sqrt{(a\sin\theta\cos\varphi)^2 + (b\sin\theta\sin\varphi)^2 + (c\cos\theta - z_s)^2}} \\ \quad + \dfrac{a^2\sin\theta\cos\theta\cos^2\varphi + (b\sin\theta\sin\varphi - y_e)b\cos\theta\sin\varphi - (c\cos\theta - z_s)c\sin\theta}{\sqrt{(a\sin\theta\cos\varphi)^2 + (b\sin\theta\sin\varphi - y_e)^2 + (c\cos\theta - z_e)^2}} \\ \quad = 0 \\ f_\varphi = \dfrac{-a^2\sin^2\theta\sin\varphi\cos\varphi + b^2\sin^2\theta\sin\varphi\cos\varphi}{\sqrt{(a\sin\theta\cos\varphi)^2 + (b\sin\theta\sin\varphi)^2 + (c\cos\theta - z_s)^2}} \\ \quad + \dfrac{-a^2\sin^2\theta\sin\varphi\cos\varphi + (b\sin\theta\sin\varphi - y_e)b\sin\theta\cos\varphi}{\sqrt{(a\sin\theta\cos\varphi)^2 + (b\sin\theta\sin\varphi - y_e)^2 + (c\cos\theta - z_e)^2}} \\ \quad = 0 \end{cases} \tag{5-75}$$

可得

$$\begin{cases} \theta = 0 \\ \varphi = 0 \end{cases} \tag{5-76}$$

$$\begin{cases} \tan\theta = \dfrac{by_e}{c\left(z_e + \sqrt{y_e^2 + z_e^2}\right)} \\ \varphi = \dfrac{\pi}{2} \end{cases} \tag{5-77}$$

考虑椭球的边界点，最大值点和最小值点分别为

$$\begin{cases} \theta = \dfrac{\pi}{2} \\ \varphi = 0 \end{cases} \tag{5-78}$$

$$\begin{cases} \tan\theta = \dfrac{by_e}{c\left(z_e + \sqrt{y_e^2 + z_e^2}\right)} \approx \dfrac{b}{4c} \\ \varphi = \dfrac{\pi}{2} \end{cases} \tag{5-79}$$

将式(5-78)和式(5-79)分别代入式(5-73)，可得 f 的最大值与最小值，二者的表达式为

$$f_{\text{Max}} = \sqrt{a^2 + 0^2 + (0 - z_s)^2} + \sqrt{a^2 + (0 - y_e)^2 + (0 - z_e)^2} = \sqrt{a^2 + z_s^2} + \sqrt{a^2 + y_e^2 + z_e^2} \tag{5-80}$$

$$f_{\text{Min}} = \sqrt{\left[b\sin\left(\arctan\frac{b}{4c}\right)\right]^2 + \left[c\cos\left(\arctan\frac{b}{4c}\right) - z_s\right]^2} + \sqrt{\left[b\sin\left(\arctan\frac{b}{4c}\right) - y_e\right]^2 + \left[c\cos\left(\arctan\frac{b}{4c}\right) - z_e\right]^2} \tag{5-81}$$

可得时间色散展宽为

$$\begin{aligned} T_W = f_{\text{Max}} - f_{\text{Min}} = \frac{1}{C}\Bigg\{ & \sqrt{a^2 + z_s^2} + \sqrt{a^2 + y_e^2 + z_e^2} \\ & - \sqrt{\left[b\sin\left(\arctan\frac{b}{4c}\right)\right]^2 + \left[c\cos\left(\arctan\frac{b}{4c}\right) - z_s\right]^2} \\ & - \sqrt{\left[b\sin\left(\arctan\frac{b}{4c}\right) - y_e\right]^2 + \left[c\cos\left(\arctan\frac{b}{4c}\right) - z_e\right]^2}\Bigg\} \end{aligned} \tag{5-82}$$

由此可知，时间色散展宽 T_W 是常值，即太阳上任意点 TDOA 的时间色散是不变的。

为了便于分析，对式(5-82)进行简化，可得

$$\begin{aligned} T_W = \frac{1}{C}\Bigg\{ & 2c\cos\left(\arctan\frac{b}{4c}\right) + \frac{y_e b\sin\left(\arctan\frac{b}{4c}\right)}{z_e} \\ & + \frac{z_s}{2}\frac{a^2 - \left[b\sin\left(\arctan\frac{b}{4c}\right)\right]^2 - \left[c\cos\left(\arctan\frac{b}{4c}\right)\right]^2}{z_s^2} \\ & + \frac{z_e}{2}\frac{a^2 - \left[b\sin\left(\arctan\frac{b}{4c}\right)\right]^2 - \left[c\cos\left(\arctan\frac{b}{4c}\right)\right]^2}{z_e^2}\Bigg\} \end{aligned} \tag{5-83}$$

在捕获段，z_s、z_e 和 C 的数量级分别为 10^8km、10^6km 和 10^5km/s。由式(5-83)可估计时间色散 T_W 的数量级为 10^{-5}s。

在深空探测器向火卫一接近过程中，深空探测器到火卫一之间的距离 r_{EMn} 不断改变，以 r_{EMn} 为变量考察太阳 TDOA 的时间色散展宽。

太阳 TDOA 的时间色散以深空探测器到火卫一之间的距离 r_{EMn} 为自变量，太阳 TDOA 的时间色散为

$$
\begin{aligned}
& T_{\mathrm{W}} \\
& =\frac{1}{C}\left\{\left[\sqrt{x_1^2+y_1^2+\left(z_1-z_{\mathrm{s}}\right)^2}+\sqrt{x_1^2+\left(y_1-y_{\mathrm{e}}\right)^2+\left(z_1-z_{\mathrm{e}}\right)^2}-\sqrt{x_{\mathrm{e}}^2+y_{\mathrm{e}}^2+\left(z_{\mathrm{e}}-z_{\mathrm{s}}\right)^2}\right]\right. \\
& \left.-\left[\sqrt{x_2^2+y_2^2+\left(z_2-z_{\mathrm{s}}\right)^2}+\sqrt{x_2^2+\left(y_2-y_{\mathrm{e}}\right)^2+\left(z_2-z_{\mathrm{e}}\right)^2}-\sqrt{x_{\mathrm{e}}^2+y_{\mathrm{e}}^2+\left(z_{\mathrm{e}}-z_{\mathrm{s}}\right)^2}\right]\right\} \\
& =\frac{1}{C}\left[\sqrt{x_1^2+y_1^2+\left(z_1-r_{\mathrm{SMn}}\right)^2}+\sqrt{x_1^2+\left(y_1-r_{\mathrm{EMn}} \sin \alpha\right)^2+\left(z_1-r_{\mathrm{EMn}} \cos \alpha\right)^2}\right. \\
& \left.-\sqrt{x_2^2+y_2^2+\left(z_2-r_{\mathrm{SMn}}\right)^2}-\sqrt{x_2^2+\left(y_2-r_{\mathrm{EMn}} \sin \alpha\right)^2+\left(z_2-r_{\mathrm{EMn}} \cos \alpha\right)^2}\right] \\
& \approx \frac{1}{C}\left[\left(y_2-y_1\right) \sin \alpha+\left(z_2-z_1\right) \cos \alpha\right]
\end{aligned}
\tag{5-84}
$$

其中，α 为太阳-火卫-深空探测器夹角。

可以看出，太阳 TDOA 的色散展宽与深空探测器和火卫一之间的距离无关。

4. 仿真实验及结果分析

本节研究非球形火卫一和火卫二引起的时间色散对太阳 TDOA 测距导航的影响。仿真以美国火星探路者为参考，其初始轨道六要素如表 3-1 所示。仿真时间从 1997 年 7 月 1 日 00:00:00.000 UTCG 至 1997 年 7 月 4 日 16:55:00.000 UTCG。以美国洞察号为参考，其初始轨道六元素如表 5-6 所示。仿真时间从 2018 年 5 月 15 日 00:00:00.000 UTCG 至 2019 年 2 月 1 日 02:37:30.591 UTCG。

表 5-6 美国洞察号的初始轨道六要素

轨道六要素	值
近心半径/km	6678
C3 能量/(km²/s²)	12.7909
出发渐近线赤经/(°)	345.594
出发渐近线赤纬/(°)	−49.8838
近心点速度方位角/(°)	0
真近点角/(°)	7.15625×10^{-15}

本节开展如下实验，由火卫一和火卫二引起的时间色散、太阳不同坐标下的时间色散分析、时间色散与距离之间的关系、时间色散与夹角之间的关系、椭球和立体菱形下 TDOA 与夹角之间的关系，研究火卫姿态与形状对时间色散的影响，太阳活动对时间色散的影响，实际轨道下椭球和立体菱形火卫对时间色散的

影响。

本节将火卫视为椭球，建立 3D TDOA 模型。图 5-29 所示为太阳 TDOA 在火卫一上的时间色散。可以看出，太阳 TDOA 在火卫一上的时间色散为尖峰形，色散展宽约为 0.063 ms，由此引起的导航位置误差是 18 km。如图 5-30 所示，太阳 TDOA 和时间色散展宽都随时间减小。究其原因，随着时间的推移，深空探测器越来越接近火卫一，直射光和反射光几乎重合。

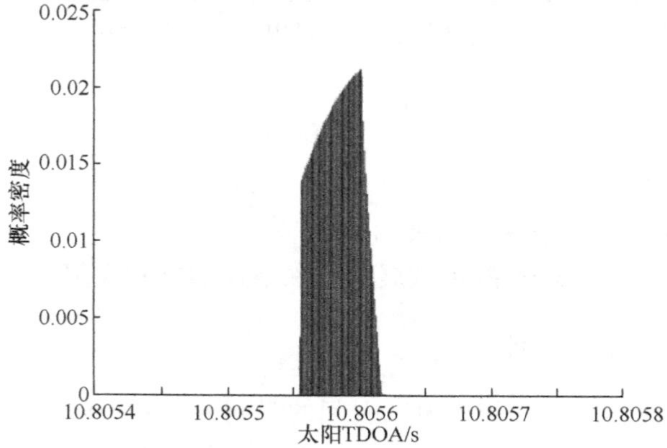

图 5-29　太阳 TDOA 在火卫一上的时间色散

火卫包括火卫一和火卫二。二者的三轴长不同，火卫一的三半轴长分别为 13.5km、10.7km、9.6km，火卫二的三半轴长分别为 7.5km、6.0km、5.5km。本节研究由火卫二引起的时间色散。如图 5-31 所示，火卫二的时间色散与火卫一的时间色散不一致。二者的波形、色散展宽和幅值均不同。这表明，火卫三轴长对 TDOA 的时间色散有影响。火卫二的色散展宽约为 0.034ms，由此引起的导航误差是 9km。

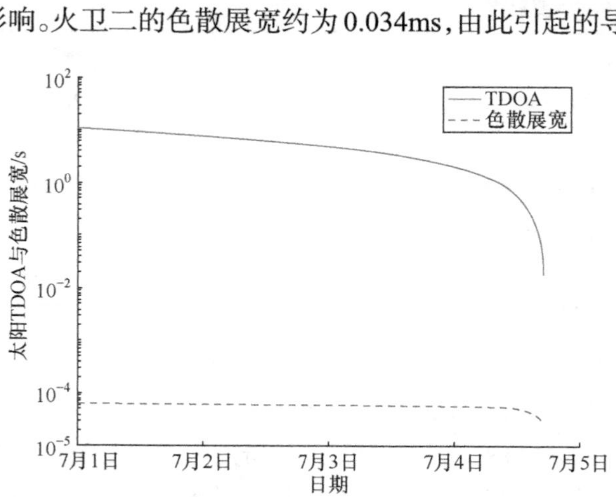

图 5-30　太阳 TDOA 与时间关系

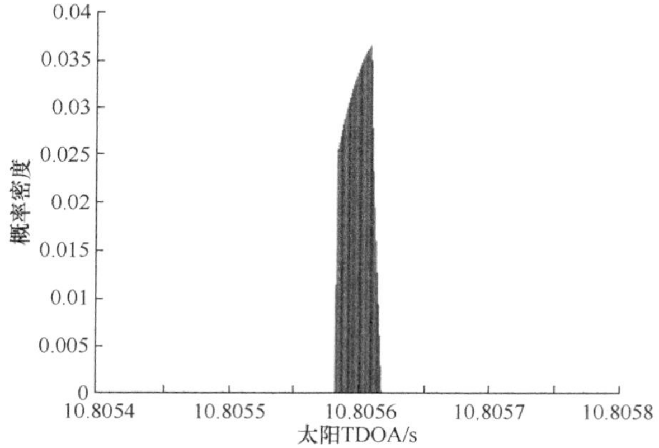

图 5-31　太阳 TDOA 在火卫二上的时间色散

太阳是一个巨大的球体，因此太阳表面不同点对时间色散产生不同的影响。本节研究太阳表面不同点的时间色散，以及单个点的时间色散展宽。

如图 5-32 所示，对于不同的太阳坐标，色散展宽基本不变，约为 63μs，且误差小。取四个典型的太阳坐标，分别为(0, 0, r_{32}−695500)、(0, 695500, r_{32})、(695500, 0, r_{32})、(0, −695500, r_{32})，其中 r_{32} 为太阳与火星之间的距离。这四个点的色散波形如图 5-33 所示。这四个点的色散波形类似，色散展宽大体相等，而误差也在 10^{-8}s 量级。这验证了本节的理论分析结果。

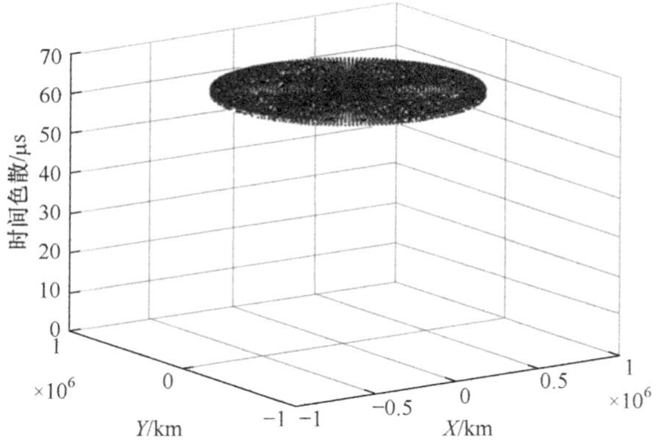

图 5-32　色散展宽分布

在深空探测器向火星接近过程中，深空探测器与火卫的距离也随之变化。下面研究时间色散与深空探测器与火卫一之间距离的关系。

如图 5-34 所示，随着深空探测器与火卫一之间距离增加，太阳 TDOA 的色散展宽基本不变，形状基本不变，幅值基本不变，只有 TDOA 随之增加，即太阳 TDOA 的色散展宽与深空探测器到火卫一之间的距离无关。这与理论分析结果一致。

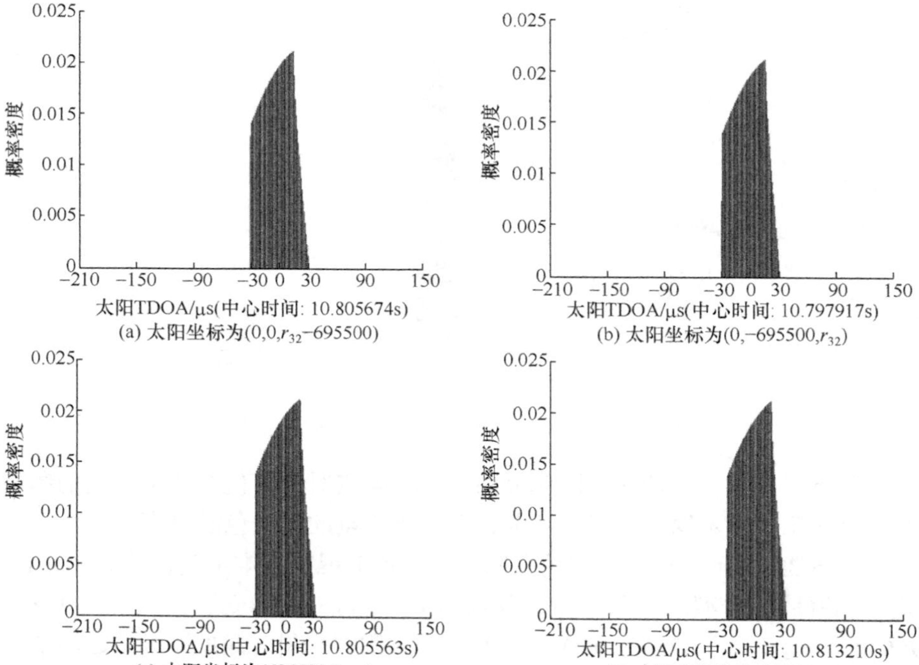

(a) 太阳坐标为$(0,0,r_{32}-695500)$　(b) 太阳坐标为$(0,-695500,r_{32})$

(c) 太阳坐标为$(695500,0,r_{32})$　(d) 太阳坐标为$(0,695500,r_{32})$

图 5-33　典型坐标下太阳 TDOA 的色散波形

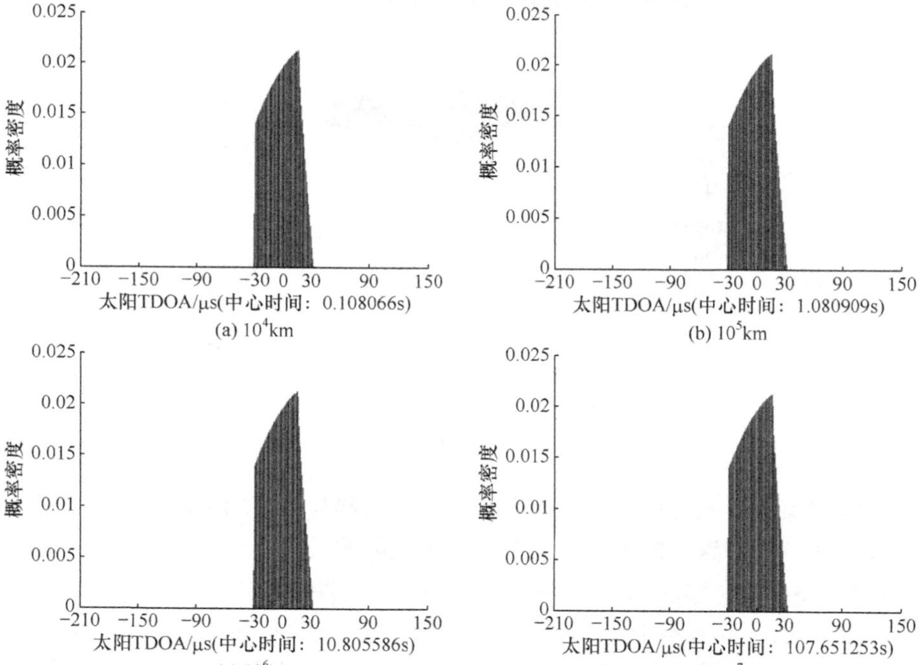

(a) 10^4km　(b) 10^5km

(c) 10^6km　(d) 10^7km

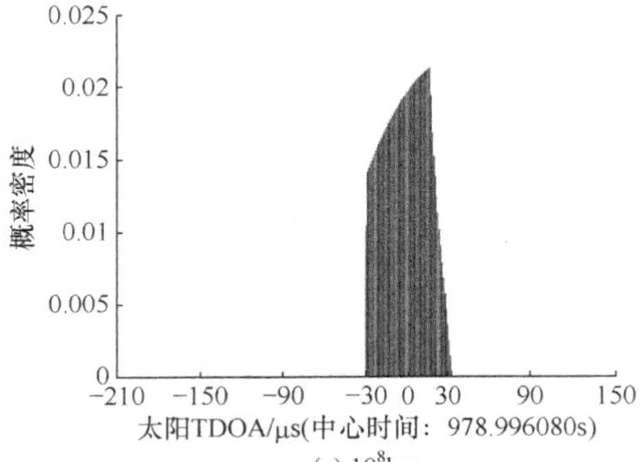

(e) 10^8km

图 5-34　太阳 TDOA 的时间色散与深空探测器到火卫一之间距离的关系

在深空探测器向火卫接近的过程中，太阳-火卫一-深空探测器的夹角是变化的。本节研究时间色散与太阳-火卫一-深空探测器夹角之间的关系。

图 5-35 所示为太阳 TDOA 的时间色散与太阳-火卫一-深空探测器夹角的关

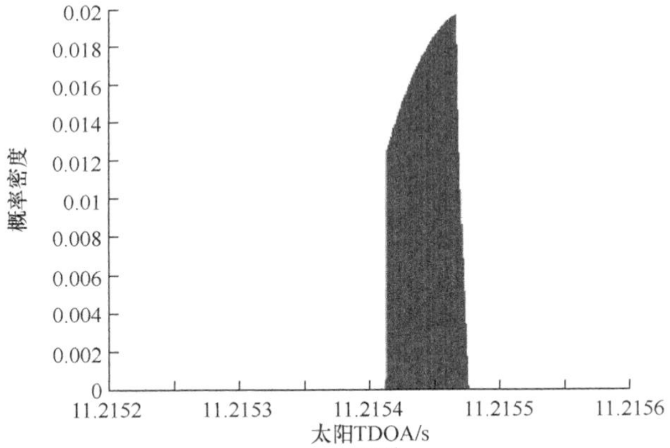

(a) 15°

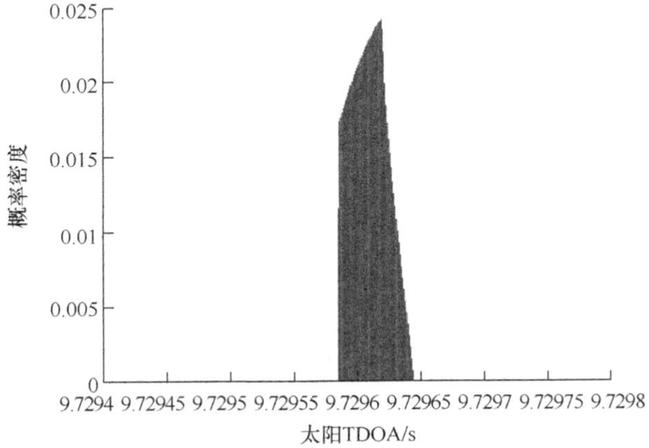

(b) 45°

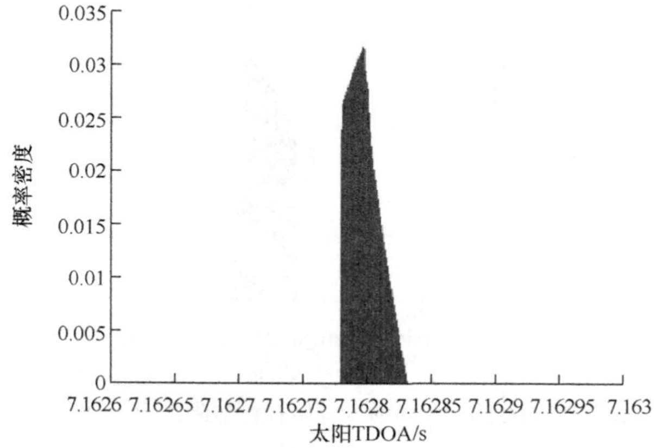

(c) 75°

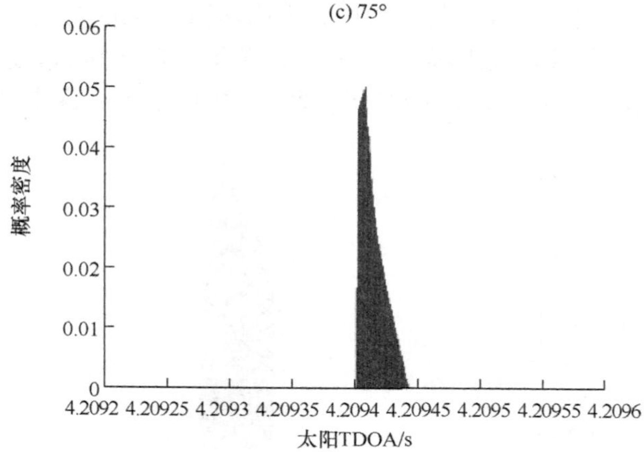

(d) 105°

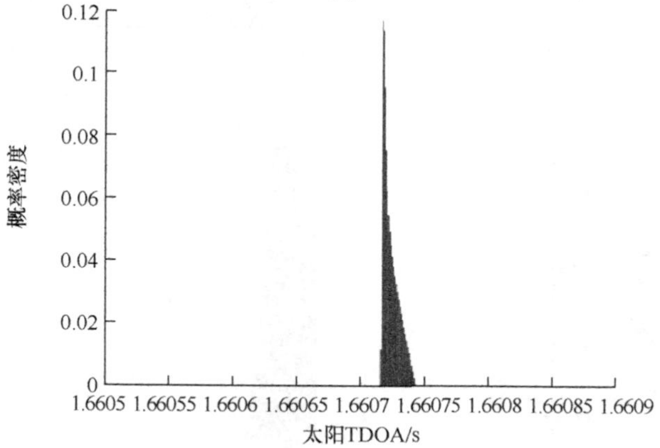

(e) 135°

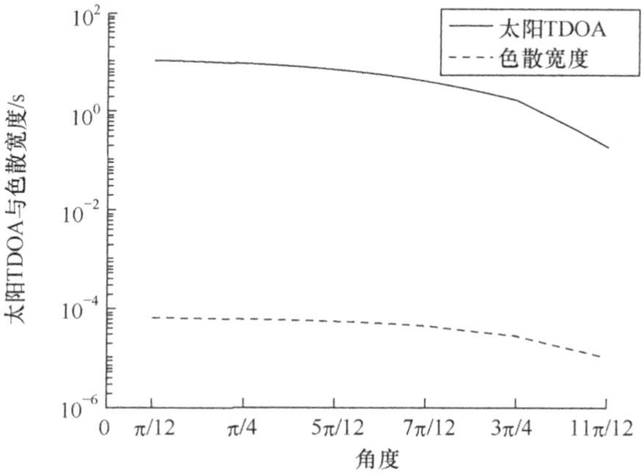

(f) 夹角与TDOA之间的关系

图 5-35　太阳 TDOA 的时间色散与太阳-火卫一-深空探测器夹角的关系

系。从图 5-35(a)～图 5-35(e)可以看出，随着太阳-火卫一-深空探测器夹角的增大，太阳 TDOA 随之改变，色散展宽随之减小，波形随之改变。从图 5-35(f)可以看出，随着夹角的增加，太阳 TDOA 的数学期望值随之减小。其数学期望值曲线近似为一条直线，即太阳-火卫一-深空探测器夹角与太阳 TDOA 和色散展宽成正比关系。

火卫的三轴长可确定，而姿态却无法确定。本节研究火卫姿态对时间色散的影响。如图 5-36 所示，火卫一姿态对太阳 TDOA 的时间色散有影响。当长轴、次长轴的方位发生变化时，太阳 TDOA 的分布就不同，波形和幅值都产生变化。如表 5-7 所示，任意两种姿态对应的太阳 TDOA 的数学期望值之差约为 10^{-6}s 量级。因此，火卫一姿态对太阳 TDOA 有影响。

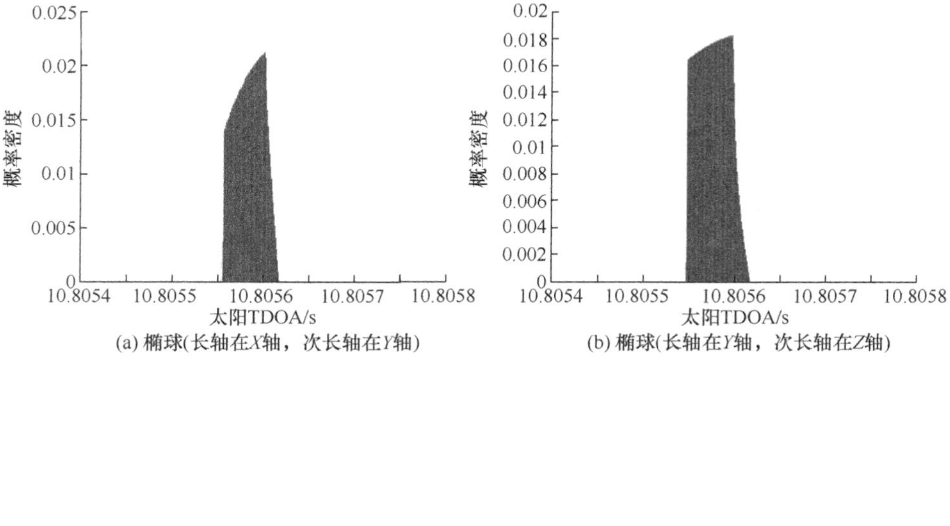

(a) 椭球(长轴在X轴，次长轴在Y轴)　(b) 椭球(长轴在Y轴，次长轴在Z轴)

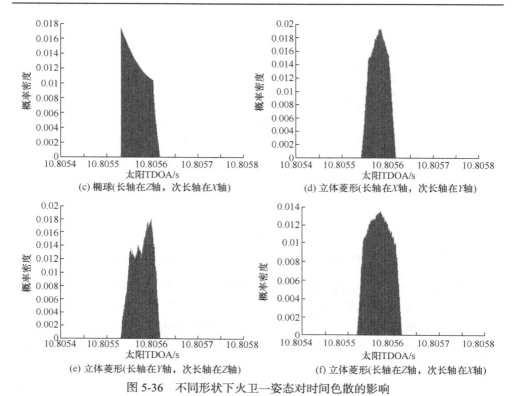

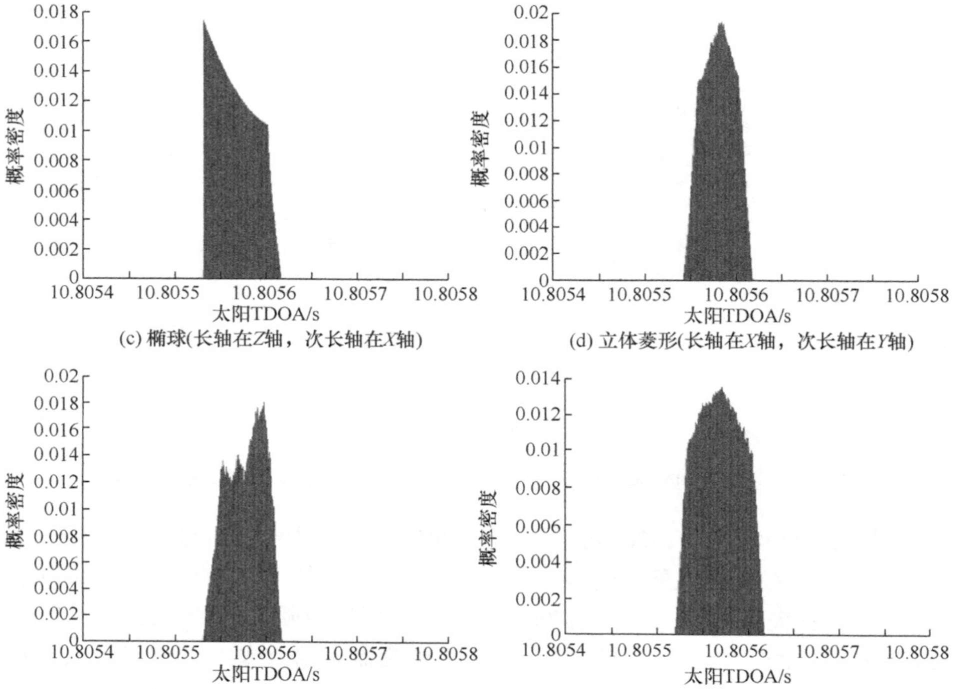

(c) 椭球(长轴在Z轴，次长轴在X轴)　(d) 立体菱形(长轴在X轴，次长轴在Y轴)

(e) 立体菱形(长轴在Y轴，次长轴在Z轴)　(f) 立体菱形(长轴在Z轴，次长轴在X轴)

图 5-36　不同形状下火卫一姿态对时间色散的影响

表 5-7　火卫一姿态与 TDOA 的数学期望值

火卫一姿态	TDOA 的数学期望值/s
长轴在 X 轴，次长轴在 Y 轴(椭球)	10.80558401175372
长轴在 Y 轴，次长轴在 Z 轴(椭球)	10.80557652428025
长轴在 Z 轴，次长轴在 X 轴(椭球)	10.80556662004155
长轴在 X 轴，次长轴在 Y 轴(立体菱形)	10.80558022918336
长轴在 Y 轴，次长轴在 Z 轴(立体菱形)	10.80557776532800
长轴在 Z 轴，次长轴在 X 轴(立体菱形)	10.80556784581427

太阳活动必然存在。当利用太阳开展天文自主导航时，必须考虑太阳活动的影响。下面研究太阳耀斑对时间色散的影响。

图 5-37 所示为耀斑对火卫一时间色散的影响。图 5-37(a)～图 5-37(b)是爆发时的太阳图像。耀斑引起的时间色散如图 5-37(c)和图 5-37(d)所示。可以看出，太阳耀斑对火卫一时间色散有影响。太阳上的多个耀斑引起多个时间色散段；太阳

耀斑的面积越大，引起的太阳 TDOA 的色散展宽就越大；太阳耀斑的亮度越大，太阳 TDOA 的幅值就越大。

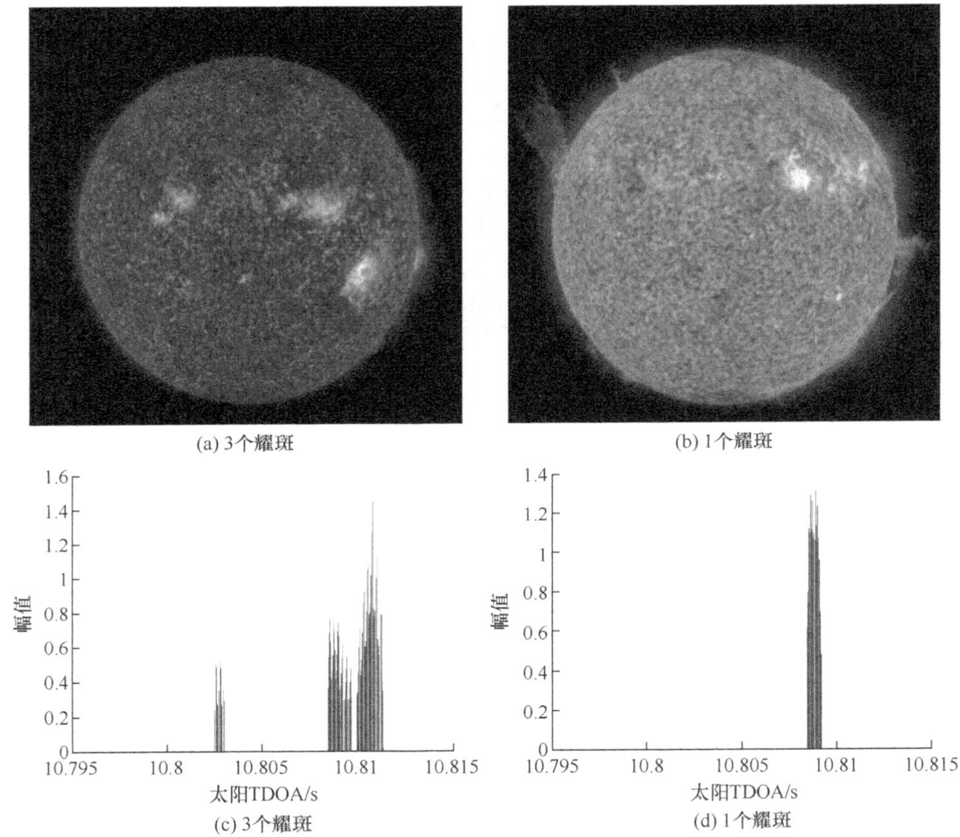

(a) 3个耀斑　(b) 1个耀斑

(c) 3个耀斑　(d) 1个耀斑

图 5-37　耀斑对火卫一时间色散的影响

由于火卫的实际形状为土豆形，即表面有凹陷，而本节建立的火卫一模型是椭球，无凹陷的部分。对比土豆形与本节的椭球，我们发现土豆形介于椭球和立体菱形之间。下面研究火卫形状对时间色散的影响。

如图 5-38 所示，火卫一形状对时间色散有影响，可使时间色散波形和幅值略有不同，而时间色散的色散展宽和 TDOA 的分布范围相同。本节研究 3 种火卫一形状的太阳 TDOA 时间色散的数学期望值，椭球和立体菱形对应的太阳 TDOA 时间色散的数学期望值之差为 10^{-6}s，即定位误差为 300m。介于椭球和立体菱形之间的土豆形对应的时间色散数学期望值与椭球对应的数学期望值之差约为 150m。该误差对导航而言较小，因此本节建立的模型是精确的。

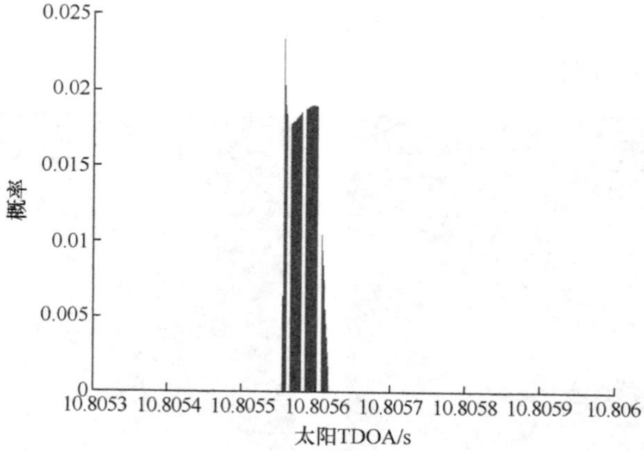

(a) 椭球

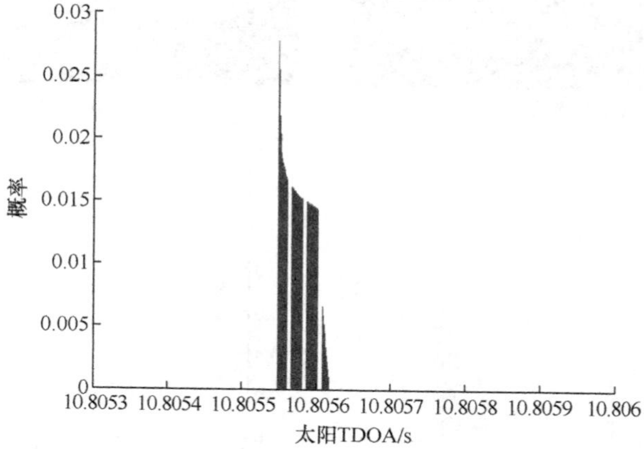

(b) 球形

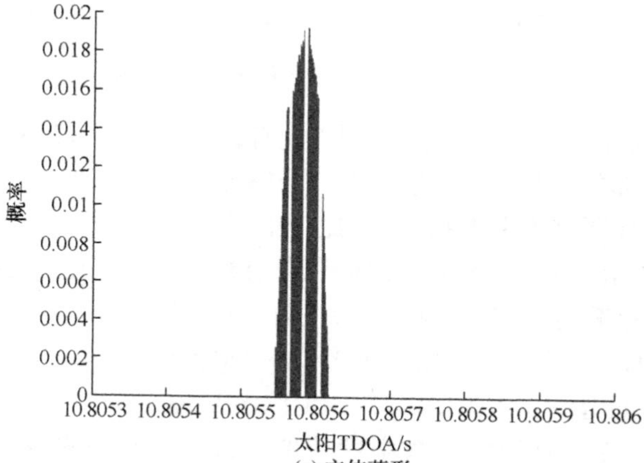

(c) 立体菱形

图 5-38　火卫一形状对时间色散的影响

随着深空探测器接近火卫，太阳-火卫一-深空探测器的夹角随之变化，进而影响太阳 TDOA。下面研究在椭球和立体菱形下太阳-火卫一-深空探测器夹角与 TDOA 之间的关系。

如图 5-39 所示，火卫一形状为椭球和立体菱形时，太阳 TDOA 均随太阳-火卫一-深空探测器夹角的增大而减小，且椭球和立体菱形对应的太阳 TDOA 几乎重合。二者之差很小，在 10^{-6}s 量级及以下，其最小值为 7.66×10^{-8}s。

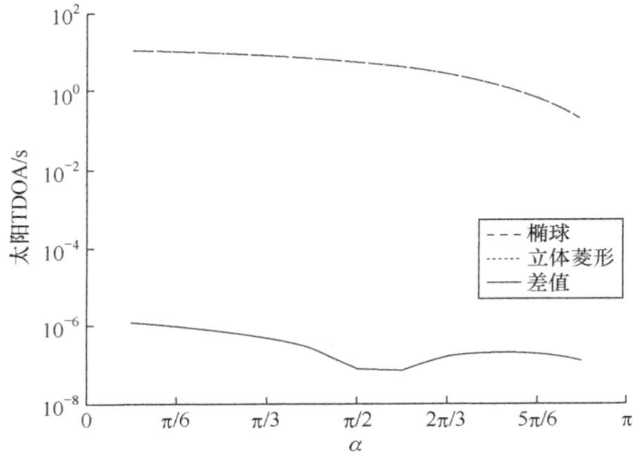

图 5-39 椭球和立体菱形下太阳-火卫一-深空探测器夹角与 TDOA 的关系

点模型的误差大。与点模型相比，两个 3D TDOA 模型更精确。下面以美国 Insight 的轨道数据为实际轨道，研究椭球和立体菱形的时间色散，以及点模型的误差。

如图 5-40 所示，椭球和立体菱形所对应的时间色散的分布不同，但是分布范

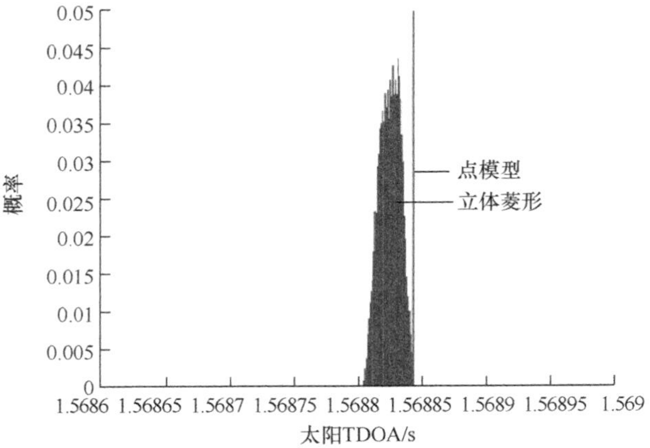

(a) 立体菱形

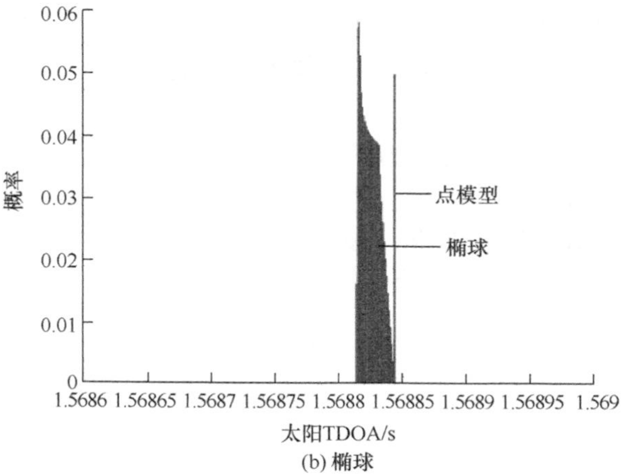

(b) 椭球

图 5-40 椭球与立体菱形的时间色散

围相同，且分布平滑。从表 5-8 可以看出，二者的数学期望值之差为 2.27×10^{-7}s，即 68m。这表明，本节的建模是精确的。点模型与两个 3D TDOA 模型的数学期望值差距大。如果以椭球和立体菱形的均值为基准，那么点模型误差为 1.89×10^{-5}s，即 5.66km。因此，点模型精度低。

表 5-8 椭球与立体菱形时间色散的数学期望值

参数	数值/s
椭球的数学期望值	1.568825414866317
立体菱形的数学期望值	1.568825641870350
点模型	1.568844386244416
椭球和立体菱形的均值	1.568825528368333
椭球与立体菱形之间的差值	2.2700×10^{-7}
点模型与二者均值之间的差值	1.8858×10^{-5}

综上所述，3D TDOA 比点模型更精确，可以为太阳 TDOA 测距导航模型的设计提供参考。

5.5 小　　结

本章系统阐述太阳 TDOA 测距导航这一新的天文导航方法，堪称继天文测角导航、脉冲星导航和太阳多普勒测速导航之后的第四种天文导航方法。它能在深空探测捕获段为深空探测器提供相对于目标天体的距离信息。这是其他几种天文导航无法完成的任务。在误差源建模方面，从光源重合度、时间色散等方面开展研究。此外，将太阳测距方法应用于编队飞行，我们提出一种太阳 TDOA 测距相对导航方法。

参考文献

[1] Liever P, Habchi S, Burnell S, et al. Computational fluid dynamics prediction of the Beagle 2 aerodynamic database. Journal of Spacecraft and Rocket, 2003, 40(5): 632-638.

[2] Liechty D. Aeroheating analysis for the Mars reconnaissance orbiter with comparison to flight data. Journal of Spacecraft and Rocket, 2007, 44(6): 1224-1231.

[3] Liu J, Fang J C, Liu G, et al. Solar flare TDOA navigation method using direct and reflected light for Mars exploration. IEEE Transactions on Aerospace and Electronic Systems, 2017, 53(5): 2469-2484.

[4] Li Y Y, Liu J, Ning X L, et al. Mars'moons-induced time dispersion analysis for solar TDOA navigation. Journal of Navigation, 2021, 74(1): 188-211.

[5] Liu J, Ning X L, Ma X, et al. Geometry error analysis in solar Doppler difference navigation for the capture phase. IEEE Transactions on Aerospace and Electronic Systems, 2019, 55(5): 2554-2567.

[6] Yu Z Y, Liu J, Pan C, et al. Solar TDOA measurement and integrated navigation for formation flying. Journal of Aerospace Engineering, 2019, 233(12): 4633-4645.

[7] Joseph N P, Firooz A. Handbook of Cosmic Hazards and Planetary Defense. Switzerland: Springer, 2015.

[8] Hamidi Z S, Shariff N N M. Chronology of formation of solar radio burst types III and V associated with solar flare phenomenon on 19th September 2011. International Letters of Chemistry, Physics and Astronomy, 2014, 5: 32-42.

[9] Pesnell D, Addison K. Solar dynamics observatory. http://sdo.gsfc.nasa.gov/[2020-10-8].

第 6 章　深空探测天文测距与测速导航的展望

深空探测具有任务复杂、飞行时间长、通信距离远等特点。这使地面站测控导航面临时延长、测控信号微弱、日凌等问题。天文导航能避免此类问题，是地面站测控导航必不可少的辅助方式，甚至不依赖地面站，成为完全自主的导航方式。自 20 世纪 90 年代起，天文测角导航已使多个深空探测器具备完全自主导航能力，分别为深空 1 号、星尘号和深度撞击号[1]等。随着深空探测天文导航领域的不断发展，近年来涌现出天文测距与测速导航方式。新兴的天文测距与测速导航作为天文测角导航的有效辅助方式，能有效提高导航系统的可观性和定位、测速精度。下面分别介绍脉冲星导航、太阳多普勒测速导航，以及太阳 TDOA 测距导航的未来发展趋势。

6.1　脉冲星导航的发展趋势

脉冲星导航的相关理论研究已取得较大进展，包括 X 射线脉冲星的辐射机制，X 射线敏感器的研制、信号处理方法、导航滤波器等方面。2016 年，我国成功发射天宫二号和 X 射线脉冲星试验卫星[2,3]。这标志着我国进入实验验证阶段。脉冲星导航的性能取决于 X 射线敏感器的探测能力、脉冲星计时模型精度，以及脉冲星信号检测与估计方法。目前，X 射线敏感器已研制成功，因此脉冲星导航未来的发展主要集中在两个方面。

1. 脉冲星计时模型

若要得到脉冲星 TOA，时间基准必不可少。脉冲星 TOA 基准由脉冲星计时模型提供。该模型可视为相位 Taylor 级数展开的时间函数，影响因素包括 X 射线背景辐射流量噪声、脉冲星的内部物理特性，以及信号处理方法。除射电天文学外，高精度脉冲星计时模型的发展也能促进脉冲星导航的研究。

高精度计时模型是脉冲星导航的前提和基础。随着各国研发的投入，脉冲星计时模型精度不断提高，目前已优于 1ns[4]。其中，最成功的是 TEMPO2，其由美国 Princeton 大学和澳大利亚国家望远镜中心合作研制。2016 年，世界上口径最大、探测能力最强的天文射电望远镜由中国建设完成——贵州 500m 口径球面天文射电望远镜[5]。随着该望远镜的投入使用，中国将收集到海量的脉冲星辐射数据。这使研究更高精度的脉冲星计时模型成为可能。此外，脉冲星在 X 射线波段和射电波段的脉冲星 TOA 并非完全相等。将更多的 X 射线敏感器升空，并进行空间试验，可以获取海量的脉冲星辐射信号的原始数据。将高精度射电脉冲星计时模型与 X 射线波段辐射信号结合，可以建立高精度 X 射线脉冲星计时模型。这是一个值得研究的课题。

2. 脉冲星 TOA 与周期估计

与全球定位系统类似，脉冲星导航是利用脉冲星 TOA 实现定位的。但是，在高速飞行条件下，脉冲星累积轮廓发生畸变，脉冲星 TOA 偏移。因此，脉冲星 TOA 估计和周期估计是面向导航的脉冲星信号处理领域中的两个重要课题。受器载计算机处理能力的限制，实时性极为重要。在这方面，我们已研究了多种方法。但是，目前脉冲星 TOA 与周期估计仅能在深空探测器匀速飞行下进行。深空探测转移段符合这一条件。在高动态环境(环绕段、捕获段等)下，深空探测器速度变化快。如何在高动态环境下实现实时高精度的脉冲星 TOA 与周期估计值得后续深入研究。

6.2　太阳多普勒测速导航的发展趋势

太阳多普勒测速导航是一种新兴的自主导航方法。太阳多普勒测速导航方法利用光谱摄制仪测量太阳光谱频移。根据多普勒频移的基本原理，反演光谱频移可获得深空探测器相对于太阳或恒星的速度信息。与传统测角和测距方法不同，太阳多普勒测速导航是直接提供速度信息，具有重要的科学意义和实用价值。目前，太阳多普勒测速导航仍处于探索阶段。对于这种新兴的天文导航方式而言，光谱摄制仪、天文数据库、信号处理算法研究是三大核心任务。下面从这三个方面介绍太阳多普勒测速导航的未来发展趋势。

1. 光谱摄制仪

光谱摄制仪是太阳多普勒测速导航的敏感器。一方面，为达到 1m/s 的测速精度，对光谱摄制仪测量精度的要求极高。目前，多普勒非对称空间外差光谱摄制仪的理论精度能达到 0.004m/s[6]，但是实测精度仍是未知数。另一方面，作为导航敏感器，光谱摄制仪的载重不宜过大。小型化和高精度是未来器载光谱摄制仪的研究方向。

2. 天文数据库

太阳光谱的高度稳定是实现太阳多普勒测速导航的前提条件。在实际中，光源极不稳定，太阳耀斑、黑子等干扰因素常常爆发，引起的多普勒速度偏差较大。这导致太阳多普勒直接测速无法实现。

为了解决这一问题，有两种思路。一种是利用差分法消除共性误差。差分法无须天文光谱预测模型。我们已在这方面开展了研究，并取得一定的研究成果。差分方法需要目标天体的位置速度信息，这些信息可由行星星历得到。若要获得更高精度的速度信息，已有的行星星历精度不能完全满足要求，需要提高。另一种是在太阳宁静区寻找高度稳定波段，或建立天文光谱实时预测模型。目前，天文光谱数据缺乏。这需要开展相关天文观测，研究光谱演化规律及处理方法，建立相应的天文数据库。

3. 信号处理算法

太阳多普勒测速导航利用天文光谱作为观测量。光谱频移估计精度直接影响太阳多普勒测速导航性能。此外，天文光谱数据量大，器载计算资源有限。在此条件下，实时高精度的光谱频移估计算法是一个值得深入研究的课题。在太空环境中，行星反射太阳光绝非简单的镜面反射。行星光谱受深空探测器高速飞行、行星自行、行星自转、行星光谱吸收等多个因素的影响，分析这些误差源的形成机理，并建立相应的测量模型和噪声统计模型也是值得研究的方向之一。

6.3　太阳到达时间差分测距导航的发展趋势

新型的太阳 TDOA 测距导航方法可获得深空探测器相对于反射天体的距离这一关键信息，这是天文测角导航无法直接提供的。与太阳多普勒测速导航类似，高速摄像仪、天文数据库、信号处理算法研究也是太阳 TDOA 测距导航的三大关键任务。下面从这三个方面介绍太阳 TDOA 测距导航的未来发展趋势。

1. 高速摄像仪

高速摄像仪[7]是太阳 TDOA 测距导航的天体敏感器。目前，在帧率、分辨率、载重等方面，高速摄像仪均能满足太阳 TDOA 测距导航的要求。但是，在太空环境下，受宇宙高能辐射的影响，超高帧率的高速摄像仪能否正常工作，需采取哪些屏蔽技术都是值得研究的课题。

2. 天文数据库

作为光源，太阳极不稳定，恒星耀斑、黑子等干扰因素常常爆发，目前仍无法精确预测。这导致太阳直接测距无法实现。为解决这一问题，我们利用差分法消除共性误差。差分法无须太阳活动预测模型。我们已在这方面开展了研究，并取得一些研究成果。与太阳多普勒测速类似，差分方法也需要提高目标天体星历的精度。

3. 信号处理算法

太阳 TDOA 测距导航利用太阳 TDOA 作为观测量。太阳 TDOA 估计精度直接影响太阳 TDOA 测距导航性能。此外，高分辨率的太阳光轮廓数据量大，器载计算资源有限。在此条件下，实时高精度的太阳 TDOA 估计算法是一个值得深入研究的课题。在太空环境中，行星反射太阳光绝非简单的镜面反射。行星光受深空探测器高速飞行、行星非球形、漫反射等多个因素的影响，分析这些误差源的形成机理，并建立高精度的测量模型和噪声统计模型是值得研究的方向之一。

6.4 小　　结

展望未来，有理由相信天文导航必将成为深空探测器的导航方式之一。随着我国火星探测、小行星探测等深空探测任务的开展，深空探测天文导航技术将受到越来越多的关注。

我国还未将天文导航应用于深空探测器定位，与国外还有较大差距，但是追赶的步伐很快，开启了“跟跑-并跑-领跑”之旅。美国已将天文测角导航成功应用[8]的时候，我国才起步。美国开启脉冲星导航研究[9]之后，我国大力追赶，目前两国都处于试验验证阶段[2, 3, 10]。太阳多普勒测速导航虽然由美国提出[11]，但是美国的这项研究工作多年来停滞不前，而我国则开展了相关 973 计划项目[12]，取得一系列的研究成果[13]。以力求创新、提高起点和跨越发展为指导，我国积极推进天文导航的发展，提出太阳 TDOA 测距导航[14]这一新方式。若能应用于工程实际，将使我国在天文导航方面超越美国。未来，我们力求攻克天文测距与测速导航的技术难关，开展相关的空间试验，争取早日实现新型的天文导航方式，为我国航天事业的发展做出贡献。

参 考 文 献

[1] 房建成, 宁晓琳, 刘劲. 航天器自主天文导航原理与方法. 2 版. 北京: 国防工业出版社, 2017.

[2] 郑世界, 葛明玉, 韩大炜, 等. 基于天宫二号 POLAR 的脉冲星导航实验. 中国科学: 物理学 力学 天文学, 2017, 47(9): 99505.

[3] Huang L W, Shuai P, Zhang X Y, et al. Pulsar-based navigation results: data processing of the X-ray pulsar navigation-I telescope. Journal of Astronomical Telescopes Instruments and

Systems, 2019, 5 (1): 18003.
[4] 周庆勇. 脉冲星计时模型及应用. 四川兵工学报, 2010, 31(9): 142-145.
[5] 朱博勤, 钱磊, 岳友岭. 贵州岩溶地区射电望远镜方案探讨. 中国科学: 物理学 力学 天文学, 2020, 50(8): 89501.
[6] 况银丽, 方亮, 彭翔, 等. 基于多普勒非对称空间外差光谱技术的多普勒测速仿真. 物理学报, 2018, 67(14): 140703.
[7] Hult J, Matamis A, Baudoin E, et al. Spatiotemporal flame mapping in a large-bore marine diesel engine using multiple high-speed cameras. International Journal of Engine Research, 2020, 21(4): 622-631.
[8] Duxbury T C, Born G H, Jerath N. Viewing phobos and deimos for navigating Mariner 9. Journal of Spacecraft and Rockets, 1974, 11(4): 213-222.
[9] Sheikh S I, Pines D J, Ray P S, et al. Spacecraft navigation using X-ray pulsars. Journal of Guidance, Control and Dynamics, 2006, 29(1): 49-63.
[10] Hanson J E. Principles of X-ray navigation. Palo Alto: Department of Aeronautics and Astronautics, Stanford University, 1996.
[11] Franklin R G, Birx D L. A study of natural electromagnetic phenomena for space navigation. Proceedings of the IRE, 1960, 48(4): 532-541.
[12] 张伟, 黄庆龙, 陈晓. 基于天文测角测速组合的小行星探测器自主导航方法. 中国科学:物理学 力学 天文学, 2019, 49 (8): 84510.
[13] Ning X L, Gui M Z, Fang J C, et al. A novel differential Doppler measurement-aided autonomous celestial navigation method for spacecraft during approach phase. IEEE Transactions on Aerospace and Electronic Systems, 2017, 53(2): 585-597.
[14] Liu J, Fang J C, Liu G, et al. Solar flare TDOA navigation method using direct and reflected light for Mars exploration. IEEE Transactions on Aerospace and Electronic Systems, 2017, 53(5): 2469-2484.